中国湖泊生态环境丛书

鄱阳湖洪泛系统地表-地下水文水动力过程与模拟

李云良　张　奇　谭志强　姚　静　著

科学出版社

北　京

内 容 简 介

在长江经济带绿色发展、长江大保护等国家战略引领和推动下，近些年来鄱阳湖的水文与生态环境变化问题受到高度关注和重视。本书主要围绕全球典型河湖洪泛区的生态水文研究热点，结合当前鄱阳湖洪泛系统的水文特征现状，以原位观测、统计学模型和数学模型为主要研究方法，从流域到湖泊及湿地等多个尺度，揭示鄱阳湖洪泛系统地表水-地下水的总体变化情势，探明地表水文连通和地下水运动等关键过程对鄱阳湖的影响与贡献，进一步阐释以水文水动力为基础的湖泊热力学行为和物质输移行为等，针对未来气候变化及一些典型人类活动影响，定量评估湖泊洪泛系统地表水动力和地下水文的响应与潜在变化，并对今后鄱阳湖的一些热点和关切问题进行了客观分析和展望，以为河湖系统和洪泛湿地的健康发展提供参考。

本书可供水文学、地理学、环境学和湖泊学等学科领域的科研工作者、管理者及高等院校相关专业的师生阅读使用。

审图号：GS 京(2022)1343 号

图书在版编目(CIP)数据

鄱阳湖洪泛系统地表-地下水文水动力过程与模拟/李云良等著. —北京：科学出版社，2022.12

（中国湖泊生态环境丛书）

ISBN 978-7-03-074080-9

Ⅰ. ①鄱… Ⅱ. ①李… Ⅲ. ①鄱阳湖–水文地理学–水循环系统–水文模型–研究 Ⅳ. ①P343.3

中国版本图书馆 CIP 数据核字 (2022) 第 233714 号

责任编辑：黄　梅/责任校对：何艳萍
责任印制：师艳茹/封面设计：许　瑞

科学出版社 出版
北京东黄城根北街 16 号
邮政编码：100717
http://www.sciencep.com

北京汇瑞嘉合文化发展有限公司 印刷
科学出版社发行　各地新华书店经销

*

2022 年 12 月第　一　版　　开本：787×1092　1/16
2022 年 12 月第一次印刷　　印张：18 1/2
字数：439 000

定价：199.00 元
（如有印装质量问题，我社负责调换）

第一作者简介

李云良，青年研究员，现任中国科学院鄱阳湖湖泊湿地观测研究站副站长、中国科学院青年创新促进会会员。长期致力于湖泊流域水文过程、湿地生态水文和数值模拟工作。先后主持国家自然科学基金青年科学基金项目、面上项目以及地方项目 20 余项。在国内外各类刊物上发表论文 90 余篇，其中以第一作者/通信作者发表 SCI 论文 30 余篇、中文核心期刊论文 20 余篇。以第一完成人获取软件著作权和专利登记 20 余项，获得国家和地方等部门技术服务和应用证明 20 余项。

序

　　鄱阳湖是我国最大的淡水湖,以9%的流域面积为长江干流提供了16.7%的清洁淡水;汛期对本流域和长江中下游发生的洪水具有明显的调蓄作用;在维护长江下游水资源、水环境和水生态安全方面具有重要意义。鄱阳湖湿地地形地貌复杂,受长江水情变化影响较大,湖水位季节性变化强,形成了珍稀物种众多、生物多样性丰富的湿地生态系统,是国际重要湿地和东亚候鸟主要越冬地,对维护全球生态安全发挥了重要作用。

　　鄱阳湖具有两个显著的水文生态特征,第一是"高水是湖、低水似河"的自然景观:在东亚季风气候影响下,丰水季节水面辽阔,碧波浩瀚,呈现大湖景观,称为"湖相";枯水季节湖水归槽,洲滩出露,呈现"河流-小湖泊-洲滩"景观,称为"河相"。第二是碟形湖景观:"碟形湖"是鄱阳湖湖盆中由于泥沙沉积不均自然形成浅碟形洼地,后经筑堤建闸形成的"湖中湖";丰水季节碟形湖与主湖区融为一体,参与主湖区的水动力过程;枯水季节成为独立的浅水小湖镶嵌在洲滩之中。碟形湖地势高低有别,生境条件各不相同,底部平坦、土层深厚、土质肥沃、水位消降缓慢,为湿地生态系统发育提供了优越的环境,珍稀物种众多、生物多样性丰富。

　　两种水文生态过程相互作用。丰水季节,在水动力作用下,水流及其承载的水生生物、植物和底栖动物繁殖体、泥沙等物质和能量传播到湖区各处,进行频繁的生物、物质、能量和信息交流。枯水季节,生物生境多姿多彩,形成了湿生、沼生和水生生物等系列明显的湿地生态系统,吸引了东亚地区候鸟到此越冬。用堤坝封堵进行水产养殖的湖汊,虽然常年蓄水,但丰水期不参与主湖区的水动力过程,生物多样性比碟形湖差了许多。"河相"与"湖相"以年为周期轮转循环,自然景观明显变化,物种多样性丰富;年际间水位波动维持了湿地生态系统的稳定性和持续性。

　　鄱阳湖区自古以来就是鱼米之乡,1949年以后成为我国重要的粮食和农产品生产基地。改革开放以后,为了改变湖区洪水灾害频繁、血吸虫病猖獗、经济贫困落后的状况,通过"第一次鄱阳湖综合科学考察",掀起了第一个鄱阳湖研究高潮,提出了"治湖必须治江、治江必须治山"的流域综合治理思路和"立足生态、着眼经济"的发展生态经济思想。在此基础上启动了"山江湖综合开发治理工程",为绿色生态江西建设奠定了坚实的基础。1998年长江流域特大洪水之后,为了贯彻国务院"退田还湖、移民建镇、干堤加固"等32字治水方针,使人、水关系进一步和谐,鄱阳湖研究进一步深入。进入21世纪以来,围绕维护鄱阳湖湿地生态系统健康、建设鄱阳湖生态经济区,鄱阳湖研究再掀高潮。40余年来鄱阳湖研究集聚了包括地理学、湖沼学、经济学、环境科学、生物学、湿地生态学、气象水文、水资源以及农业、工业、交通运输等实用学科在内的老、中、青结合研究队伍;根据该书作者的统计,发表学术论文、学位论文近万篇,出版了学术专著和论文集近百部。

　　从"第一次鄱阳湖综合科学考察"开始,中国科学院南京地理与湖泊研究所一直注重鄱阳湖研究,一代又一代的专家学者做出了重要贡献,推进了湖泊科学的发展。李云良研究员等一批青年学者在前辈的指导下,围绕鄱阳湖洪泛系统的生态水文特征,运用现代科学手段进行原位监测,开发鄱阳湖洪泛区地表水二维和三维水动力模型、地下水动力学模型、水文连通性评估模型、水质运移模型、神经网络预测模型进行定量分析,反演复杂下垫面的鄱阳湖洪泛区地表水-地下水动态的时空变化过程,研究了鄱阳湖湿地地表水-地下水的总体变化情势,探索了洪泛湖泊地表水-地下水水动力过程对江河湖关系变化和人类活动干扰的响应;探明地表水水文连通性和地下水运动等关键过程对鄱阳湖水文生态的影响,阐释以水文水动力基础的湖泊热力学行为和物质输移行为,定量评估湖泊湿地地表水动力和地下水文对气候变化和人类活动影响的响应,这些成果提炼成《鄱阳湖洪泛系统地表-地下水文水动力过程与模拟》一书出版。

从已经发表的文献看来,该书首次构建、求解了鄱阳湖洪泛系统三维水动力学模型和洪泛区地表水-地下水相互作用的动力学模型,开创性地研究了鄱阳湖水文连通性、鄱阳湖洪泛区地表水和地下水对全球气候变化响应的预测;开辟了新的研究领域,提出了新的研究方法,构建了新的模型,得出许多新的结论,为保护、修复鄱阳湖湿地生态系统提供有价值的意见和建议,将鄱阳湖水文生态研究向前推进了一大步。比如通过求解鄱阳湖洪泛系统二维水动力学模型,剖析了不同水文条件下鄱阳湖流速分布特征、阐明了长江发生倒灌对鄱阳湖水体的影响范围及相应流场分布,发现了不同水文条件下湖区不同水域水流滞留时间(即换水周期)的差异;利用鄱阳湖洪泛系统三维水动力学模型定量研究了不同季节鄱阳湖水体水温分布特征及其与水深、气温等因素的关系,发现夏季深水区存在水温分层现象等,这是依靠水文学方法难以取得的成果。

开创性研究带有一定探索性质,不可能十全十美。在这些新领域中,有关研究目标、技术路线、研究方法为今后的研究拓宽了思路、奠定了基础、提供了有益的借鉴。

进入 21 世纪,为了提高水资源统筹配置能力和增强抵御水旱灾害能力,保护和改善河湖生态系统健康,强调河湖水系连通性。水系连通性包含两个基本要素:第一是时间与空间上存在满足一定需求的流动水体;第二是水流及其承载的能量、物质和生物有连接通道。该书厘清了鄱阳湖水文连通性的概念和内涵,构建了评价指标体系和分析计算模型,具有开创性意义。评价指标体系对水系结构和水文、生态过程较为简单的河湖系统是有效的,但对江湖水文关系复杂、生物多样性丰富的鄱阳湖而言,评价指标的客观反映程度仍需深入探究。鄱阳湖水位越高,连通性越强,事实上鄱阳湖水位高于 17 m(85 国家高程)且持续半个月以上时,主湖区的沉水植物无法生存,有无沉水植被是淡水湖泊健康的重要标志。鄱阳湖水位越低,连通性越差,现有研究表明,鄱阳湖水位低于 10.7 m 时,景观多样性指数最高,生物多样性更丰富。因而,对于地形地貌复杂、水文生态特征明显且相互作用关系密切的鄱阳湖,采用水位、流速、水温等几个指标可以反映其水文连通属性,但对生态系统的作用与影响评价仍需加强研究。

鄱阳湖区地表水资源丰富。长期以来,对地下水的分布、运动和补给规律的研究十分薄弱。2022 年鄱阳湖区遭遇历史罕见的干旱,在利用地下水抗旱救灾过程中,盲目打井,曾造成一些不必要损失。该书首次构建地表水-地下水相互作用的水动力模型,研究了鄱阳湖洪泛区地下水分布、运动特征及其与地表水的相互作用关系,得到许多有价值的结论，开创了对经济社会发展和生态环境保护有价值的研究领域。千百年来的水沙运动使鄱阳湖湖盆及其周边形成了辽阔的沉积平原，明清以来，人们或者围湖造田种植水稻，或者筑坝拦堵湖汊从事水产养殖，湖盆水体不断萎缩。堤坝隔绝了圩田、拦堵湖汊地表水与湖盆水体的直接联系，但地下水与湖盆水体（包括洪泛区）仍然是一个统一流场。也就是说鄱阳湖区地表水流场与地下水流场不完全一致。鄱阳湖地下水流场除了以赣江、抚河、信江、饶河、修水等五河及漳田河、博阳河、清丰山溪等周边中小河流的来水补给外，周边丘陵山区的坡前地下水也是重要补给来源。该书从这个地下水流场中，聚焦湖盆洪泛区进行地下水流场分析，研究地下水、地表水相互作用的关系，动力学模型与求解方法是可行的，但边界条件极其复杂且动态变化。研究区域东部以鄱阳湖东水道（书中称为主湖区）为边界、以河流补给为主符合事实；西部边界以流量补给存在一定的局限，应开展有针对性的细化研究。东水道水流由赣江南支、抚河、信江和饶河来水组成，占鄱阳湖多年平均入湖水量的39%；赣江中支、北支直接进入主湖区，赣江主支与修水汇合后形成西水道，来水占多年平均入湖水量的48%（其余13%的水量由周边中小河流补给），研究区域西部边界地下水除了河流补给外，还有圩田和拦堵湖汊地下水的流量补给。如果以湖盆（包括洪泛区）及其周边圩田、拦堵湖汊作为统一的地下水流场进行研究，不仅边界条件容易处理，得出的结果对湖区经济社会发展、人民生活、地下水环境质量保护具有更大的理论意义和实用价值。

很欣喜地看到，该书运用数学模型定量研究了全球气候变暖对鄱阳湖水文情势的影响，这一开创性研究具有重要意义。但鄱阳湖水情受长江水情的影响很大，主要表现在长江水位对鄱阳湖出流的顶托，倒灌仅是顶托作用在长江流量较大、鄱阳湖水位较低条件下的一种特例。全球气候变暖使得汛期雨带北移西进、极端水文气象事件频发，对长江降水径流同样产生影响，建议后续研究将长江和鄱阳湖作为一个整体进行考虑，可以得出更有价值的结果。

万事开头难。我相信，在现有研究的基础上，进一步完善深化，鄱阳湖研究一定能够取得更大、更有意义的创新成果！

胡振鹏

2022年11月8日

前　言

　　河流与湖泊洪泛区是众多下垫面类型中较为突出的一种，是受洪水干扰而周期性干湿动态变化的特殊系统，也是大气降水、地表水和地下水之间转化的重要界面。随着全球水资源问题的愈发突出，对大江大河大湖的研究更加重视。这些河湖水文的天然变化甚至扰动往往会造就洪泛区的形成及其一系列的生态环境响应，洪泛区的生态水文功能便显得尤为重要和突出。洪泛水文情势促进了洪泛区环境系统之间物质、能量和信息的传递与交换，驱动了物质元素循环和生物生长，使得洪泛湿地生态系统具有丰富的生物多样性。

　　鄱阳湖是我国最大的淡水湖泊，也是长江中下游极具代表性的洪泛系统。鄱阳湖不仅在长江中下游蓄水、防洪、水资源利用等方面具有重要作用，还提供了完整而独特的洪泛湿地生态系统，是中国生态系统研究网络的典型代表，已被列入国际重要湿地名录，成为全球生命湖泊研究网络的重要研究区。不仅在中国，鄱阳湖洪泛系统在全球生态水文研究中同样具有重要地位和代表性。在洪泛区面积上，仅次于亚马孙河洪泛区和湄公河洪泛区；在形成原因上，由湖泊水文节律变化所形成的鄱阳湖洪泛区系统，其高变幅水位变化与上述两大河流洪泛区不分上下，湖泊型洪泛区位居全球首位。鄱阳湖湿地作为全球越冬候鸟的重要栖息地，支持了世界 98%的国际极危物种白鹤、80%以上的国际濒危物种东方白鹳和 60%以上的国际易危物种白枕鹤等珍稀种群越冬栖息。

　　鄱阳湖生态环境问题正面临着新政策、新理念、新形势和新环境下的新特征，涉及的热点问题和区域重大科学问题非常多，现阶段的研究具有一定的要求和挑战。2000 年以来，受气候变化和三峡工程等人类活动影响，鄱阳湖干旱事件频发，2020 年长江流域发生特大洪水，2022 年又发生夏秋季节"汛期反枯"的罕见现象，江湖洪旱极端水文事件愈发频繁，已不可避免地影响了洪泛湿地水文水动力情势，这对适应和依赖于自然洪水状态的湖泊洪泛生态系统产生了一定的威胁和一些负面的影响。鄱阳湖区多年平均水资源总量为 234.0 亿 m^3，其中以地表水资源量为主，约为 215.5 亿 m^3，占水资源总量的92.1%；地下水资源总量约 18.5 亿 m^3，占水资源总量的 7.9%。尽管从总量角度看，地下水对湖区水资源的贡献作用有限，但是鄱阳湖水资源时空分配极不均匀，在一些局部地区和典型水文时期，比如枯水期，地下水的水量补充是湖区水资源总量不可或缺的一部分。客观来说，目前对鄱阳湖水文水资源的研究大多集中在河湖等地表水体，仍需深入的动力机制和影响因素研究。而且，鄱阳湖地下水文研究开展得相对较少，对于洪泛区的地表-地下水关系及互馈机制，尚缺乏系统研究，对这方面的认知也相对有限。

　　鄱阳湖洪泛情势的变化已引起公众和国内外学术界的高度关注。本书内容主要来自中国科学院青年创新促进会项目（项目编号：Y9CJH01001）、国家自然科学基金面上项目"鄱阳湖洪泛系统水文连通性多维度耦联交互过程与动力学机制"（项目编号：42071036）和"鄱阳湖洪泛湿地地下水与湖水转化机制及对洪水脉冲的响应研究"（项目编号：41771037）以及国家重点研发计划项目（项目编号：2019YFC0409002）的研究成果。另外，中国科学院 A 类战略性先导科技专项"美丽中国生态文明建设科技工程"（简称"美丽中国"专项）——"长江经济带干流典型湖泊水生态修复与综合调控"课题于 2019 年启动，本书部分内容来自该项目课题的子课题"长江干流典型湖泊水文-生态模型构建与应用"（子课题编号：XDA23040202）研究成果。同时，本书是近十年来作者在鄱阳湖地区持续多年的地表-地下水文观测、数值模拟工作的积累和总结，也是作者所在中国科学院南京地理与湖泊研究所湖泊-流域过程研究的成果体现。

本书的核心内容是基于鄱阳湖洪泛区地表水动力学模型、地下水动力学模型、水文连通性评估模型、水质运移模型、神经网络预测模型和同位素质量守恒模型等，反演复杂下垫面的鄱阳湖洪泛区地表-地下水高度动态的时空变化过程，深入研究变化的江、河、湖关系和强人类干扰对洪泛湖泊地表-地下水文水动力情势的影响。从基于动力机制的角度刻画鄱阳湖洪泛水文水动力时空异质性格局，揭示洪泛水文情势对气候变化和典型人类活动的定量响应关系，弥补或拓展鄱阳湖地下水方面的相关研究，阐明地下水与地表水之间的季节性转化，有利于全面科学地认识鄱阳湖地表-地下水文情势和格局，深入诠释湿地生态水文效应与内涵。本书可为研究鄱阳湖水生态、水环境等问题提供基础数据支撑，也可为鄱阳湖洪泛湿地生态系统的建设和管理提供重要参考。

本书的总体框架和内容由李云良构思，围绕鄱阳湖洪泛系统的地表-地下水文观测、解析计算与分析、数值模型构建与验证、数值模拟与评估等 4 个部分进行论述。前言由李云良、张奇撰写，第 1 章由李云良、谭志强、姚静撰写，第 2 章由谭志强撰写，第 3 章由李云良、姚静撰写，第 4、5 章由李云良撰写，第 6 章由李云良、谭志强撰写，第 7、8 章由李云良撰写，第 9 章由李云良、张奇、姚静撰写。

本书成果得到了江西省水利厅、江西省水文监测中心、中国科学院南京地理与湖泊研究所鄱阳湖湖泊湿地综合研究站和湖泊与环境国家重点实验室等单位和研究机构的大力支持，在此表示诚挚感谢。本书在撰写和绘图过程中，得到了赵晓松副研究员、许秀丽博士、李梦凡博士、鲁建荣博士、刘星根博士、宋炎炎博士生、薛晨阳博士生、曹思佳硕士生、曾冰茹硕士生、杨美硕士生的协助，一并表示感谢。

由于时间仓促，又限于编者水平，书中存在不妥之处在所难免，恳请广大读者批评指正。

李云良

2022 年 9 月 15 日

目　　录

第1章　绪　　论

1.1　河湖洪泛区及背景

1.1.1　洪泛区背景与定义

洪泛区不像一般湿地那样被大多数人认为是重要的野生动物栖息地和生态系统服务提供者，人们经常忽视洪泛区，只有在面临洪水等灾害的时候才会体会到洪泛区的存在价值。洪泛区连接了土地与水，有着丰富的生物多样性，在保护水质、维持栖息地、固碳以及提供户外娱乐等多个方面都发挥着重要的作用，同时还有着格外肥沃的土壤（FEMA, 2005）。全球的洪泛区，地形基本以平原为主，便于农业生产和各种建设。科学家通过对全球 169 个国家发生的 913 次洪水灾害进行比较研究，并将其与全球人口分布数据对比发现，从 2000 年至 2015 年，世界各地的洪泛区上，人口数量显著增加。世界大江大河的中下游一般都分布着洪泛区。中国、日本洪泛区面积约占全国土地面积的10%；匈牙利洪泛区占国土面积的 25%，有 80% 的村镇、城市，50% 的铁路、公路都在洪泛区内；美国洪泛区面积约占全国面积的 7%；荷兰全国地势低平，约有 25% 的洪泛区低于海平面，经常遭受潮水、暴雨、洪水和渍涝的严重威胁。在 20 世纪，全球自然系统已经开始被另一种普遍的、不断增强的全球影响所改变，即人类发展，其对地球上河流的需求和操纵能力呈现不断增加趋势。如图 1-1 所示，洪泛区右岸遭到人类活动影

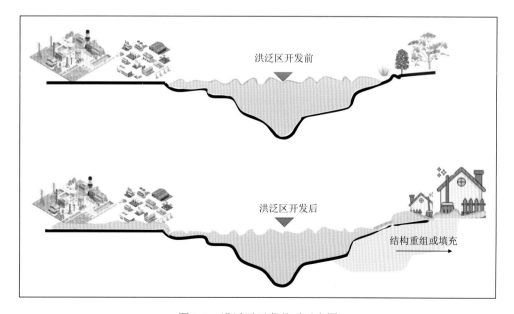

图 1-1　洪泛区开发前后示意图

右岸开发后，加大了左岸的洪灾隐患

响后，明显加大左岸的洪灾隐患与风险。洪泛区长期以来一直是人口的重要生产区域，而且它们目前容纳了数亿人，这意味着在水文气候、流域变化、洪水灾害面前，深入了解和预测洪泛区的变化非常重要（FEMA，2005）。

实际上，洪泛区的划分要因地制宜，目前还没有统一的划分标准，一般根据地形、洪水频率、淹没水深、流速以及可能造成的危害程度进行划分。洪泛区划分与管理要统筹安排，使每个区域限于一定用途，一般将低洼易涝的地方划为行洪、蓄洪、滞洪区；把地势较高，一般不易受洪水淹没或修筑有较高标准堤防保护的地方划为允许开发区（韩洪斌和徐龙军，2011）。1958 年，有学者提出把洪泛区划分为行洪区和行洪边缘区，前者一般指天然河道及其两侧的部分地区；后者一般用来表示设计洪水时，行洪区以外受洪水淹没的地区。在河流等地表水体的水气条件影响下，洪泛区在大多数年份里被洪水所淹没。并非所有大江、大河、大湖均会产生洪泛区，即使在发生洪水的地方，如果河谷太窄或太陡，缺乏足够的泥沙来源，很难形成洪泛漫滩。

本书所指的洪泛区与上文的行洪区定义较为类似。洪泛区，又称洪泛平原，是由河流或者湖泊等地表水体在洪水周期性影响作用下而形成的与之毗邻的地带，这些地带同时也是生物多样性相对丰富的地域空间，往往成为重要的湿地系统（图 1-2）。进一步来说，这里所指的洪泛区主要为河湖水情变化下形成的周边自然滩地或湿地（floodplain wetland），通常可称之为河流洪泛区（river-floodplain）或湖泊洪泛区（lake-floodplain）等，通常位于江河湖流域的中下游地区。在全球，洪泛区约占全球湿地面积的 15%（翟金良等，2003），是水陆自然景观重要组成部分和水陆相互作用交错带，对河湖与陆地之间水文水力和生态联系起着过渡和纽带作用（Bayley，1995; Burt et al., 1999）。洪泛区在丰水期除直接拦蓄降水外，还可承纳滞留溢出河道或者湖泊的洪水，而在洪峰过后的枯水期则补给河湖的生态用水，缩短河湖干枯时间，实现对河湖径流量的调节（Junk et al., 1989）。因此，洪泛区作为一种因洪水干扰而动态变化的特殊下垫面，是大气降水、地表水和地下水之间转化的重要界面系统，也是地下水与地表水之间典型的水文过渡带（Brunner et al., 2009; Wilcox et al., 2011）。

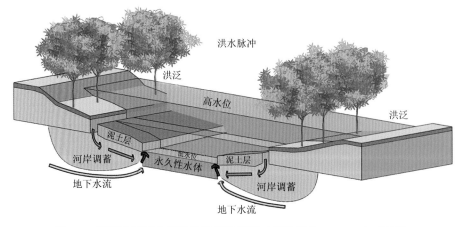

图 1-2 河湖洪泛区水情变化特征示意图（修改自 Burnett et al., 2017）

1.1.2　洪泛区全球分布与特征

　　大型洪泛区的形成需要水和泥沙的大量输入和供应，需要流域提供的大量物质输入并为沉积物储存提供必要的容纳空间。再则，大量泥沙的积累和储存变化的时间也是洪泛区形成的重要因素。然而，这些控制条件取决于全球构造以及全球气候系统的属性及功能作用，后者影响河流的水文和沉积物供应等诸多方面（Dunne，2022）。如图 1-3 所示，在洪泛区内部，经常会存在一些堤坝建设、河道漫溢以及水流减缓等现象，通常伴随着明显的沉积状况发生。这些洪泛区因水情动态影响，加上通常分布范围较广，自然景观和生态环境意义极为突出（Li et al.，2020a）。不同于一些小河或者溪流所形成的河岸带（湖岸带），大型河湖洪泛区的规模和复杂性通常主要来源于水文气象条件和构造环境。洪泛区地貌是河道-洪泛区侵蚀和沉积之间强烈相互作用的结果。在局部尺度上，河谷坡度，沉积物供应、质地和流态，植被，对洪泛区的稳定起了很大作用（Dunne，2022）。此外，有些洪泛区处于入海口附近，河流水情的变化除了受降雨等气象条件作用外，通常也会受潮汐影响，进而在洪泛区内形成了大量的洪泛型湖泊（floodplain lake），例如加拿大 Athabasca 河流洪泛区、墨西哥 Usumacinta 河流洪泛区和欧洲 Bug 河流洪泛区内部分布着多达几十至上百个洪泛型湖泊（Castillo，2020; Ferencz et al.，2020; Klemt et al.，2020）。

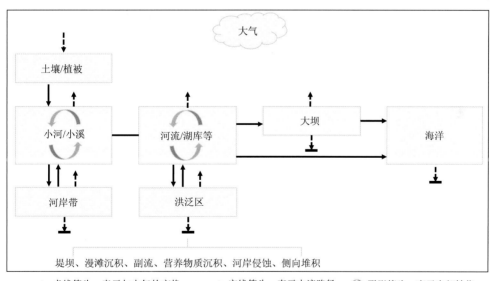

图 1-3　河湖洪泛区水流路径与转化的概念性示意图

　　通过大量文献调研总结发现，在全球范围内，河流与湖泊季节性洪水脉冲影响下的洪泛区面积约占 80～220 万 km^2（Entwistle et al.，2019）。洪泛区的规模可以达到长度约为 4000 km 和宽度为 10～100 km，比如世界著名的尼罗河和亚马孙河洪泛区。基于 Web of Science 文献检索，使用"floodplain"关键词进行搜索，对几百条重要文献记录进行整理，可知全球典型的洪泛区主要分布在中国、美国、巴西、澳大利亚等国以及东南亚和欧洲一些国家（图 1-4），且洪泛区的研究工作和文献也大多集中在这些国家（图 1-5）。从洪泛区面积和水文情势变化的角度上来说，亚马孙河（受潮汐影响）、湄公河的水位变幅可达 10 m 以上，其洪泛区面积相应能够达到几万平方千米。我国的鄱阳湖和洞庭湖洪泛区，也是长江中下游重要的湖泊湿地，在高变幅水位波动影响下，洪泛区面积达到几千平方千米。欧洲多瑙河和莱茵河等洪泛区，受河流水位季节性变化作用（水位变幅高达 5 m 多），洪泛区面积约为几百平方千米。而其他的一些典型洪泛区，因河湖水位波动幅度约为几米或河道流量整体变化不是非常显著，其形成的洪泛区面积约为几十平方千米。在欧洲一些国家和地区，因一些工程措施的实施，比如河流裁弯取直、植物的清除等，已经破坏了很多天然的洪泛区（王浩等，2009）。

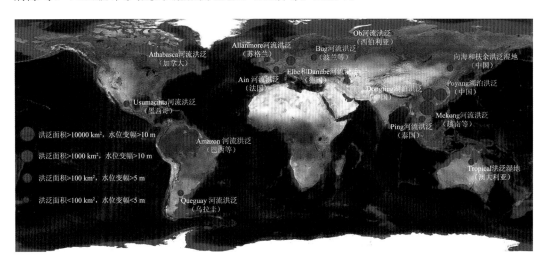

图 1-4　全球典型河湖洪泛区分布情况（Web of Science 检索）

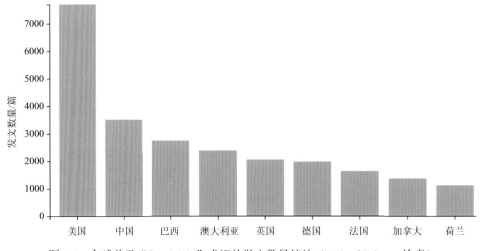

图 1-5　全球关于"floodplain"术语的发文数量统计（Web of Science 检索）

1.1.3 水文水资源与生态环境意义

洪水脉冲理论阐明了周期性洪水是洪泛湿地系统进程最主要的驱动力（Junk et al., 1989; Junk, 1997），同时强调了河湖等地表水体与其洪泛湿地地下水之间水力联系的重要性。洪泛湿地具有结构整体性、时空异质性、系统开放性、作用复杂性和生态脆弱性等多重特点（翟金良等，2006），使得诸多水文和生态动力学过程涉及影响因素众多，问题复杂多变。在河湖季节性水文情势或洪水过程影响下，水文过程的相互转化对洪泛区界面水分传输起着关键调节或改变作用，且直接参与了洪泛区或湿地的一系列物理、化学和生物过程（Wood et al., 2008），由此造就了洪泛区土壤干湿交替的生境状况，很大程度上促进了洪泛区新陈代谢及生物地球化学循环进程，也影响了动植物的群落组成和结构特征，对维系洪泛区系统的物质流、能量流起决定作用（Lallias-Tacon et al., 2017）。因此，水文水资源变化带动了洪泛区环境系统之间物质、能量和信息的传递与交换，在洪水作用下驱动了洪泛过程演变、物质元素循环和生物生长等生态功能的实现。

洪泛区不同于其他一些下垫面类型，其通常受到外部环境的频繁干扰，洪泛区内部的生态环境要素除了需要长期面临这种自然干扰外，同时也可能依靠干扰来完成自身的生命循环（van der Most and Hudson, 2018）。例如，在季节性河湖水情干扰下，洪泛区的水文水动力过程相比于陆地系统而言，会具有更加快速或更为敏感的响应变化，整个洪泛区系统的水循环组分均会存在高度的动态变化。洪水既是水资源的一种形式，也是水资源的一种运动方式。对人类社会来说洪水不受欢迎，但是对生态系统来说，洪水又是不可缺少的过程。可以说，洪水是维持生态系统，特别是水生态系统的重要动力过程。洪泛过程使得多余洪水被洪泛区储存和利用，且转化为湿地水资源以充分保障湿地健康，而在枯水时期则补给周边河湖水体，使水资源在时空上的分配得到了显著优化。同时，洪泛过程通常带来富含营养物质的泥沙，定期泛滥覆盖在洪泛区下垫面上，补充土壤养分，并通过食物链参与物质和能量流动，充分保证了洪泛区生态环境系统的补给和能量输入（图 1-6）。近些年，全球对河湖湿地生态系统愈发重视，重点开展了恢复和保持河流以及洪泛区生态功能的一系列工作（王浩等，2009）。

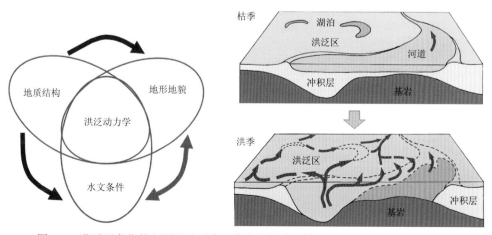

图 1-6 洪泛区变化的主要驱动要素及其水文影响（修改自 Ostrowski et al., 2021）

1.1.4 热点问题与研究主题

无论是河流还是湖泊水情变化所形成的洪泛区,因水位变化导致的洪泛区生消过程,无疑将会促进水文与水质、水生态、生境状况之间的联动和耦联关系。河湖及其洪泛区系统,往往具有相对完整的景观系统和生态系统,几乎涵盖了水文学、生态学和环境学等诸多学科领域的热点问题,在不同生态系统中彰显特色。本节利用 Web of Science 的核心合集,以"river floodplain"或"lake floodplain"或"floodplain wetland"构建检索式,共检索到 17 567 条记录。对检索结果进行相关性排序,并以前 3000 条记录作为数据源,选取频次大于等于 15 的主题词,通过聚类可视化分析获取目前针对洪泛区的主要研究方向和内容(图 1-7)。由图 1-7 可以看出,国内外针对河湖等洪泛区已经开展了大量的研究工作,且主要集中于浮游动物和植物物种及其多样性(丰富度),河湖生态环境保护与修复,沉积物与碳、氮循环以及水文循环与模拟等几方面。具体来说,洪泛区热点研究包括水文过程、水质变化、湿地植被演替、群落结构、生物多样性、候鸟栖息地以及碳氮元素分析等。因洪泛区生态环境要素自身的复杂性以及对外部的敏感响应,物种及其多样性通常也会面临多重干扰和威胁,开展洪泛区及其湿地的生态修复与保护是目前研究的一个重点方向。水文水动力过程是洪泛区生态变化和生物地球化学研究的基础与核心,但因洪泛区通常难以到达目标区域、原位观测难度大以及河湖水系连接复杂等现状,深入揭示河湖洪泛区水文水动力过程及其响应仍是洪泛区的研究重点,也是洪泛区跨学科研究的重要纽带。

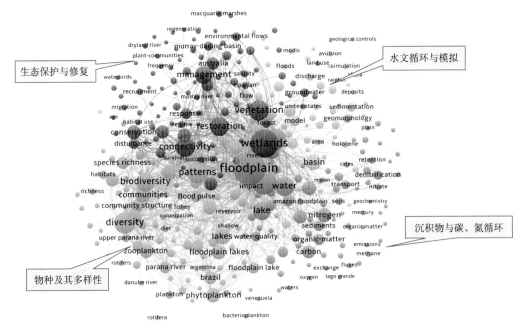

图 1-7 基于参考文献研究主题的聚类关系分析图

圆圈的颜色代表其所属的聚类,不同颜色代表不同研究主题;圆圈大小代表连接强度的和被引量的大小,圆圈越大,连接强度和被引量越大

1.2　河湖流域及其洪泛区水文学研究进展

1.2.1　湖泊湿地水文水动力过程研究进展

湖泊湿地是发育在湖泊边缘，即枯水期水深不足 2 m 的部分，并且总面积不低于 0.08 km²。如果该湖泊受潮汐影响，那么由潮汐导致的盐度应该小于 0.5%。对于一些淤积程度高的浅水湖泊，整体都属于湖泊湿地。湖泊湿地是一类广泛存在的湿地类型，包括了《关于特别是作为水禽栖息地的国际重要湿地公约》（下文简称《国际湿地公约》）分类体系内的：永久性淡水湖（> 0.08 km²）；季节性/间歇性淡水湖（> 0.08 km²）；永久性咸水/半咸水/碱性湖泊；季节性/间歇性的咸水/半咸水/碱性湖泊和浅滩；永久性咸水/半咸水/碱性沼泽/池塘；季节性/间歇性的咸水/半咸水/碱性沼泽/池塘；永久性淡水沼泽/池塘；无机土壤上的池塘（< 0.08 km²）、沼泽和湿地（吕宪国，2008）。

地表上大约 90% 的液态淡水都储存在天然湖泊和人工湖泊中。根据 GLWD（global lakes and wetlands database），全球湖泊和水库总面积约为 2.7×10⁶ km²，占陆地总面积的 2.0%（南极洲冰川和格陵兰除外）；全球湿地面积约为 0.8×10⁷～1.0×10⁷ km²，占陆地总面积的 6.2%～7.6%。全球面积 ≥ 0.1 km² 的湖泊达到甚至超过 150 万个；面积 ≥ 0.01 km² 的湖泊总数可能达到或超过 1500 万个（Lehner and Döll, 2004；图 1-8）。目前尚没有针对全球“湖泊湿地”分布面积的权威报道。湖泊湿地生态系统有着区别于其他生态系统的水文过程和生物地球化学循环过程，因此其提供的生态系统服务也从一定程度上区别于其他生态系统类型，主要体现为涉水的生态系统服务，包括供应服务（如淡水供应）、调节服务（如净水、洪水调节、气候调节）、支持服务（如野生动物栖息地）和文化服务（如

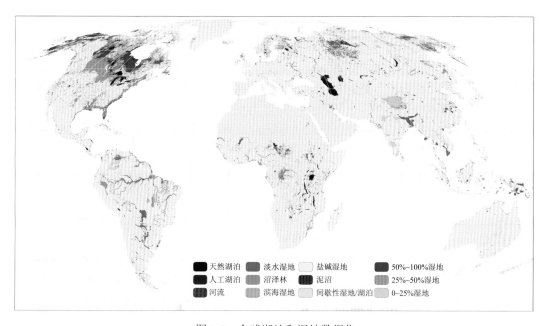

图 1-8　全球湖泊和湿地数据集

娱乐）等，在保障全球水生态安全格局中占有重要地位（Bai et al., 2020）。湖泊湿地生态系统是最容易受到威胁的水生生态系统之一。受加剧的气候变化和不断增长的人口对内陆水体的消耗叠加影响，越来越频繁的干旱正威胁着这种脆弱的生态系统平衡。旱生化是浅水湖泊面临的主要问题。已有学者调查了全球 189 份湿地面积变化的报告得出，1900 年以来，世界自然湿地损失的比例约为 54%～57%，其中包括湖泊湿地的加速萎缩或消失（Davidson, 2014）。在中国，从 1978 年到 2008 年，总共损失了 $1.02×10^5$ km² 的湿地面积。

水文过程是水文要素在时间上持续变化或周期变化的动态过程，特别是洪水泛滥的时机、范围、程度、持续时间及其变异性是湖泊湿地生态系统发育和演化的主要驱动力。由于湖泊湿地范围广，甚至难以到达，变化程度和频率具有高度异质性，如何提高湿地水文要素监测的时空分辨率和准确性是湿地生态水文研究一直以来所面临的挑战。在全球气候变化和人类活动的双重影响下，湖泊水文过程发生了深刻变化，由此给湖泊周边人类社会和湿地生态系统造成的影响已引起国际社会和专家学者的高度重视。目前，对于湖泊湿地水文过程的驱动因素及其生态环境效应的认识往往存在片面性。

1. 关键水文要素的获取方法

湖泊湿地水文要素主要包括地表水水位/水深、地下水水位、土壤含水量、水面蒸发、地表蒸散发和表层水温等。其中，地表水水位是水生植物赖以生存的浅水湖泊最重要的水文要素之一，根据地表水位和观测点的地形高程可计算水深，进而反映湿地蓄水量。湖泊湿地通常河网密集，下垫面自然属性具有高度空间异质性；湖滨带地势平坦，水流运动呈现非稳定性，汇流特征复杂；受高度动态的水位变化影响，干湿交替频繁；位置相对偏远，交通闭塞，可达性差，给湖泊湿地水文要素监测带来挑战。目前，湖泊湿地水文要素的获取方法可以归纳为原位观测、数值模拟和遥感技术。

原位观测，能够在不同时空尺度上捕捉更接近实际的水位、流量、水温、蒸发量和土壤含水量等水文要素变化（Shaw and Mohrig, 2014）。以水位观测为例，按需求和实际观测场合可分为水尺直接观测和水位计自动测量。目前国内外常用的水位计主要包括浮子式水位计、超声波水位计、雷达水位计和压力式水位计等，各自优缺点及适用环境详见表 1-1。原位观测的时空范围取决于资源的可用性，大多数通过现场测量的数据仅能提供一定时段、有限地理单元内的水文和生态要素信息。即使在合理大小的系统中，监测也多集中于系统的特定部分，无法对各要素之间相互作用过程进行定量测量。

表 1-1 常用湿地水位观测设备性能比较（谭志强等，2022）

仪器类别	基本原理	优点	缺点	适用环境
水尺	人工直接读取水尺	准确可靠，无干扰	需具备安装条件并在可视范围，无法实时观测，信息化难度大	具备水尺安装及观测条件的任何水域
压力式水位计	通过水压获得水位	精度高，安装方便	受水温和泥沙等杂质的影响，稳定性稍差	含沙量变化不大的低含沙水域

仪器类别	基本原理	优点	缺点	适用环境
超声波水位计	发射超声波测水位	适应面广,安装简便	准确性受气温、湿度、水面杂物及波浪影响	岸边无垂直面且水位变幅不大的水域
雷达水位计	发射电磁波测水位	适应面广,安装简便	准确性易受水面杂物及波浪影响	水面较干净、无频繁干扰的水域
浮子式水位计	直接接触水面感测水位	性能稳定,容易维护	容易因水位井遭受淤积而失效	适合建造水位井、河床稳定的水域

数值模拟,以现有观测资料为基础,能够满足不同时间分辨率和不同空间尺度水文过程研究的需要,在定量解析界面过程及预测关键水文要素的变化趋势方面具有显著优势。从面向的生态系统划分,国内外较为熟知的湿地综合水文模型主要有 WETLANDS模型、Jorge-MODFLOW 湿地模型、DRAINMOD 模型和 MIKE SHE 模型。通常情况下,湿地水文模型要考虑生物群落能量和结构、生命史、养分循环、胁迫因子选择和体内平衡,进而发展为生态水文模型(表 1-2)。从生态水文模型构建的空间结构来看,可以分为集总式和分布式;从耦合方式来看,主要包括单向耦合和双向耦合两类;从描述生态水文过程的复杂程度来看,可划分为概念性模型、半物理模型和物理模型。总体而言,集总式、单向耦合以及概念性模型计算过程简单,参数容易获取,适用于广泛的地理条件和水文情景研究。而分布式、双向耦合、半物理模型以及物理模型结构复杂,参数难以获取,需要专业的建模知识和丰富的数据积累。此外,水文要素的时空动态影响湿地植被的生长竞争,反之植被退化恢复影响界面水分循环;三角洲在河道冲淤的影响下不断演变,需要在模型中对径流路径进行实时调整。目前考虑水文过程与生态过程互反馈机制的双向耦合模型仍有待发展和完善。

表 1-2　生态水文模型分类及特征(谭志强等,2022)

分类	类型	优点	缺点	代表性模型
空间结构	集总式	将流域作为一个整体,采用优势或均值处理非线性自然过程中的变量或参数,操作性强、较易获取	未考虑或较少考虑流域内部多种地理特征的空间异质性,包含的物理参数缺乏明确的物理意义	DALTON 模型、DCA 模型、CASH 模型、MASSMAN 模型、PATTERN 模型、PHILIP 模型、RUTTER 模型、SPAC 模型、SWIMV2.1 模型、WAVES 模型和 SVAT 模型
	分布式	充分考虑状态和过程变量的空间变化,采用有限差、有限元等数值方法求解,具有较强的物理机制	由于模型基于单元网格或者子流域,需要更多的输入数据和过程参数	TOPOG-IRM 模型、TOPOG-Dynamic 模型、CLm3.0 模型、CLm3.5 模型、DGVM 模型、CLM-DGVM 模型、RHESSYS 模型和 ECOHAT 模型
耦合方式	单向耦合	无须修改模型代码、保持水文模型和生态模型的独立完整性,能够简单、有效地模拟详细的物理过程	生态模型和水文模型不能共享陆面过程的模拟结果,无法实现信息数据的实时传递;二者时空尺度和共同的敏感参数有所差别,模拟结果差异性大	DHSVM 模型、MIKE SHE 模型和 VIC 模型

续表

分类	类型	优点	缺点	代表性模型
耦合方式	双向耦合	可定量模拟所有水文过程的动态变化,物理机制完整,模拟精度高	模型的建立需要研究者同时具备水文模型和生态模型的专业技术背景	COMSOL+Lotka-Volterra
复杂程度	概念性模型	引进水分、养分胁迫系数计算净第一生产力等生态要素,通过经验系数或土壤含水量折算实际蒸散发量等水文变量,计算过程简单,参数容易获取	对植被与水文要素之间的关系描述缺乏机理性,且大多为松散耦合	ECOHAT 模型和 SWIM 模型
	半物理模型	对植被生长及其与水文要素之间的作用关系描述更具有机理性;将研究区离散成半分布式或全分布式空间单元,具有较强的空间异质性	对光合作用等生态水文各要素的简单化,致使其不能较好地模拟水文要素对植被生化过程的影响	PNET-Ⅱ3SL 模型和 SWAT 模型
	物理模型	空间结构大多采用分布式,机理性较强;不仅能够描述冠层截留和土壤水运动对植被生化过程的影响,还能模拟植被动态对降水再分配的影响	模型结构和计算过程复杂,涉及植被生理、形态等参数众多,部分参数难以获取	BEPS-TERRAINLAB 模型、MACAQUE 模型、RHESSYS 模型和 VIP 模型

　　遥感技术,可以在短时间内获取大空间尺度湿地水文实况信息,实现对地持续观测,从而捕捉湿地水文过程的周期性节律变化、突变及其发生的时间。1972 年,美国第一颗陆地资源卫星(Landsat-1)发射升空,许多先驱性研究就此开展。此后几十年,湖泊湿地水文过程遥感监测在数据获取、技术方法和产品研制等方面均取得了长足的进步(图 1-9)。以传感器类型为例,雷达测高数据具备全天时和全天候的特点,例如 ICESat/ICESat-2、CryoSat-2、Jason-1/2/3、Sentinel-3 OLCI 和 RADARSAT-2 等常被用于水面提取,湖泊水位、水深监测及水量估算。然而,作为阵列单元的回波信号,绝大多数雷达仅适用于对宽度大于 2 km 的水体的监测。另外,受仪器偏差影响,扫描轨迹及脉冲位置无法保证前后观测的一致性。微波遥感数据虽然空间分辨率低,但其亮温数据的获取不受天气条件的限制,被广泛应用于土壤湿度和积雪厚度反演。但微波传感器重访周期一般比较长,而且数据获取费用高、解译难度大,目前还多局限于个例的研究。光学传感器,尤其是一系列中高分辨率多光谱遥感,例如 Landsat TM/ETM+、SPOT、ASTER 和 ALOS 等为精确识别和提取水体提供了可能。但是,中高分辨率卫星因为扫描带宽小、重访周期长等原因在湖泊湿地洪泛监测中往往受到限制。与之相比,MODIS 和 AVHRR 等高时间分辨率的多光谱数据在中尺度和大尺度洪泛监测中得到广泛应用。然而,其较粗的空间分辨率对于小型湖泊水面积测量结果的不确定性达到–6%～13%,难以满足小尺度水文过程研究的需要。

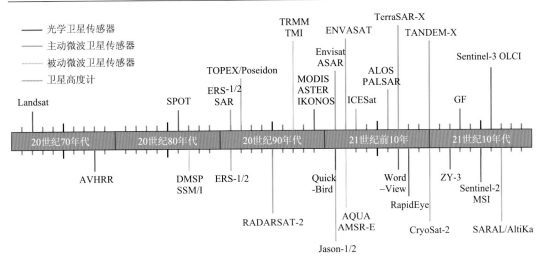

图 1-9　用于水面监测的常用卫星传感器发展历程

多源遥感数据融合方法为同时满足高时空分辨率的湿地水文要素监测提供了一个新的解决思路，主要包括间接策略和直接策略两种。间接策略是利用较高分辨率的遥感数据（如 Landsat）分解较低分辨率的遥感数据（例如 MODIS），融合模型包括 STARFM、半物理融合方法、STAACH、ESTARFM、STDFA 和 ISTDFA 等。直接策略是辅助以土地覆盖/土地利用数据库等对 NDVI 进行像元分解达到降尺度的目的，例如 WLM、STAVFM、RMMEH 和 NDVI-LMGM 等模型。多源遥感数据融合作为深度挖掘遥感大数据应用潜力的有效途径之一，无论是直接策略还是间接策略都建立在一定假设的基础上。未来，改进的融合模型及其对不同监测目标、不同地物属性和不同空间尺度的适用能力有待深入研究。

2. 水文过程对气候变化和人类活动的响应

随着经济持续增长和气候变化，湖泊丰度已经减少，湿地面积正面临萎缩风险。例如，全球变暖导致水面蒸发加快，长时间降水异常导致入流减少，这些都很容易对湖泊水文、水生态和水环境产生连锁反应。此外，不可持续的土地利用和以利润最大化为唯一目标的水资源管理大大加剧了极端气候的影响。但是，水文过程对气候变化和人类活动的响应则表现为两面性。

气候变化，通过改变降雨、气温、辐射、风速以及洪水、干旱等水文极值的发生时间、频率和强度等影响湿地水文过程和水文情势，进而影响湿地生态系统服务，如碳储存、支持生物多样性、提供野生动物栖息地和净化水质。湿地因其水源补给方式不同对气候变化的响应具有显著差异。一方面，冬季积雪减少和早期融雪正通过改变径流的时间和流量影响高纬度和高海拔地区湖泊湿地的水文过程（Lawler，2009）。例如，2000～2015 年，全球气候变暖引起的冰川冻土融水增加和降雨年代际增加导致青藏高原内的湖泊面积扩张了 4542.3 km^2。1973～2017 年，北美五大湖的平均冰覆盖范围（12 月 1 日～4 月 30 日）减小了 67%，其中密歇根湖的冰覆盖率下降了 70%。气温升高可能会推迟冬季冰的形成，并在春季加速冰的融化，大多数冬季结冰的湖泊在未来可能保持无冰的状态。另一方面，在全球气温升高的背景下，湿地往往面临退化和萎缩的风险，因为气温每升高3℃，需要降水量增加20%才能补偿湿地生态系统因温度升高而产生的旱化效应。例如，受气候变化影响，全球不同河流或湖泊湿地等均出现了水位下降、水文周期缩短、干旱程度增强以及部分水功能丧失等现象。

在过去的几十年里，决定生态系统功能的关键气候因素变化非常快，这种快速变化伴随着不同极端天气的出现。联合国政府间气候变化专门委员会（IPCC）发布的第六次评估报告第一工作组报告显示，北美洲、欧洲、澳大利亚、拉丁美洲众多地区、非洲的西部和东部和整个亚洲都在经受高温极端天气（包括热浪）的"考验"。湖泊热浪可能会加剧湖泊长期变暖的不利影响，改变湖泊的物理结构和化学性质，进而威胁到湖泊湿地的生物多样性以及湖泊湿地为社会提供的关键生态和经济效益（Woolway et al.，2021）。《中国气候变化蓝皮书（2021）》指出，1961～2020年，中国极端强降水事件呈增多趋势，极端高温事件自20世纪90年代中期以来明显增多。高温、强降水等极端事件增多增强，使降水变化区域间差异更加明显，给湖泊湿地水文过程带来深刻影响。极端气候事件引发的湖泊湿地极端水文过程及其对生态系统-大气之间碳交换产生的负面影响需要更广泛的关注。

人类活动，以不同的方式影响着湖泊湿地水文过程。一方面，围湖造田、筑堤建圩、挖沟排水以及流域水利工程等减少了地表径流的输入，加速了湖泊的旱化进程，降低了湖泊湿地调蓄洪水的能力。北美大平原是一个重要的农业区，同时也是数百万河湖湿地的发源地。大平原为美国供应大部分小麦、玉米、棉花以及许多其他作物，但草原转为农业用地极大地影响了湖泊湿地水文过程。美国近几年失去的淡水湿地中，约98%来自大平原。截至2007年，我国围垦湖泊面积超过$1.3×10^4$ km²，因围垦消亡的天然湖泊近1000个。号称"千湖之省"的湖北目前只剩下326个湖泊，水面减少72%。昔日"八百里洞庭"从20世纪40年代末的4300 km²减少至2400 km²，水面萎缩40%，水量减少约34%。此外，三峡水库蓄水显著改变了通江湖泊的水文过程，叠加湖区采砂活动导致鄱阳湖等中下游湖泊秋季提前退水、枯水期延长以及枯水期水位降低等。另一方面，退田还湖、筑坝拦蓄和跨流域调水等措施能够增加湿地面积，有利于湿地水文功能的恢复。例如，1998～2003年的退田还湖工程还鄱阳湖面积830.3 km²，湖区增加蓄洪容积45.7亿 m³，还洞庭湖湿地面积1390.84 km²，增加蓄洪容积80亿 m³；三峡工程运行形成出露面积达437～446 km²的消落带，造就了一类特殊的湿地生态系统；松嫩平原地区河湖连通工程引蓄洪水21亿 m³，地下水水位抬升1 m左右，恢复和改善湿地面积2400 km²；黑龙江省政府制定了333.33 km²的三江平原湿地恢复计划，从2000年到2014年，三江平原已经恢复了100 km²的洪泛区。

人类活动不仅从减少地表径流输入或拦蓄径流这两方面影响湖泊水文过程，植树造林、森林砍伐、土地利用方式等也会影响流域水文循环和湿地储水空间，进而改变湖泊湿地的水文过程。一些湖泊湿地可能对气候变化具有相对弹性的响应。但是，因为其他扰动的协同作用，由气候变化导致的负面影响经常表现为加剧的趋势，这些扰动往往都与人类活动密切相关。如何管理和减少人类活动对生态系统的干扰，减轻气候变化的影响，促进生态系统的恢复是地球科学研究的永恒课题。

3. 水文过程的典型表现形式

洪水是水文过程的一种极端表现形式，气候异常导致的极端水文事件在世界各地频发，近年来有关洪水的报道成为热点话题。湖泊湿地作为天然蓄水库和水循环调节器，在调蓄洪水、减轻洪涝灾害方面发挥着极其重要的作用。此外，水文连通性是表征河流、湖泊和湿地之间水文过程的综合性指标，通过调整河湖水文连通可以优化水资源配置、改善生态环境和抵御水旱灾害等。

湖泊湿地通过蓄水、泄流和蒸散发调节洪峰大小以及洪峰的传播时间，发挥着调蓄洪水的功能。例如，北美五大湖中苏必利尔湖最大蓄水量和最小蓄水量之差为 5.76×10^5 亿 m^3，平均调蓄水量达 9003 亿 m^3。休伦湖、安大略湖、伊利湖和密歇根湖对夏季洪水的平均调蓄量分别为 4057 亿 m^3、576 亿 m^3、386 亿 m^3 和 14 亿 m^3。洞里萨湖是东南亚最大的天然淡水湖泊，其流域降水和湄公河径流的季节性转换形成面积达 1.06×10^4 km^2 的洪泛湿地。洞里萨湖在雨季水位上涨 7～8 m，湖泊面积由 2500 km^2 增加至 1.3×10^4 km^2，调蓄洪水约 800 亿 m^3。亚马孙洪泛区分布着数量众多的子湖，在调蓄流域洪水的过程中发挥着重要作用。其中，Lago Grande de Curuaí（Pará）湖在丰水年调蓄来自河流的水量就达 87 亿 m^3，是该湖泊最大水储量的 4.7 倍。

2020 年夏季，我国南方遭受特大洪涝灾害，长江中下游地区梅雨期持续时间较常年偏长 23 d，平均降雨量 753.9 mm，比常年偏多 168%，为 1961 年以来最多。在本次洪水过程中，洞庭湖城陵矶水位持续超警 60 d，其中 18 d 入湖流量大于出湖流量，共计调蓄洪水 62.35 亿 m^3。鄱阳湖区运用 185 座单退圩堤接纳洪量约 26.2 亿 m^3，降低了鄱阳湖水位 0.35 m。

4. 水文过程的生态环境效应

干湿交替的水文过程形成湖泊湿地独特的植物和动物群系。水文过程可直接、显著改变湿地诸如营养物质和氧的可获取性、土壤盐渍度、pH 和沉积物特性等物理化学条件，进而影响水质和动植物的群系结构（Lallias-Tacon et al., 2017; 章光新, 2014）。同时，湖泊湿地的植物、动物和水质格局反映了物理化学（外力）和生物（内力）两种力量之间复杂、动态的相互作用。

水文过程对湿地植物具有重要影响。植物作为湿地生态系统最重要的组成部分之一，在为水生动物提供食物和栖息地、净化水质、储存碳等方面发挥着重要作用。湿地植物变化被认为是指示水环境安全性和可持续性跃迁的关键生态指标。地表水文过程主导了湿地植物的基本生态过程和生态格局，是湿地植物生态系统演替的主要驱动力（表 1-3）。水位直接影响种子萌发、植物存活、生长和繁殖，并通过土壤养分的有效性或种间竞争间接影响物种组成。例如，水位下降引起土壤盐分增加，并且缺水会影响湖滨带植物物种组成，最终导致某些植物群落的面积减少甚至消失。此外，水文节律改变会导致湿地植物种群结构的变化。例如，水位变化幅度升高会导致建群种的优势度降低。

表 1-3   湿地植物对地表水文过程的生态响应

指标	水位变动特征	湿生植物的生态响应
持续时间	长期裸露	减少植被覆盖度和多样性
	长期淹水	植被生长率下降、形态改变、死亡率增加，群落演替
淹没深度	高水位	湿生植物形态改变，萎缩或死亡
	低水位	外来物种入侵，群落演替
变化率	过快	湖滨带植被受到冲刷，幼苗难以存活
幅度、频率	变化幅度过大	对湿生植物湖岸以及底质的冲刷加剧
	水文过程过于稳定	外来物种入侵、物种多样性降低
时机	季节性水位峰值次数减少	植物发育和生长率减小，外来物种入侵、湖滨带萎缩

除此之外，地下水位也是决定植物生长和繁殖的一个关键因素（Booth and Loheide, 2012; Valdez et al., 2019）。近几届国际湿地大会（IWC）和国际水文地质大会（IAH）分别设置了"湿地与地下水流""地下水与湿地的相互影响""生态系统中的地下水作用"等专题，在全世界引起关于湿地-地下水交互作用的多学科交叉研究与探讨。地下水位是地下水与湿地生态系统之间相互作用的关键性指标。一方面，地下水位的微弱变化可能导致生态系统内部生物、物理乃至化学过程发生根本变化，造成物种组成以及种群结构改变；另一方面，植物生态系统本身具有一定的自我适应和调节能力，即不同生活型的植物通过调整物质代谢、能量转化和生长发育适应改变后的地下水位。植物对地下水位波动的响应存在两种可能：一种是线性比例响应，另一种是临界突变响应（周仰效，2010）。在现实的植物演替过程中线性响应极为罕见，绝大部分表现为临界突变，即非线性响应：通常植物退化对地下水位下降的响应具有一定的滞后期；这种迟滞效应同样存在于地下水位抬升后植物的恢复过程中。当前，"哪些湿地植物依赖地下水？""植物蒸腾耗水在什么时段以及多少是来自地下水？""引起植物功能发生正向和逆向改变的地下水位阈值分别是多少？"等问题仍待解答。

水文过程对湿地动物同样具有重要影响。湖泊湿地特有的水文过程为水鸟、鱼类和无脊椎动物，特别是其中濒临灭绝的物种提供了理想的栖息场所。水文过程变化将显著改变湿地的物质流、能量流和信息流，进而引发不同的动物行为，比如候鸟迁徙、鱼类洄游以及无脊椎动物的繁殖和迁徙等。其中，水鸟对水文过程变化非常敏感，其多样性水平常被用来衡量湖泊湿地生态系统的健康状况。

湖泊湿地提供的浅水、沼泽、滩涂和稀疏草滩是水鸟的天然栖息地和觅食场所（Tang et al., 2016）。每年春季，太平洋 70%（超过 200 万只）的迁徙水鸟经过俄勒冈南部-加利福尼亚东北部的湖泊湿地，迁徙高峰期约有 150 万只涉禽在大盐湖停歇，10.2 万只在莫诺湖，8.3 万只在阿伯特湖。水鸟在迁徙途中需要一系列的停歇以补充食物并积蓄能量，如果缺失这些湖泊湿地作为栖息地，就可能导致水鸟向南迁徙失败。鄱阳湖湖泊水位季节性变化强，水情特征复杂，生物多样性丰富，平均每年有 34 万多只候鸟在此越冬，包括世界上约 98%的白鹤（*Grus leucogeranus*）及超过 80%的东方白鹳（*Ciconia boyciana*）。

在气候变化和快速城市化过程中，湖泊湿地景观由简单、均匀、连续的整体演变为复杂、异质、间断的斑块。鸟类自然栖息地的破碎化越来越严重，可用栖息地和食物资源大量减少，导致种群数量减少，生物多样性降低。从地中海地区盐田的消失到北美大草原坑洞地区和莫哈韦沙漠湿地的退化，加之气候变化的影响，共同引发了迁徙水鸟（如水禽、滨鸟、涉禽）和其他鸟类物种的种群数量显著下降。通过研究北美太平洋航道过去 100 年的水资源利用率和气候变化趋势，发现农业灌溉和不断增加的蒸发导致水鸟迁徙路线上融雪流域 27% 的湖泊、47% 的湿地和季风流域 13% 的湖泊地表水减少，水鸟物种组成发生显著变化。长江上游的三峡工程运行改变了鄱阳湖洪泛湿地的水文过程，尤其是浅水面积和水文连通性，对越冬水鸟栖息、觅食产生直接和间接影响。研究证实：群体水平上，天鹅、鹅和鸭的丰度与丰水期月平均水位显著相关；涉禽数量与丰水期平均水位和高水位持续时间显著相关。此外，上文提到的湿地水文过程变化导致三江平原水禽数量减少了 90% 以上；松嫩平原湿地鸟类数量由 1983 年的 137 只/km^2 减少至 1995 年的 105 只/km^2 等。

相反，湖泊湿地水文条件的改善及合理的水资源利用则有利于水鸟种群数量的增加和物种多样性的恢复。例如，美国自然资源部和 Ducks 无限公司修复了爱荷华州的 38 个浅水湖，修复后的浅水湖水鸟数量和种类（58 万只，78 种）比未修复的浅水湖（13 万只，70 种）多。修复结果显示，水位变化对涉水鸭和滨鸟种群数量有负面影响，对潜水鸭和水鸟物种多样性有正面影响；水位恢复时长对鹅/天鹅和隐匿沼泽鸟类物种多样性有正面影响；湿地总面积对各类群数量和多样性均有正面影响。此外，受河湖连通工程影响，吉林莫莫格湿地过境白鹤数量由原来的 500 多只增加到 3800 多只，占全球白鹤数量的 95%。对云南大理洱海的候鸟种群动态的持续观测发现，水位下降后钻水鸭和潜水类的种群数量和物种多样性都有所增加。

水文过程对水质的影响，湿地水文过程对水质的影响同时表现为湿地的源和汇的功能。一方面，湿地是下游水域溶解性有机物、营养物和污染物等的重要来源。例如，磷和硝态氮等受"蓄积–溢出"效应或近地表电势差驱动由底泥释放至上层水体，并随着地表水或浅层地下水转移到下游水域，起到化学源的功能（Beck et al., 2019）。对大型浅水湖泊而言，风浪发育充分，底泥再悬浮频繁，磷的内源供给通量大、速度快、效率高。例如，基于静态释放培养法估算的太湖内源磷负荷可达 899 t/a，而基于动态释放的通量则更高。此外，湿地植物在完成一个生命周期后凋落物会落入水中，分解并释放有机物和氮进入水体，进而增加水体中氮浓度。研究发现，湿地植物的秋季 1 次收获对土壤中氮的去除量最大（81.62 g/m^2），说明土壤微生物的硝化和反硝化作用对土壤脱氮的贡献最显著。另一方面，湿地通过储水稀释、沉淀和置换作用对有机物、营养物和污染物等进行截留，使得氮、磷及一些重金属元素在植物-土壤系统中周转，最终达到富集的效果，从而发挥化学汇的功能。例如，湖泊是氮最重要的汇库之一，氮可以被反硝化、固定或储存在沉积物中。沉积物是磷的一个即时"储存库"，沉积物对磷酸盐的吸附能力受沉积物颗粒粒径、温度、pH、氧化还原电位、盐度、溶解氧等因子影响。此外，湿地植物根系发达，生长速度快，生物量大，在生态系统中对金属的吸收、转运和生物地球化学循环起着至关重要的作用（Shaheen et al., 2019）。湖泊湿地地表水的横向、纵向、垂向运移随时间和空间变化，水文过程对水质影响的源、汇和滞后效应往往同时发生，进而抵消它们作为下游水域物质和能量来源的作用。如何提高湖泊湿地的固碳作用，探索碳达峰、碳中和的实现路径是未来湖泊湿地水文生态研究的重要方向。

5. 展望

作为一种具有全球意义的自然资源，湖泊湿地生态系统在过去一个世纪发生了重大改变，由此带来的生态环境压力和社会经济问题受到广大学者的广泛关注。湖泊湿地水文过程已成为当前水资源管理、水文地球化学和生态水文学等多个领域的研究热点和前沿。在已有研究建立的科学理论和开创性认识的基础上，未来在以下 5 个方面有待探索和创新：湖泊湿地多要素综合观测体系、气候变化与人类活动协同作用机制、水文连通多维度转化机理及其生态效应、地下水驱动下的植物非线性演变规律和基于关键水文要素的水鸟栖息地质量评价（谭志强等，2022）。

（1）湿地多要素综合观测体系。在湿地关键水文要素监测方面，主流的多源遥感数据融合方法建立在预测期内没有土地覆盖变化或只存在线性变化的假设基础上，而这一假设并不适用于快速变化的湿地水文要素监测。此外，融合过程需要的成对无云影像，在受多云覆盖影响的湿润区很难得到满足。当前，迫切需要突破上述瓶颈，改进多源数据时空融合技术。此外，随着遥感产品日趋丰富以及水文模型的逐渐成熟，遥感科学与水文学相结合为湿地水文要素监测开拓了更为广阔的前景。水文/水动力模型通过结合遥感技术提供的地形、土地利用和植被等下垫面信息以及降水、蒸散发等气象参数，实现关键水文要素的长期、动态、连续模拟和预测是未来湖泊湿地生态水文过程研究的重要方向。

（2）气候变化与人类活动协同作用机制。受气候变化和人类用水增加，特别是灌溉耗水影响，世界各地的湖泊湿地面临减少和退化风险。政府通过教育和激励的手段调整农业用水方式，分担基础灌溉设施的成本支持农业生产者，从而获得在节约用水和维护湿地生境方面的生态补偿。与此同时，灌溉效率的提升会导致农业生产者种植更多的耗水作物和扩大种植面积。因而需要不断地将新的节水措施重新应用于生态系统服务，针对湖泊湿地生态水文系统与农业发展、水资源开发利用等社会经济系统相互作用的双向机制，制定湖泊湿地管理的政策制度和规划方案，提升湖泊湿地生态服务功能。

（3）水文连通多维度转化机理及其生态效应。水文连通性伴随着水循环过程的发展表现出动态性、多维性、系统性、阈值性和异质性等主要特征。同水文过程相比，水文连通性更加侧重于从系统角度来识别水流的空间联系与多维度转化。尽管相关研究在纵向和横向地表水文连通性方面取得较多进展，但受地表-地下水交互作用的复杂性以及土壤水变化的时间动态性和空间异质性影响，垂向水文连通性研究仍有不足。如何探明洪泛系统多维度水文连通时空转化的协同性、连续性和临界条件是维护湖泊湿地结构完整，提升生态系统服务功能亟待解决的一个关键科学问题。

（4）地下水驱动下的植物非线性演变规律。地下水位是地下水与湿地生态系统之间相互作用的关键性指标。然而，由于湿润区地表水资源相对丰富，地下水对湿地植物的作用和贡献往往被忽视。地下水位波动的方式、强度和频率无疑会影响植物退化/恢复的非线性过程，改变湿地植物演替的方向、速度、趋势或终结类型，甚至带来不可挽回的退化结果。如何定量刻画植物对地下水变化的响应仍面临挑战。亟须从生态水文学的角度研究洪泛湿地不同生活型植物种群退化/恢复过程对地下水位波动的响应差异及其演变的非线性动力学机制，为湖泊水位调控和退化湿地的恢复提供科学依据。

（5）基于关键水文要素的水鸟栖息地质量评价。湖泊湿地资源的空间位置及其相对于个体物种迁徙时间的可用性是评估水鸟栖息地质量的必要条件。无论是由于湿地丧失、可利用时间的改变，还是不合适的盐度或水深，都可能导致栖息地适宜度降低或候鸟迁徙失败。因此，需要更精细的栖息地质量评估来充分了解特定物种的弹性力和恢复力。当前，对候鸟迁徙路线的可持续性主要围绕以保护湿地这一土地利用类型为目标的政策调整，而忽略了对决定湖泊湿地生态功能的关键水文过程的影响评价，如洪水发生的时机、范围、强度、频率、历时以及涨退水速率等。基于湖泊湿地关键水文过程，综合考虑水鸟觅食场所的可用性和栖息场所的安全性，才能为水鸟提供最佳的生境条件。

1.2.2 河湖洪泛区地表-地下水（SW-GW）相互作用研究进展

1. SW-GW 转化研究方法

SW-GW 之间的频繁转换是影响区域水资源形成及其结构特征的重要因素（Wang et al., 2011）。自 Boussinesq 于 1877 年开展河流与地下水相互作用研究以来，SW-GW 转化研究便引起了广泛关注和高度重视，研究尺度主要包括盆地/流域尺度、接触带尺度和沉积物尺度，研究范围几乎涉及与水循环相关的所有领域：河源径流、湖泊、湿地与河口等。国内外关于湿地系统 SW-GW 转化的研究方法主要有水文学方法、水化学法、同位素法、温度示踪法、人工示踪法和数值模型法等（表 1-4）。

表 1-4　国内外湿地系统 SW-GW 转化研究方法（李云良等，2019）

方法与分类	主要原理	参考案例
水头测压计（水文学）	在水平、垂直方向上布设测压计，直接通过水头值来辨析湿地地下水与地表水的流动规律	利用测压计测量美国 Wisconsim 溪流湿地系统 SW-GW 之间的动态转化关系
抽水试验（水文学）	在小尺度湿地内，通过快速降低湿地或地下水位来观测邻近水体的水位响应变化，辨析两者之间的水力联系	依托原位抽水试验，辨析佛罗里达州季节性洪泛湿地系统 SW-GW 之间的转化关系
水位时变关系（水文学）	测定湿地水位与地下水位的长序列历史动态变化，基于统计关系判断两者可能存在的补排转化和水力联系	依据海水与地下水位的历史观测资料，探究澳大利亚滨海湿地地下水对潮汐波动的响应
渗透仪（水文学）	将渗透仪埋置于含水层中，以单位时间内容器内下渗或向上补充的水体积变化来判断相应条件下的渗透率	采用渗透仪直接测定湿地系统 SW-GW 之间的渗漏或补给强度
水化学指示（水化学）	不同来源、不同水体影响下，水样的水化学特征存在的差异性	利用温度、电导率、水化学组成判断法国海岸湿地系统 SW-GW 之间的水力联系
同位素示踪（同位素）	是水化学特征指示的一种典型，不同转化模式影响下环境样品的同位素组成可指示其来源	利用氘、氧稳定同位素探明了澳大利亚湖泊湿地的地下水动力场与 SW-GW 转化模式
水温热量传递（温度示踪）	监测湿地地下水与地表水联系系统温度场变化，以指示热量传递路径和转化形式	基于温度观测与热传导模型，估算了比利时湿地系统 SW-GW 之间的转化量

方法与分类	主要原理	参考案例
示踪剂试验（人工示踪）	原位投放保守型化合物以监测该物质在湿地地下水与地表水关键界面的迁移路径，指示两者之间的水力联系	采用溴化钠作为示踪剂研究北美地区季节性洪泛湿地系统 SW-GW 之间的水力联系
模型模拟计算（数值模型）	在确定湿地模型其他要素和参数的基础上，反演地下水与地表水耦合模型，定量分析两者转化机制与交换量	依托物理机制明确的数值模型，通过输入和边界条件模拟德国洪泛湿地系统 SW-GW 转化及动态水量平衡

水文学方法是研究湿地系统 SW-GW 转化的直接方法，该方法能够提供对水位关系、渗透率等水文特性的直观认识，但这种方法所采用的仪器设备安装与运行、测量精度、点位布设与水文要素的变异性之间可能出现时空尺度不一致的问题，因而所获取的数据信息难以真实反映野外复杂状况（范伟等，2012）。此外，国内外研究通常根据水力梯度与流量间的关系推算河湖入渗量，通过基流切割方法估算湿地地下水向河湖系统的排泄量，但间接推算通常会带来较大的误差和不确定性，该方法虽然能够评估两者之间的转化量，但只能提供对 SW-GW 转化过程的一般性认识（Christensen et al., 1998）。随着湿地 SW-GW 相互作用研究的精细化与定量化，示踪法和数值模型法成为目前国内外较为流行的研究手段。人工示踪法、水化学法及同位素示踪法可用来揭示变化环境下湿地系统 SW-GW 之间的水力联系，估算两者的转化量，但水化学和同位素示踪法只能得到半定量化结果，而人工示踪法还可能造成水体不同程度的污染，其操作过程也受场地条件限制。数值模型法可定量计算 SW-GW 之间的转化量，精细模拟两者之间的动态转化过程，有利于深入理解湿地水文过程机理和预测未来水情变化，但数值模型校正通常基于大量的水力学参数，其结果往往受到参数观测密度和相关性的影响。综上，大量研究方法和手段为湿地 SW-GW 转化关系研究提供了重要保障，但应充分结合野外实际条件，加强方法之间的优势互补，实现规律和现象的定性认识以及作用机制的定量分析。

总体而言，湿地 SW-GW 转化关系的研究方法可归纳为两大类。一种是直接方法，即采用水文学方法测定湿地系统水文要素变化，评估湿地 SW-GW 的水力联系；另一种是间接方法，主要利用热量特征、水化学分异、示踪剂指示等间接证据来推断湿地 SW-GW 转化过程。湿地 SW-GW 转化研究由于涉及地质学、水文地质学与水力学等多个学科，因此综合运用直接与间接方法已达成共识，其既能降低复杂条件下的尺度效应风险，也是系统阐明湿地 SW-GW 转化作用机制的关键。因此，在研究的逻辑思路上，结合多学科交叉理论与方法，开展湿地 SW-GW 转化作用的定性指示与定量评估已成为国内外的流行手段和创新的基本思路。

2. SW-GW 转化过程的相关研究进展

SW-GW 之间的相互转化是自然界普遍存在的一种水文现象，它是水资源的基本属性之一。国内外研究表明，地下水与河湖之间的转化关系通常具有局地性和变异性，呈现出时空尺度上明显的补排差异。例如，热力学示踪发现，英国 Tern 河流与地下水的补排关系具有显著的时空变异性，甚至在一些低流量的河段，河水与地下水之间的补排量变化也存在明显差异。基于水化学及氧同位素分析得出,黑河与地下水之间的补排转化关系存在地段差异。此外,湖水与地下水的季节性补排关系同样具有空间变异性,地下水在有些区域补给湖泊,而同时期有些地区则是湖泊补给周边地下水。地下水对湖泊的强烈蒸散耗水起到了支撑作用,而湖泊的存在反过来也会影响区域地下水循环模式。SW-GW 的转化方式、途径与转化通量研究一直是国内外关注的重要科学问题。Ala-aho等(2015)以芬兰北部湖泊、河流和湿地为综合体,基于耦合数值模型定量计算了 SW-GW之间的转化量,并揭示了转化量的时间变异性及空间分布。依托野外调查和同位素示踪技术,已有学者提出了黄河流域河水与地下水之间的 8 种转化方式,并通过室内物理模拟实验揭示了河水与地下水转化方式对转化量的影响机理(Wang et al., 2011)。气候变化、人类活动、地质地貌条件等也是影响地下水与地表水转化关系的重要因素。气候条件对流域 SW-GW 之间的转化关系有重要影响,大气降水通常是水体转化的主要影响因素,而人类活动会对 SW-GW 的相互作用以及转化通量造成严重影响,能够导致其作用方式发生转变及增加水质恶化风险。实际上,国内外对 SW-GW 的补排转化方式、转化量及其影响因素等方面做了大量基础性、开拓性工作,取得了一些共性认识和普适性结论,但主要是基于一些典型流域和干旱-半干旱地区的研究结果,这些结论不能完全适用于复杂下垫面条件的 SW-GW 转化作用研究。

湿地作为一种特殊的下垫面类型,是国内外公认的 SW-GW 频繁转化的复杂地域。尤其是洪泛湿地,受气候变化和人类活动等多因素的复合作用,常由于水力梯度动态变化导致 SW-GW 的作用模式发生改变,甚至补排关系完全颠倒,即 SW-GW 的转化关系和模式可在变化环境下相互转化。根据湿地 SW-GW 之间的补排关系以及饱和-非饱和流场特征,Jolly 等(2010)将 SW-GW 的转化关系归纳为 4 种模式(图 1-10),即非饱和流-补给型湿地、饱和流-补给型湿地、饱和流-排泄型湿地以及饱和流-贯穿型湿地。如美国 North Dakota 湿地自然状态下属于贯穿型湿地,严峻的干旱情势导致湿地持续补给周边地下水,大规模集中降水后则转变为排泄型湿地。国内外在湿地 SW-GW 转化关系以及转化量等方面取得了不少研究成果,如 Whittecar 等(2017)以地下水涵养的美国弗吉尼亚湿地为研究区,基于水均衡模型估算了地下水对湿地系统的补给量,重点阐明了地下水位周期性波动对湿地系统的影响。Ludwig 和 Hession(2015)通过观测资料探明了美国东部某河流水情变化对 Chesapeake 洪泛湿地内地下水位的空间分布起主控作用,且湿地水量严重依赖于季节性地下水位波动。Rahman 等(2016)基于 SWATrw 模型研究了印度/孟加拉国 Barak-Kushiyara 洪泛湿地 SW-GW 之间的水力联系,发现河流对地下水的补给对维持湿地水量平衡起主要作用。近些年来,不少学者通过对国外一些成功案例的归纳总结旨在强调 SW-GW 转化在我国湿地研究中的重要意义,但目前已有的湿地研究仍鲜有相关方面的实质性报道和进展。湿地 SW-GW 的转化研究涉及若干重要科学问题,但定量化层面上的研究相对较少,缺乏对过程和机制的深入见解,导致无法系统诠释湿地生态效应的内涵与意义。

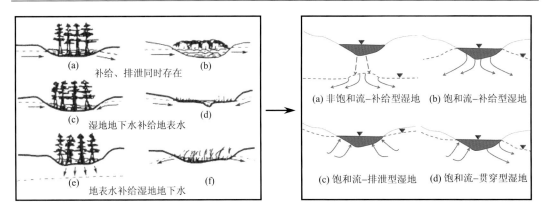

图 1-10　湿地 SW-GW 补排关系与转化模式示意图（修改自 Jolly et al., 2010）

3. 河湖洪泛湿地 SW-GW 研究动态与发展

洪水脉冲最初是作为科学概念提出的，是国际上河流生态学研究中的重要理论成果之一。洪水脉冲属性主要包括洪水量级、洪泛范围、脉冲时间、淹水时间、脉冲形状等，不同的洪水进程对湿地生态系统各属性表现出其特有的作用。Käser 等（2012）通过 HydroGeoSphere 三维数值模拟发现，洪水量级和淹水时间影响了湿地 SW-GW 之间的转化关系，尤其对湿地地下水动力场造成了严重干扰。Guida 等（2015）研究表明，洪水脉冲控制了 Cuiaba River 洪泛湿地的地下水位，导致地下水整体上由河流向洪泛湿地运动，且维持了洪泛湿地的土壤湿度。可见，洪泛湿地的环境系统行为受洪水脉冲变化过程影响较大，随着洪水脉冲作用的发展具有动态变化性。尽管洪水脉冲的驱动作用是普遍存在的，但不同区域的洪泛湿地，因洪水脉冲形式表现得复杂多变，在短期和长期时间尺度塑造了洪泛湿地 SW-GW 之间不同程度和性质的水力联系，亟需加大洪水脉冲作用的研究力度。

长期以来，国内外学者对洪水脉冲的相关研究更多关注的是洪水模拟预报、洪泛湿地生态干扰等方面，且主要侧重的是不同水体之间的地表水力连通性研究。普遍认为，较高的洪水量级能够有效促进地表水体向周边湿地的侧向洪泛范围，随着洪水脉冲的增强，水流在洪泛湿地内的平均停留时间缩短，洪泛湿地能够承纳约 40% 的洪峰流量，河流与洪泛湿地之间的水力交换方向和量级具有较强的时空分异特性（陈孝兵等，2015）。此外，国外不少学者从人为干扰的角度来探析河湖水体与洪泛湿地系统之间的水力连通关系，对湿地生态系统的重建和多目标发展起到了积极作用。例如，洪泛湿地的地貌变化对河流与洪泛湿地之间的水力交互关系同样具有重要影响，美国 Mississippi River 地貌形态改变能够使洪水脉冲的量级降低至 58%，而建坝等人类活动则进一步减弱了两者之间的水力连通性（Edwards et al., 2016）。相反，增加洪峰水位以及堤坝移除能够明显增强河流与洪泛湿地系统之间的水力连通条件。事实上，河湖与洪泛湿地系统的洪水脉冲效应不仅仅体现在地表水力联系上，洪水脉冲影响下河湖水体与洪泛湿地地下水之间的动态转化更能从水循环意义上综合考虑地表、地下两方面的水交换与作用过程（Kennedy et al., 2016）。

我国是一个河流、湖泊和海洋广泛分布的国家，由此导致洪泛湿地也是我国重要的湿地类型之一，但围绕这些湿地系统 SW-GW 转化的洪水脉冲效应研究介绍不多，其科学内涵在于研究季节性洪水变化过程对洪泛系统 SW-GW 水文情势的影响，以及洪泛湿地系统生境对这种水文情势变化的适应机制（李云良等，2019）。然而，目前国内实证性的研究工作尚未起步，未来研究工作仍有很大的发展空间。实际上，对于洪泛湿地而言，洪水脉冲本身就是一种外部干扰，尤其是叠加气候和人为干扰的影响，致使洪泛湿地 SW-GW 转化对洪水脉冲驱动的响应方式及程度仍是当前一个科学难点，该方向的深入探讨将对洪泛系统的生态保护和修复具有重要指导意义。

4. 关于我国洪泛区 SW-GW 转化研究的思考

洪泛区及其湿地是我国诸多生态系统中高度开放、特色突出的洪泛系统，除了在维护湿地生物多样性和生态系统完整性上起到十分重要的作用，也对季节性洪水变化过程起到过渡和缓冲作用，同时缓解了高变幅水位波动所产生的负面影响。洪泛湿地是我国众多湿地类型中较为普遍的一种，例如分布在我国北方的向海-河流洪泛湿地、尕海-河流洪泛湿地、扶余-河流洪泛湿地、滨海洪泛湿地以及长江中下游的鄱阳湖-湖泊洪泛湿地等。与全球其他国家的洪泛湿地相似，湖水位、地下水位和土壤水分等关键水文要素的变化主要取决于洪水脉冲影响下湿地 SW-GW 的频繁转化以及动态的湿地水量平衡。然而，近些年来，由于气候变化和诸多人类活动的严重影响，洪泛湿地受干扰类型和受干扰频率均在不同程度的增加，无疑改变了地表水体与洪泛湿地之间的相互作用，或加大了自然节律下洪泛湿地系统的干扰程度。此外，强人类活动（比如，水库和大坝建设）或将"不可挽回"地改变地表水体季节性洪水的天然"脉搏"，干扰洪水脉冲的变化形式与程度。因地表水体与洪泛湿地相互依存，天然洪泛湿地系统也朝着不确定性和复杂化方向发展，水资源、水质及生态环境等正面临着严峻的变化态势。

鉴于上述分析，从系统角度出发，深入揭示洪泛湿地系统 SW-GW 转化的动力学过程及对洪水脉冲变化的响应机制，既是一个基础性研究工作，可为后续湿地生态以及生物地球化学等相关研究奠定基础，也是一个具有前瞻性的课题，将为湿地水资源、水环境等综合管理与调控提供科学依据。在气候变化和人类活动干扰的背景下，洪泛湿地 SW-GW 转化关系在不同时间尺度条件下也处在动态调整之中，作者认为应从水资源整体的观念出发，强化洪泛湿地 SW-GW 转化研究在整个水循环研究中的重要地位。

在变化环境下，具有高度敏感性的洪泛湿地开放系统不断改变其几何形态、形态结构与景观格局，很大程度上影响了数值模型的合理选择与构建。在边界位置空间变异和边界信息时间动态同时发生的条件下，求解域和边界条件甚至是控制方程的多重不确定性使得洪泛湿地 SW-GW 模拟成为挑战。分布式水文模型能够将洪泛湿地 SW-GW 系统进行网格剖分，各单元之间可通过数学方程控制连接，体现了洪泛系统下垫面的空间异质性，但大多数的分布式水文模型仍以流域为主要模拟对象（例如 SWAT、新安江模型），其主要优势在于重现不同尺度流域上的降雨-径流过程，但往往对地下水运动的刻画较为薄弱，或者不同程度上弱化了地下水对地表水系统的影响作用。然而在目前已有的地下水流数值模型中（例如 MODFLOW），虽然其物理机制较为明确，但通常将复杂湿地系统作为节点或第一类边界加以考虑，SW-GW 之间的转化关系描述过于概化，也难以反映 SW-GW 转化作用中的非饱和土壤水分运移等关键过程。虽然一些经典的非饱和流模型（例如 HYDRUS）能够充分考虑土壤水和地下水的运动状况，但这些模型通常在遭遇地表淹水情况下，会导致系统计算结果出现严重失真。不难得知，水动力模型具备强大的地表水体模拟能力（例如 MIKE 21、EFDC），能够捕捉诸如湿地等地表水体的水位、流速的时空动态变化信息，但基本所有的水动力模型均不考虑地下水流运动。其次，水动力模型精细的时间步长（通常为秒）也很难与地下水流模型（通常为天）进行真正意义上的实时耦合。近些年来，随着计算机技术以及地理信息系统的快速发展，国内外出现了一些考虑地表水与地下水过程的综合模拟模型系统（例如 MIKE SHE、HydroGeoSphere），其基本涵盖了水文循环的各个组分并充分考虑了不同过程之间的耦合，能够通过离散节点的信息传递以实现 SW-GW 之间的转化研究。实际上，对于洪泛湿地而言，上述这些数值模型的最大挑战在于能否刻画洪泛湿地地表上边界的洪泛过程。也就是说，洪泛湿地的周期性或季节性干湿交替（动边界处理）是大多数值模型难以表征的一个重要水文过程（李云良等，2019）。

　　此外，应开展野外定点联合监测，获取洪泛系统水位、水温、土壤水分等关键水文变量的时序变化过程，通过水文学和热力学方法探究 SW-GW 之间的补排转化关系及补给通量等。进一步通过野外现场试验，主要包括地下水井的抽水试验和示踪试验等，确定湿地含水层的水力参数，评判地下水位的动态响应特征等。再则，水化学和同位素的样品采集应结合研究区实际条件，划分典型时期进行样品采集，防止样品遭受污染，影响评价结果的准确性。最后，通过构建研究区的 SW-GW 数值模拟模型，结合野外资料和其他辅助手段的多角度验证，定量刻画洪泛湿地 SW-GW 相互转化的动力学转化过程，并通过与生态水文模型的进一步联合，依托情景模拟方案，最终评估洪泛湿地生态效应等热点问题。笔者认为，洪泛湿地与周边水体的水文连通性及其独特的水文变化节律，会致使洪泛湿地 SW-GW 转化研究被给予越来越多的关注，亟须加大 SW-GW 转化作用的研究力度（李云良等，2019）。

1.2.3　河湖湿地与洪泛区水文连通性研究进展

　　水文连通性成为影响洪泛区系统结构与功能的一个关键问题，水文连通性往往与水文生态问题有着更为密切的关系（Park and Latrubesse, 2017; Li et al., 2019a）。纵观国内外不同学科领域，虽然水文连通性概念与内涵的界定不尽相同，但根据其功能作用可描述为：在纵向连通、横向连通、垂向连通和时间连通 4 个维度上，以水为介质的物质循环、能量传递和生物迁移等关键过程的传输转移能力（图 1-11），对促进河湖湿地等洪泛区水系的形成、发展以及稳定发挥着不可替代的水文生态功能（Pringle, 2003; USEPA, 2015; Singh and Sinha, 2019）。洪泛区的水文连通性及其动力学转化实际上是水循环研究的重要组成部分，成为影响洪泛区水文过程及其生态环境反馈的重要机制，也是水文、生态和环境等跨学科领域的研究热点和前沿问题，具有极为重要的现实意义。

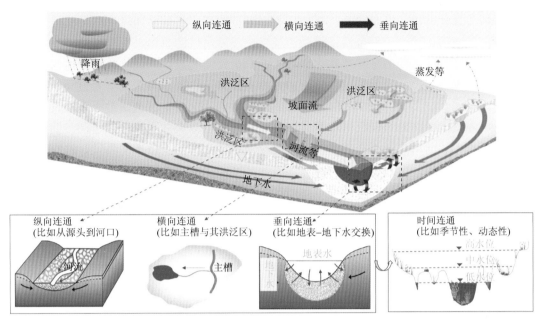

图 1-11　洪泛系统水文连通性多维度概念性示意图（修改自 USEPA, 2015）

1. 水文连通性的定量计算和方法研究进展

自 2000 年以后，国内外很多学者从不同学科角度提出了水文连通性的多种计算和评估方法，主要是针对生物迁移、景观斑块和水文连续性等问题，形成了以空间图形法、景观分析法和水文数学模型为主的计算方法（Urban and Keitt, 2001; Pascual-Horal and Saura, 2006）。2011 年以来，主要是基于多目标-多功能的服务需求，开展了不同方法的综合与集成研究，形成了图论-水文法和图论-生态法等。随着 GIS 应用、网络和数理推理等技术的快速发展，一些学者侧重于多技术的耦合定量，大多是基于 GIS 的计算评价方法。也有部分学者从河流水系的特征与格局出发，建立了水文连通性的综合指标评价方法。针对流域、平原河网和湿地等不同的下垫面地貌类型，国内外已有学者对水文连通性的主要研究方法进行了归纳总结和适用性分析（Golden et al., 2014; 高常军等, 2017; 陈月庆等, 2019）。总体来说，目前最为典型的方法有原位监测法、图论法、水文-水力学法、水文模型法、景观法和综合指标评价方法等。

原位监测方法基于研究区内的水文观测数据，分析不同水体单元的连通状况，常用指标包括连通距离、连通时间、流速、流量等。例如 Schiemer 等（2007）和 Reckendorfer 等（2006）采用连通天数来分析河流、湖泊和湿地之间的水文连通性变化。Lesack 和 Marsh（2010）以河流-湖泊系统为研究对象，依据河流水位和湖泊高程来直接判断河-湖连通时间。图论法，一般是通过对河流水系的拓扑结构进行概化，进而通过邻接矩阵的数学运算和图论的判别原则计算水系连通性的程度。如 Tejedor 等（2015）采用图论法来研究三角洲地区的水文连通性以及稳定传输过程。水文-水力学方法，根据水流状况和径流特征来刻画水文连通性，进而采用水文连通函数法、水力阻力法和水文-水力综合法来分析连通性特征。景观法，从景观生态学理论出发，比如将河流河段各组成部分概化为不同的斑块，通过计算斑块之间的连通性来反映河流的整体水文连通性。水文模型法，通过评估研究区内的几种关键水文过程，分析不同地貌单元之间的水文连通状况。例如 Bracken 和 Croke（2007）采用 CRPPL 模型研究下垫面不同水文单元之间的水文连通性变化动态。Li 等（2019a）通过水动力模型 MIKE 21 结合连通性函数来研究长江中下游通江湖泊洪泛区地形变化对地表水文连通性的时空影响程度。

鉴于不同的研究方法具有各自的优缺点和适用性，基于多技术手段联合的研究策略已得到共识，既能降低复杂条件下的尺度效应风险，也是系统阐明水文连通性过程与作用机制的关键。如原位监测多采用直观的水文要素来反映水文连通性，但有限的数据资料导致该方法难以拓展到大尺度流域及复杂地形地貌的洪泛区（高常军等，2017）。水文模型法能够比较准确地刻画研究区内一些主要水文过程，从机理角度上解释连通性的变化，但对于复杂的洪泛区甚至包括地下水系统，大部分独立的水文模型还不具备完整描述系统的能力（Golden et al.，2014）。综上得知，水文连通性涉及多尺度、多要素、多学科，单一方法和技术难以客观探究连通性多维度的时空交互与转化，依托多方法耦合的定量研究仍是当前的流行手段和创新的基本思路。

2. 水文连通性的评估尺度和连通方式研究进展

从空间上而言，河流水系涉及区域大尺度、河流或者河段中尺度、断面或微地形等小尺度，以及土壤孔隙等微观尺度（Phillips et al.，2011；Yu and Harbor，2019）。也就是说，具体研究中可能会涉及几个不同空间尺度的综合考虑。大多数自然水系，通常表现出水位、流速、面积等关键变量的动态属性特征，需要采用适宜的时间尺度来动态评价水文连通性的变化程度。在研究河流堰坝生态修复时，因涉及生态变化等敏感性问题，不仅要考虑局部生物和径流要求，也要考虑堰坝在河流乃至全流域中的协同效应（Reis et al.，2019），由此也强调了系统性研究的重要现实意义。因此，水文连通性评估与计算应针对不同的研究需求，结合研究区的实际特点，注重空间多尺度的协同性以及时间尺度的相互转换。

目前大部分研究重点关注了流域尺度和河流河段尺度下水文连通性问题，然而对小尺度和微观尺度的连通性问题涉及较少。目前普遍接受的观点认为，水文连通性是一个基于系统而提出的概念，由此认为流域和河流尺度更加能够从系统的角度来阐释水文连通性（Bracken and Croke，2007）。此外，也有不少国内外学者侧重于河流洪泛区、河口三角洲、平原河网以及湿地等水文连通性评估，研究发现水文连通性变化能够直接影响评估系统的水文循环和水环境状况。例如，流域下垫面土地利用方式的变化将会改变水文响应单元的水文过程，进而影响其水文连通性；平原河网区的形态变化、渠道化和堵塞会改变原有的水系结构和水文连通程度；而河口三角洲等敏感脆弱区的水文连通性与生态环境之间存在着更为密切的联系（刘星根等，2019）。客观来说，水文连通性及其影响因素等方面已经开展了大量基础性、开拓性研究工作，取得了一些共性认识和普适性结论。

水文连通性通过建立河流、湖泊、湿地等水体之间的水力联系，优化调整河湖水系格局，以提高水资源统筹调配能力、改善河湖生态环境、增强抵御水旱灾害能力为目标（李宗礼等，2011；夏军等，2012）。水文连通性与实践早在 20 世纪 70 年代就有开展，例如荷兰的湖泊引水换水、美国的河流引水湖泊、中国的引江入太等典型案例，这些均属于不同系统之间的水文外部连通问题（刘丹等，2019）。近些年来，长江中下游部分湖泊存在水资源供给不足、干旱频发以及湖泊萎缩等现实问题。大量研究表明，长江上游的水库群运行已经削弱甚至阻隔了中下游湖泊群与长江干流之间的连通性。需要指出，长江干流与其连接的湖泊群均属于不同水文系统/单元之间的外部连通，也就是近几年我国所倡导的河湖水系连通问题。水文连通性除了受到人工闸坝建设、河湖连通工程等强人类活动的干扰，也同时被研究区内部地形地貌、土壤类型、植被分布格局等诸多因素影响。不少研究指出，系统内部的水文连通问题极易被忽视，但内部水文连通性的变化却对局部生态环境的改善与提高起着更直接的影响作用，由此强调了内部水文连通问题深入研究的必要性。总的来说，水文连通性可归纳总结为两种方式，一是本系统与其他江河库或者湿地的外部连通性（比如长江与鄱阳湖、跨流域调水）；二是受制于系统自身格局条件的内部连通性（比如鄱阳湖与其周边湿地）。目前已有研究多是关注流域及河流尺度下的水文连通性，且侧重于系统外部的水文连通问题，仍缺乏对系统内部连通性的认识以及连通的相对重要性研究。

3. 水文连通性的多维度特征和变化机制研究进展

如前所述，水文连通性主要包括纵向连通、横向连通、垂向连通和时间连通 4 个维度，已有相关研究多是集中在纵向连通和横向连通特征方面。Beck 等（2019）基于原位观测和数值模型分析了横向水文连通性动态特征变化及其对河道地形演变的响应，认为河道水流输运能力对洪泛区泥沙和营养盐通量带来明显影响。Trigg 等（2013）采用MODIS 遥感影像数据结合连通性概率函数，开展了 Thailand 河流洪泛区的纵向和横向水文连通性评估研究，发现区域洪水事件对连通性的时空变化特征影响非常显著。Reis等（2019）基于一种灵活的空间方法综合分析了 Amazon 河流洪泛区的纵向和横向水文连通性，阐明了洪泛水文过程对连通性特征变化的影响，进而提出了洪泛区湿地的保护和管理方案。此外，仍有不少研究工作虽然意识到了水文连通性不同维度的重要性，但仅是将连通性维度作为背景辅助资料，并没有开展实质上的多维度特征与作用过程分析，侧重点在于评估纵向或横向水文连通条件下的生态环境效应。比如在水文连通性已发生变化的背景下，重点在于分析湿地候鸟、植被演替、湖泊水质和浮游藻类等诸多方面的响应特征。

尽管目前相关工作在纵向和横向地表水文连通性方面取得较多进展，但对于涉及土壤水-地下水的饱和-非饱和带的垂向连通性研究却鲜有报道（Renard and Allard, 2013）。实际上，地表-地下水之间的垂向连通不仅决定了两者水量交换，对盐分、潜流层生物迁移等也有重要影响（Krause et al., 2011; Conant et al., 2019）。国内外在地表水-地下水相互作用方面取得了大量研究进展，但并没有关于其与垂向水文连通性之间的联系和差别之处的统一定论。由于饱和-非饱和带的土壤水、地下水受原位条件约束、采样困难，加上相关地质背景资料和经验欠缺，考虑垂向连通性及与其他维度连通性的交互关系确实面临着很大的挑战（刘丹等，2019）。普遍认为，降雨量和地形条件共同影响了以地下水为核心的垂向连通性及其时空分布格局，也有研究发现以土壤水为核心的地下垂向水文连通性与时间维度上的干湿交替存在密切的关联性（Nanda et al.，2019）。不难得出，垂向水文连通性不仅是地表和地下水之间的水力联系，还受到土壤水变化过程的影响，垂向水文连通性研究往往面临更多技术瓶颈和挑战。从系统性角度来说，不同维度的连通过程存在着耦合作用，但没有针对性地将多维度进行有机联系，仍关注单一连通过程及影响。三维空间整体连通特征的相关研究和多维度连通过程的耦合，对全局生态环境效应的理解与提升有重要支撑作用。

2010 年以来，尽管水文连通性研究取得了不少有价值的结论和成果，但更多的是关注某一维度水文连通性的影响与工程效果，例如美国底特律河湿地连通工程、欧洲罗恩河连通恢复工程、美国华盛顿州艾尔华河连通恢复工程、英国斯克恩河水系连通工程等（赵进勇等，2021），却忽视了连通性的变化过程与机制的深入理解。水文连通性的变化过程与机制研究涉及若干重要科学问题和技术难点，已经在国外河流湿地研究中获得更多重视。国内关于水文连通的相关研究重视程度正在逐步加强，比如 2021～2022 年期间，国家自然科学基金委员会和科技部先后发布关于长江水文连通的相关项目指南，但客观而言，仍处于研究探索阶段（图 1-12）。目前大多研究主要关注的是水文连通性的时空变化特征与规律，受研究尺度所限以及多因素的影响作用，基于空间的水文连通性分析方法还不足以完整揭示连通性的变化过程与动态机制。河流、湖泊湿地等地表水体，由

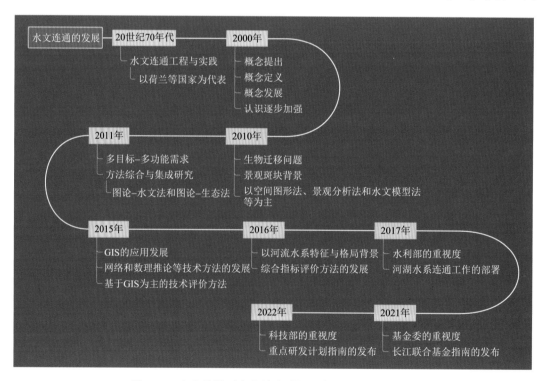

图 1-12　水文连通研究方法和重视程度的大概发展历程

于堤坝建设、水库蓄水或者微地貌改造等因素均会导致水体内部的纵向连通性减弱，却同时加强了其与邻近洪泛区的横向连通性，然而洪泛区也是地表-地下水垂向连通比较活跃的区域。比如河湖水情改变下，相对较弱的横向水文连通性会导致洪泛区水质变差、湿地萎缩等现象发生，也由此引发了地下水位下降，减弱了垂向水文连通性（吕军等，2017）。在自然和人为作用干扰下，水文连通性的影响因素众多、过程多变且机理尤为复杂，不同维度之间的联系是紧密不可分割的，相互作用且相互影响。

综合上述国内外相关研究进展，目前大量工作围绕水文连通性研究方法、连通方式和生态环境意义等方面，已经取得了丰富的成果，推动了水文连通性的重要性认识和相关进展。但客观而言，仍存在一些不足和挑战（图 1-13）。从学科领域上，水文连通性属于目前水文学研究的前沿热点，同水循环、水文过程相比，水文连通性更加侧重于从系统角度来识别水流的空间联系与多维度转化，考虑到连通性多维度耦联作用与动力机制的研究目前尚落后于实践、未成完整知识体系；从研究对象和尺度上，目前多是关注流域、河流尺度下的水文连通性，且侧重于系统和系统之间的外部水文连通问题，对洪泛区等特殊下垫面的内部连通性及重要性方面的认识仍不够深入；从研究内容上，目前基本还是围绕纵向或横向单一连通性过程，或侧重评估水文连通条件下的生态环境效应，虽然连通性计算和评估方法发展较快，但缺乏多维度水文连通性的系统或综合研究，以服务于生态环境效应问题及解决途径；从科学问题上，若干问题仍处于探讨、展望阶段，尚没有形成统一、清晰的认识，从科学性和必要性的角度来看，应加大研究过程和机理的深入探索。

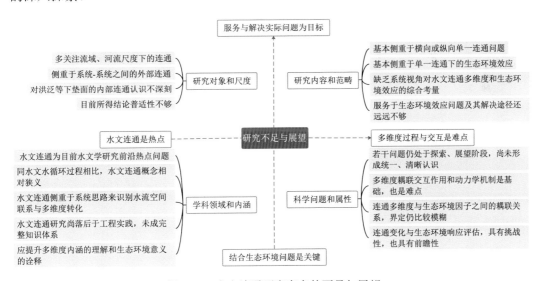

图 1-13 水文连通研究存在的不足与展望

1.2.4 河湖流域系统水文水动力联合模拟研究进展

传统河湖流域水资源管理往往将流域与河湖过程分离开来或将两者作为一体加以简单考虑，这样的高度简化不仅无法描述系统间的响应关系，也使得模型在反映关键物理过程方面大打折扣。河湖水体与流域作为一个共同体存在于自然界中有着不可分割的相互作用、相互影响关系，应将河湖与流域作为一个整体加以模拟与分析，为河湖流域水资源综合管理提供更加可靠的依据（李云良等，2015）。

对于大尺度河湖流域系统，传统原位观测往往受经费预算、时间和技术条件所限，经常局限于特定时间和特定区域的点或剖面观测，难以具有代表性。虽然遥感手段具有方便、快速的特点使其能够捕捉湖泊流域一些关键要素的空间信息，但受天气状况和精度等因素限制，时间上不具有连续性，也不具备实时捕捉能力。统计模型物理基础薄弱，无法体现复杂系统的高度非线性响应，预测能力也略显不足。近年来，流域水文模型和湖泊水动力模型得到迅速发展和成功应用，模型已成为国际上河湖流域模拟研究的前沿手段。水文模型主要用于流域过程模拟，水动力模型主要用于河道或大型水体（例如，湖泊、海湾等）2D 或 3D 水动力模拟。尽管如此，流域模型往往不具备湖泊水动力模拟能力，而水动力模型通常不考虑流域水文过程变化，单方面流域或水动力模拟无法切实刻画湖泊流域间复杂的响应关系。

1. 河湖流域联合模拟传统方法

传统河湖流域联合模拟方法主要是通过流域水文模型结合地表水的水量平衡模型来计算流域的河道径流过程以及湖泊水均衡组分。尽管水文模型结合水量平衡方法对流域水文过程刻画得较为详细，但水量平衡方法只是对河湖水体特性的一般性描述和认识，且通常具有较粗的时间分辨率（月尺度或年尺度），也无法描述大型河湖水体关键水文要素的空间特征和显著的水动力过程。尽管目前已存在较多综合性水文模型且考虑了简单的河湖过程，但对于一些大型湖泊系统而言，因其往往呈现出复杂的水动力特性，这些综合性水文模型尚显能力不足，难以适应大江、大河、大湖系统更为精细的模拟需求。

2. 河湖流域联合模拟流行方法

基于河湖流域水文水动力过程联合模型与模拟，能够增强模型使用灵活性和结果模拟精度，不仅能获得系统内各组分的详细信息以及如实刻画系统子物理过程，还能反映系统与外部的相互作用以及系统对这些作用的响应和反馈。水文水动力联合模型已在国内外不同复杂程度、不同尺度的河湖流域取得广泛应用。不同模型之间的连接或耦合技术主要分为外部耦合（external coupling or loose coupling）、内部耦合（internal coupling）和全耦合技术（full coupling）（Lian et al., 2007）。

外部耦合技术，即将一个模型的输出结果作为另一个模型的输入条件，通常被视为一种最有效、最简单的方法去实现不同模型的联合，进而完成对复杂河湖流域系统的切实完整模拟。表 1-5 列出了基于外部耦合技术的不同联合模型在国内外不同复杂程度的河湖流域上的应用案例。例如，Chauvelon 等（2003）采用水文-水动力联合模型模拟地中海 Rhone 湖泊流域系统，基于概念性的集总式水文模型 GR3 用来模拟上游流域的径流输出，将其作为 2D 湖泊水动力模型 RMA2 的输入条件，该联合系统进一步用来探求复杂水系统内部的水量交换以及盐分平衡。Carter 等（2005）指出：为了真实模拟复杂水动力过程的河流或地表水体，水动力模型通常需要连接流域水文模型来获取流量输入条件。他们建立一个完整的联合模拟系统来进行美国 Sacramento 河流流域的水文水动力过程模拟。该系统主要包括流域水文模型 LSPC 和水动力模型 EFDC，并采用输入-输出的连接方式将 LSPC 模型模拟的 17 个子流域的流量来驱动 EFDC 水动力模型，该联合模型在流量的模拟上取得理想的率定与验证效果，为流域决策和管理等方面提供重要的科学参考。Lian 等（2007）联合水文模型 HSPF 和水力学模型 UNET 模拟美国 Illions 流域，将 HSPF 模型的径流输出作为 UNET 模型的输入。结果表明，在流域河道径流的模拟效果上，联合模型 HSPF+UNET 的模拟精度要高于单独使用 HSPF 模型。Inoue 等（2008）联合高精度的水文-水动力模型来模拟美国密西西比河口三角洲湿地系统中的水文循环及其子湖泊系统的水动力过程。将流域模型的输出径流作为 2D 深度平均水动力模型的输入条件，成功将两种不同类型的模型耦合起来。

表 1-5　国内外河湖流域系统水文水动力外部耦合模拟研究典型案例（李云良等，2015）

联合模型组分（简称）	研究区及面积
HSPF+FEQ	美国 Salt Creek 流域/298 km²
MIKE 11+MIKE 21	爱尔兰 Cork 河港流域/325 km²
GR3+RMA2	地中海 Rhone 湖泊流域/1012 km²
WatFlood+AGNPS+Telemac-2D+SUBIEF-SedSim	加拿大 Seymour 湖泊流域/未获取
HEC-HMS+HEC-RAS	美国 San Antonio 流域/10155 km²
PDM+KW	欧洲 Demer 河流流域/2275 km²
LSPC+EFDC	美国 Sacramento 流域/72283 km²
WATFLOOD+ONE-D	加拿大 PAD 湖泊流域/293000 km²
HSPF+UNET	美国 Illions 流域/75156 km²
6 个 HSPF+2 个 CE-QUAL-W2	美国 Occoquan 湖泊流域/1515 km²
水文模型（单位线方法）+2D 水动力模型	美国 Barataria 流域/6300 km²
SWAT+CE-Qual-W2	美国 Cedar Creek 流域/5244 km²
HSPF+EFDC+ADH	美国 Mobile 流域/未获取
WaSh+RMA	美国 Loxahatchee 流域/544 km²
WetSpa+HEC-RAS	越南 Huong 流域/2830 km²
SWAT+CE-Qual-W2	美国 Waco 湖泊流域/10340 km²
PCRaster+Comsol	印度 Vembanad 湖泊-海岸流域/未获取
GSSHA+CE-QUAL-W2	美国 Eau Galle 湖泊流域/2 km²
MIKE 11-NAM+MIKE 11-HD	中国辽宁太子河流域/13883 km²
MIKE 11-NAM+MIKE 11-HD	马来西亚 Kuala Lumpur 流域/约 1357 km²
HL-RDHM+ADCIRC	美国东南部海岸流域/未获取
SWAT+GEMSS	埃塞俄比亚 Tana 湖泊-流域/3000～3600 km²
GCM+HSPF+UFILS4+AQUATOX	美国纽约 Onondaga 湖泊/12 km²
PDM+SCS+KW	马来西亚 Kelantan 流域/13170 km²
SWAT+ISIS	泰国 Loei 流域/4322 km²
SFWMD+CH3D	美国海岸-湿地流域系统/46800 km²

续表

联合模型组分（简称）	研究区及面积
HSPF+ECOMSED	印尼 Semarang 海岸流域/211 km^2
HBV+SYNHP+SOBEK	德国 Saar 河流流域/7363 km^2
RR+水力学模型	美国 Illions 流域/2025 km^2
MGB-IPH+HEC-RAS	南美 Paraguay 流域/600000 km^2
HL-RDHM+HEC-RAS	美国 Tar 河流流域/358 km^2
SWAT+EFDC+WREM	加拿大 Assiniboia 流域/49.6 km^2
WATLAC+MIKE 21	中国鄱阳湖湖泊流域/162200 km^2

在流域水文模拟上，上述案例多采用基于概念性的水文方法或传统的集总式水文模型。然而，分布式水文模型能充分反映流域下垫面属性特征的高度变异性，能够更加切实描述流域真实特性，且分布式水文模型有足够能力去模拟流域复杂水系的入湖径流变化，因而备受广大学者青睐。Dargahi 和 Setegn（2011）将分布式水文模型 SWAT 的径流输出作为一个完全具有物理机制的水动力模型 GEMSS 的输入条件，将流域水文与湖泊水动力过程联合起来并在 Tana 湖泊流域取得成功例证，分布式水文模型可靠的径流模拟为基于联合模型深入揭示湖泊水动力特性做出巨大贡献。近期，一个大尺度流域分布式水文模型 WATLAC 应用于鄱阳湖五大子流域的降雨-径流模拟，该流域五河径流输出作为鄱阳湖水动力模型 MIKE 21 的输入条件，以此来计算湖泊水动力过程对流域入湖径流变化的响应。结果表明，该湖泊流域系统水文水动力联合模型能够理想再现鄱阳湖水位时空变化以及复杂流场特征（Li et al., 2014）。

上述这些典型案例均将河湖水体（水库）与流域作为整体来加以考虑并且采用外部耦合模拟技术，总体思想是将流域水文模型的径流输出作为地表水动力模型的输入条件（边界条件）。这里仅对一些较为典型的案例加以详细阐述，限于篇幅不一一列举。总而言之，外部耦合技术的主要优点为：无须修改模型代码、保持模型组分的独立完整性；每个模型组分均有足够能力去模拟系统内部详细的物理过程；输入-输出连接方法最容易将不同功能的模型进行联合。但外部耦合技术实际上为一种比较松散的耦合方式（单向驱动），无法描述一些关键物理过程之间的反馈机制。

内部耦合，指的是模型间共享边界条件、内部数据与参数信息，模型采用独立求解的方式，且模型共享信息在迭代求解进程中不断被更新替代。尽管近年来基于内部耦合技术来实现不同模型之间的联合模拟得到较快发展，并且内部耦合技术考虑到模型状态变量之间的相互联系，并将其纳入到模型方程求解过程中进行数值计算。但总体而言，基于内部耦合技术来实现模型之间的联合模拟研究相对较少（表 1-6）。主要原因是基于内部耦合技术的边界信息或其他模型信息共享，必须建立在水文学者或水动力学者对不同模型原理和结构有着深入了解的基础上，专业知识背景的限制给内部耦合模型技术的实现带来较大困难和挑战。Beighley 等（2009）采用流域水量平衡模型 WBM 与河道水力学模型来研究 Amazon 河流流域水量变化。其中，WBM 模型给水力学模型提供了重要的输入条件，主要包括 WBM 计算的深层土壤水渗漏补给量以及地表产水量，这些输入变量最终以源汇项形式耦合到水力学方程中，进而通过交换通量来实现模型间的内部耦合。Paiva 等（2011）采用分布式水文模型 MGB-IPH 联合基于圣维南方程组的水动力模型 IPH-IV 来分析亚马孙河流域洪水变化。MGB-IPH 模型主要为 IPH-IV 水动力模型提供河流横断面信息，从而实现基于水动力模型的河道洪峰流量和水位计算。详细模型耦合过程以及相似研究可进一步参考相关文献。总而言之，目前基于内部耦合技术的联合模拟研究主要集中在流域水文过程与河道径流过程联合模拟，主要是因为这些相对独立的模型组分之间本身就存在着密切水力联系，在联合模拟中必须将两者耦合起来方能切实可靠地描述系统特征。对于以湖泊与流域为主体的复杂系统结构，这种基于内部耦合技术的应用较少。

表 1-6　国内外河湖流域系统水文水动力内部耦合模拟典型研究案例（李云良等，2015）

联合模型组分（简称）	研究区及面积
WBM+河道水力学模型	亚马孙河流域/约 6000000 km^2
MGB-IPH+IPH-IV	亚马孙河流域/370000 km^2
tRIBS+OFM	美国 Peacheater Creek 流域/64 km^2
MGB-IPH+IPH-IV	亚马孙河子流域/约 2222 km^2

所谓全耦合技术，指的是模型控制方程进行联立求解或整体求解。从理论上来说，全耦合技术是最为可靠的模拟方法，但涉及耦合模型状态变量之间的关系复杂且难以确立、数值求解较为困难等问题，尤其是全耦合技术须考虑模型间（或物理过程）的反馈机制以及需要足够多的边界数据来支撑等，这些因素无疑限制了全耦合技术在联合系统模拟上的广泛应用，目前这方面的相关研究甚少（表 1-7）。Thompson 等（2004）联合基于物理机制的流域水文模型 MIKE SHE 和水力学模型 MIKE 11 来模拟英国东南部湿地系统的水文过程。其中，两个模型之间采用紧密的全耦合技术，即动态模拟技术，也就是说，对于每个时间步长，MIKE SHE 和 MIKE 11 模型均实时进行数据交换和迭代计算。MIKE 11 模型将概化河段的水位实时传递给 MIKE SHE 模型，进而 MIKE SHE 模型所计算的坡面汇流和河流-地下水交换量则以侧向入流的方式传递给 MIKE 11 水动力模型，以此真实刻画坡面与河道洪泛区水流间的相互作用关系。Bell 等（2005）联合 MIKE 11 NAM、MIKE 11 HD 以及 MIKE 21 HD 模型，将其用于北爱尔兰 Lough Neagh 湖泊流域系统联合模拟。这三个模型组分采用动态技术被完整地耦合起来，并且该耦合模型除了能够描述流域入湖径流对 Lough Neagh 湖泊水位变化的影响作用，还能够切实刻画湖泊水位变化对支流入湖的顶托作用。尽管湖泊回水的顶托作用在大多数湖泊中表现得并不是很显著，但其可能对流域入湖河口三角洲湿地系统有着重要影响作用。不难发现，上述流域与湖泊之间的反馈机制是无法通过外部耦合技术来实现的。这种全耦合的双向动态模拟技术在具有类似结构的湖泊流域模拟中是十分重要的，但全耦合技术的复杂性致使其在大多数联合模型中难以实现。据作者了解，国内外关于全耦合技术的联合模型开发极为少见，目前较为典型的全耦合模型主要是基于 MIKE 系列的水文水动力模型。

表1-7　国内外河湖流域系统水文水动力全耦合模拟典型研究案例（李云良等，2015）

联合模型组分（简称）	研究区及面积
MIKE SHE+MIKE 11	英国东南部湿地系统/8.7 km^2
MIKE 11 NAM+MIKE 11 HD+MIKE 21 HD	北爱尔兰 Lough Neagh 湖泊流域系统/5775 km^2

3. 存在问题与展望

河湖流域系统通常尺度较大且结构复杂，这种自身固有特性决定了联合模拟难度。同时，大尺度河湖流域也面临着数据稀缺并难以获取等现实问题，数据分析和前期准备将会带来巨大工作量。基于不同子模型的联合模拟，涉及不同模型原理和结构，加之模型用户需要具备不同的专业知识背景，这些均是联合模拟所面临的难点问题。尽管国内外水文和水动力模型发展较快，功能也颇为强大，但水文和水动力模型选择更要具备足够能力或适应性去切实反映复杂的流域水文过程和河湖水体的水动力过程。水文模型计算分辨率通常为日步长或者月步长，而水动力模型通常能够达到以秒为步长的精细模拟，即使采用外部耦合技术的水文-水动力联合模拟，不同模型间的时间步长匹配问题也是难点之一。多数耦合模型采用手动调参，模型率定和验证难度较大，对计算机性能要求高。

河湖流域水文水动力过程联合模拟对于有效管理流域水资源具有重要理论和实践意义。目前河湖流域联合模拟所采用的主要方法是基于水文模型和水动力模型的外部耦合模拟、内部耦合模拟和全耦合模拟，但各种模拟技术都存着一定的缺陷和不足。在具体应用时，应结合特定研究区和研究目的，选择合适的联合模拟方法。输入-输出的外部耦合技术具有驱动方法简单、保持模型完整性以及无须改动模型源代码等优势，是河湖流域系统水文水动力联合模拟的基础和首选方法。由于这种方法通常把水文模型的径流输出作为水动力模型的输入条件或边界条件，应注重提高流域水文模拟精度，以减少水动力模型输入的不确定性。结合参数全局优化技术的水文水动力联合模型是当前河湖流域模拟研究亟待解决的关键技术。随着社会经济的发展以及人们对湖泊流域水资源整体观念的加强，基于内部耦合和全耦合联合模型的开发和研制仍是今后发展的必然趋势（李云良等，2015）。

1.3　鄱阳湖洪泛系统现状问题及水文学研究意义

作为滋养中华文明的母亲河，长江流域不仅是我国国土空间开发最重要的东西向轴线，同时也是重要的生态安全载体。长江经济带是整个长江流域最发达的地区，也是全国除沿海开放地区以外，经济密度最大的经济地带，对我国经济发展的战略意义是其他区域所无可比拟的。中共中央、国务院明确要求充分发挥长江经济带的区位优势，以共抓大保护、不搞大开发为导向，以生态优先、绿色发展为引领，推动长江上中下游地区的协调发展和沿江地区的高质量发展。长江中下游地区气候温和，资源丰富，人口密集，交通便利，历来是我国政治、经济、军事和文化重地，在我国社会经济发展中具有举足轻重的地位。在当前全球气候变化和强烈人类活动的双重影响下，长江流域气候系统演变趋势复杂多变、极端气候水文事件频繁发，进而对中下游地区水资源安全、生态环境保护和高质量发展产生重大而深刻的影响（Wei et al., 2020；杨桂山等，2021）。长江中下游地区水系特别发育，支流众多，河网发达，河湖关系典型，连通状况复杂（《中国河湖大典》编纂委员会，2010）。同时，该地区的湖泊分布数量达 600 多个，湖泊总面积近 15 200 km^2，约占全国湖泊总面积的 1/5（图 1-14）。

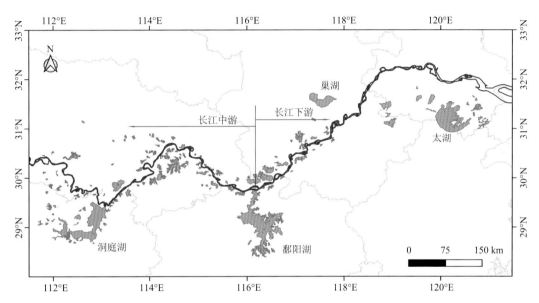

图 1-14　长江中下游地区主要湖泊（蓝色标注）分布示意图

据不完全统计，长江中下游面积超过 2000 km^2 的大型湖泊主要有鄱阳湖、洞庭湖和太湖，面积在 100～500 km^2 的包括大通湖、洪湖、梁子湖、军山湖等，这些湖泊主要分布在长江南北两岸（胡振鹏，2020）。其中，鄱阳湖是目前现存的大型通江湖泊之一，仍保持着与流域河流及长江干流的自由水文连通关系，因此河湖连通关系的作用与变化是鄱阳湖季节性高度动态水位变化的主要影响因素，形成了鄱阳湖洪枯差异明显的景象（图 1-15）。

1.3.1 鄱阳湖洪泛系统的理解和认知

近十年来，随着对鄱阳湖各研究领域的认识和理解不断增强，加上长江大保护、长江经济带绿色发展等国家战略的逐步实施，变化环境下鄱阳湖的水文情势变化及其由此导致的生态环境问题得到更为广泛的关注和更高的重视程度（张奇等，2018）。从目前鄱阳湖的科研论文发表情况来看，主要研究机构包括中国科学院南京地理与湖泊研究所、武汉大学、中国科学院地理科学与资源研究所、南昌大学、江西师范大学、北京师范大学、复旦大学、河海大学等一些知名学术机构。仅从鄱阳湖水文学研究的视角来说，在

(a) 鄱阳湖站码头附近　　　　　　　　　(b) 鄱阳湖吴城水上公路

图 1-15　鄱阳湖站低枯水位与高洪水位时期的现场情况对比

2010 年之前，大部分科学研究的对象和主体以鄱阳湖主湖区水体为重点，虽然认识到主湖区和湿地两者之间的联系与作用，但并没有基于系统的思路来进行研究，文献和书籍中通常以过水性、吞吐性、重力流、河湖相转换等来描述鄱阳湖的水力特性；2014～2015年，Zhang 和 Werner（2015）第一次采用湖泊洪泛（lake floodplain）的概念来反映鄱阳湖与周边湿地的水文联系，因此该时期多以干湿交替过程、洪泛过程、涨退水过程等来描述鄱阳湖的季节性水情变化特征，但侧重点很大程度上已经由湖区转移到周边湿地，同时体现了对湿地生态研究的重视和加强；随着认识和理解的加深，2019～2020 年，Li等（2019a，2019b，2020a）采用了洪水脉冲（flood pulse）的概念来反映鄱阳湖的季节性洪水和脉冲式水位扰动特征，进而相关研究通常以洪水脉冲过程、主湖和滩地相互作用、主湖和滩地水文连通等来强调鄱阳湖水系统内部的复杂关系，并将鄱阳湖与周边水体的联系以洪泛系统的思路来对待和研究。由此可见，经过大量学者多年研究和工作积累，对鄱阳湖水系统的动态、格局、过程和机理等方面均有了深刻的认识，对鄱阳湖的称谓及其独特水文特性的理解也在不断变化（图 1-16）。

1.3.2 鄱阳湖洪泛系统生态环境状况的总体态势

根据中国科学院南京地理与湖泊研究所编著的《中国湖泊生态环境研究报告》可知，近些年来，由于气候变化和人类活动的频繁干扰，鄱阳湖的水文节律已然发生改变，逐步影响湿地生态系统的完整性和稳定性，湖泊面临着水环境质量恶化、水域和湿地生态系统结构和功能退化等诸多潜在风险。主要体现在以下几个方面。

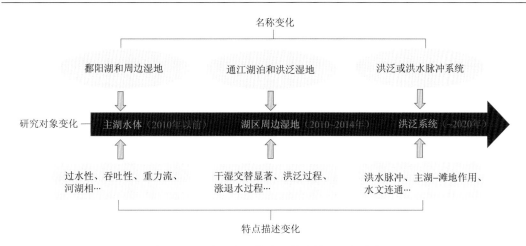

图 1-16 对鄱阳湖及其水文特点的认识与变化

（1）鄱阳湖五河流域上，入湖水量和沙量总体上呈现出减少趋势，湖泊水文要素动态变化剧烈，且湖泊流域水文均存在洪季偏洪、枯季偏枯的分布态势，未来鄱阳湖面临的风险因素仍是极端水文事件和洪旱灾害。与历史年份相比，鄱阳湖当前水文情势存在年际波动，但水文变化主要体现在季节尺度上，尤其是夏季高洪水位和秋季退水期，一些极端水文事件和自然灾害的发生，将会影响整个湖区的生态环境质量。

（2）鄱阳湖主湖区水体上，Chl a、TN 和 NO_3-N 等水环境参数在 2009～2020 年期间呈增加趋势，TLI 指数也呈上升趋势，湖区的富营养化发生风险增加。近几年，鄱阳湖水质呈现好转的态势，鄱阳湖主要污染物总磷浓度呈下降趋势。

（3）鄱阳湖浮游植物以硅藻、绿藻、蓝藻占优，现阶段主湖区浮游植物密度不高，但局部湖湾区藻类密度已具备水华发生条件，鄱阳湖主湖区浮游植物密度和生物量显著低于周边阻隔湖泊。与历史相比，鄱阳湖浮游植物密度和生物量呈增加趋势，富营养种类丰度和优势度明显增加。鄱阳湖底栖动物优势类群以腹足纲、双壳纲为主，与 20 世纪90 年代相比，鄱阳湖底栖动物多样性下降。鄱阳湖鱼类的物种多样性下降，鱼类资源呈衰退趋势，优势种变化明显。

（4）鄱阳湖洪泛湿地上，从长期演变趋势来看，鄱阳湖中低滩典型植被群落生物量没有发生明显变化，但高滩典型植被群落生物量与历史相比有增加趋势，尤其是2008～2012 年间生物量增加明显。从群落结构看，近 20 年鄱阳湖洪泛湿地典型植物群落的优势种明显，湿地面积近 30 年来也呈现出增加趋势，但湿地景观连通性有所下降。

（5）鄱阳湖历年越冬候鸟总数量年均 40 万只以上，近年来候鸟总数量有所增加，2014 年后稳定维持在 55 万只左右。越冬候鸟物种数量年际变化相对较大，近 20 多年年际变幅为 16～104 种，2014 年后候鸟年际种类数量变化趋于平稳，保持在年均50 种以上。

1.3.3 鄱阳湖洪泛系统水文研究的重要性与本书目的

不言而喻，鄱阳湖作为长江中游极为典型的大型通江湖泊，其湖泊水文情势变化与水资源分配、生态安全、环境压力、经济发展等诸多问题密切相关。因长江流域气候变化与典型人类活动的复合影响，鄱阳湖洪泛系统的水文情势已发生了不同程度的变化，这其中包括流域来水脉冲的变化、江湖关系的变化、湖区内部的地形地貌变化、湖区外部的气候和人类活动干扰等（图 1-17）。资料显示，2000 年以来该地区存在极端水文事件频发、水资源紧张、湖泊萎缩明显、水环境质量恶化以及湖泊湿地生态系统结构与功能退化等现实问题，引起国家和地方高度重视。

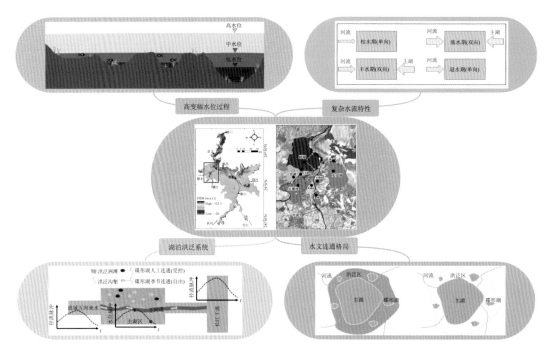

图 1-17 鄱阳湖洪泛系统水文水动力情势变化的概念示意图

基于 Web of Science 文献检索结果可知，多年来鄱阳湖的相关研究主要集中在环境、水文水资源、水生态和生物多样性保护等领域（图 1-18）。然而，鄱阳湖当前遭受的前所未有的生态和环境压力可直接归因于该系统水文水动力的改变及相应的水文水资源问题，也就是说，水文情势改变是鄱阳湖水质水环境、湿地植被、生物多样性、候鸟栖息地以及其他资源变化的主要控制因素。因此，作者围绕当前鄱阳湖洪泛系统较为关切的水文问题，重点介绍地表河湖水体和地下水文过程的观测、分析与模型应用，对研究成果进行整理和总结。通过对鄱阳湖洪泛系统的详细介绍和结果展示，以此加深对大型河湖洪泛系统的认识及为其他类似洪泛系统研究提供参考。

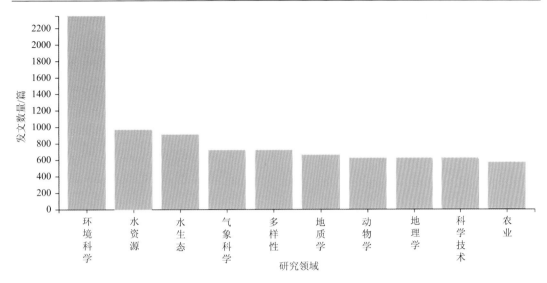

图 1-18 基于 Web of Science 的鄱阳湖主要研究领域分析

使用 Poyang Lake 关键词检索

1.4 小 结

河流或者湖泊洪泛区是众多下垫面类型中较为突出的一种，其形成规模取决于河湖水文情势的变化程度，其作为地表河湖水体和流域之间的过渡地带，仅是开放性和异质性特征便可明显增加洪泛区研究的难度与挑战性。随着全球水资源问题的愈发突出，对大江大河大湖的研究更加重视，但这些河湖水文的天然变化甚至扰动往往会造就洪泛区的形成及其一系列的生态环境响应，洪泛区的生态水文功能便显得尤为重要和突出。

不仅在中国，鄱阳湖洪泛系统在全球生态水文研究中同样具有重要地位和代表性。在洪泛区面积上，仅次于亚马孙河洪泛区和湄公河洪泛区。在形成原因上，由湖泊水文节律变化所形成的鄱阳湖洪泛区系统，其高变幅水位变化与上述两大河流洪泛不相上下，湖泊型洪泛位居全球首位。本章从河湖洪泛区的背景与分布状况、洪泛区的生态水文意义、相关国内外研究进展以及鄱阳湖洪泛系统的水文研究意义等方面进行阐述，一是期望能够系统总结和聚焦鄱阳湖洪泛系统的水文过程，二是希望提高对洪泛区研究的关注和重视程度，为保障河湖系统水安全和生态安全提供重要科学依据。

第2章 鄱阳湖洪泛系统水文与生态环境概况

2.1 引　　言

　　湿地是自然界最具生产力的生态系统和人类最重要的生存环境之一，与森林、海洋并称为全球三大生态系统。湿地在维系全球生态平衡方面具有不可替代的作用，长期以来为人类提供了丰富的资源，具有重要的自然生态和人文价值。然而，受全球气候变化及人类活动共同影响，全球的天然湿地正日益减少，湿地健康水平日益恶化。水文过程是湿地生态系统的重要过程，主导了湖泊湿地植被的分布格局，是湿地生态系统演替和生态功能稳定的主要决定因素。湿地水文不仅左右着湿地的物理、化学和生态功能，也对湿地发育演化和维持景观效益起到关键作用。

　　鄱阳湖是一个典型的过水性、吞吐性湖泊，与长江的天然联系成为湿地发育的重要水文环境，为湿地动植物提供了多样化的生境条件和丰富的食物资源。近年来，在气候变化与人类活动的叠加影响下，江湖关系发生显著变化，洪涝和干旱灾害频发，给生境条件和生物多样性带来严重影响。鄱阳湖国家级自然保护区的9大碟形湖中，除大汉湖之外，其余8个碟形湖均设有闸门。长期以来，渔民通过控制闸门及加固圩堤（即"堑秋湖"）的方式使枯水期本应流走的水体保留在碟形湖中，并在碟形湖水闸处捕获渔业资源。"堑秋湖"的渔业生产方式显著改变了圩堤内洲滩湿地的水文节律，使其具有更长的淹水时间。碟形湖的水位调度方式亟须通过更加合理的途径和科学的方式加以优化。因此，新形势下的江湖关系是否会"常态化"以及如何影响洪泛区生态环境仍然存在疑问。鉴于此，本章主要以鄱阳湖及其湿地为研究对象，从水文、生态和环境等主要方面论述湖泊洪泛系统的历史和现状特征。

2.2 区 位 特 征

　　鄱阳湖古称彭蠡泽、彭泽和官亭湖，是中国第一大淡水湖泊，也是长江中下游仅有的两个天然通江湖泊之一（图 2-1）。鄱阳湖位于长江中下游，江西省北部，地理坐标115°49′~116°46′E，28°24′~29°46′N，地跨南昌、新建、进贤、余干、鄱阳、都昌、湖口、九江、星子、德安和永修等市县。湖面以松门山为界，南部宽广，为主湖区，湖底高程 12.0~18.0 m；北部为狭长入江通道，湖底高程−7.5~12.0 m。洪水位 21.7 m 时，湖泊南北长约 170 km，东西宽约 74 km，面积 2933 km^2，蓄水量 149.6×10^8 m^3，此时出露的洲滩湿地面积高达 2787 km^2（王苏民和窦鸿身，1998）。本研究区去除保护区内基本不受洪水影响的城镇、林地和圩堤等，以主堤内部洪水缓冲区以及子湖为研究范围，总面积 3287 km^2。"高水是湖，低水似河"的环境特点形成了一个水、陆兼备的独特湿地生态系统。

图 2-1 鄱阳湖在长江中游的区位图

为保护湿地资源，尤其是动植物资源，政府建立了两个国家级自然保护区，即以永修县吴城镇为中心的鄱阳湖国家级自然保护区（Poyang Lake National Nature Reserve, PLNNR）和以新建县南矶乡为中心的南矶湿地国家级自然保护区（Nanji Wetland National Nature Reserve, NWNNR），如图 2-2 所示。

2.3 气 象 特 征

湖区属北亚热带季风气候，温暖湿润，无霜期长，四季分明（图 2-3）。年均气温 16.5～17.8 ℃，7 月平均气温 28.4～29.8 ℃，极端最高气温 40.3 ℃，1 月平均气温 4.2～7.2 ℃，极端最低气温–10 ℃。年日照时数 1760～2150 h，无霜期 246～284 d。多年平均降水量 1570 mm，降水年内分布不均。涨水期的 4～6 月降水量占年降水量的 48.2% 左右，枯水期的 11 月到次年 1 月降水量仅占全年的 9.9%。多年平均蒸发量 1235 mm，最大年蒸发量 1498 mm，最小年蒸发量 1037 mm，年较差 461 mm，6～8 月盛行 S 风或偏 S 风，其余各月多为 N 风或偏 N 风。星子站 6 级以上大风平均每年 54.3 d，实测最大风速 23.3 m/s（王苏民和窦鸿身，1998）。

2.4 地 貌 特 征

鄱阳湖湖盆地貌由水道、草滩、泥滩、沙滩、岛屿、季节性碟形湖、港汊组成，不计围垦、人工拦堵湖汊和分蓄洪区，湖盆面积达 3638 km^2。湖盆自西向东，自南向北倾斜，高程一般由 10 m 降至湖口约 1 m（图 2-4）。鄱阳湖分为东水道、西水道和入江水道。赣江主支在吴城与修水汇合，为西水道；赣江南、中、北支在抚河、信江、饶河从南面和东面汇入湖盆，为东水道。东、西水道在渚溪口汇合为入江水道，至湖口注入长江。除了东、西水道和入江水道外，湖底平坦，丰水期平均水深 6.4 m 左右。以松门山为界，南部宽广，为主湖区，湖底高程 12～18 m，湖水较浅，适宜沉水植物生长；北部狭长为入江水道，湖底高程–7.5～12.0 m，湖水较深。沙滩高程较低，主要分布在东、西水道和入江水道两侧；而泥滩主要分布在积水洼地和草滩之间。

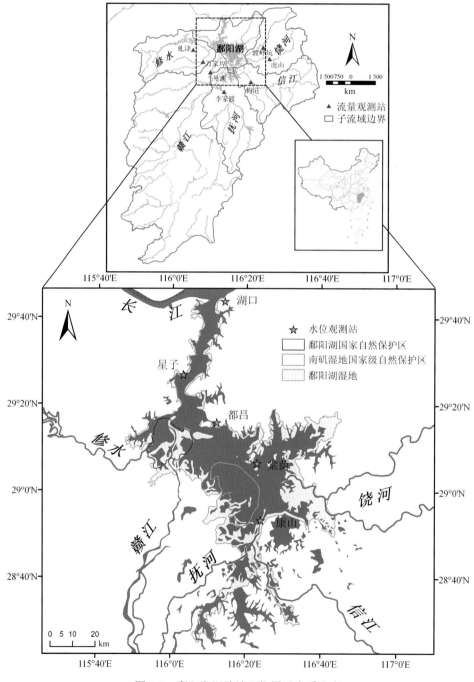

图 2-2 鄱阳湖湿地地理位置及水系分布

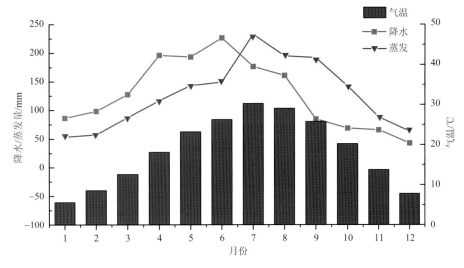

图 2-3 基于 2000~2012 年的鄱阳湖湿地月平均气温、降水及蒸发

瑞昌、庐山、九江、湖口、都昌和鄱阳站平均值

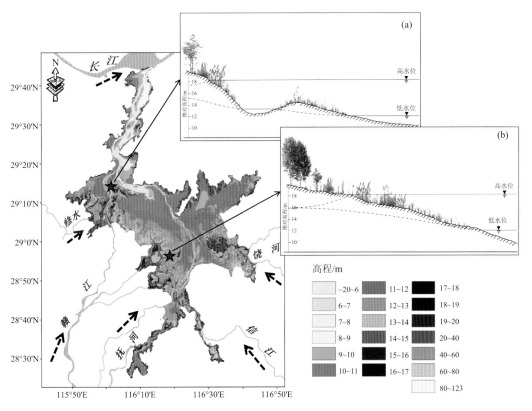

图 2-4 鄱阳湖地形及典型断面地貌特征

　　进出湖泥沙量变化过程影响到湖区水沙运动和湖盆冲刷淤积过程。赣江、抚河、信江、饶河和修水进入鄱阳湖时，受泥沙沉积影响，冲积三角洲不断发育，形成我国内陆

最大的河口三角洲。河水入湖后水流扩散，流速减缓，主流两侧泥沙不断沉积形成隆起的圩堤，圩堤合围后在三角洲前缘形成封闭的浅碟形洼地，常年积水，高低不一。每年4~5月为涨水期，受流域径流和主湖洪水脉冲双向水力作用，沟渠流和漫滩流同时发生并迅速充盈碟形湖；6~9月为丰水期，整个湖泊湿地均被淹没，水面连成一片；10~11月为退水期，洪水收缩至河槽和洼地，位于高滩地的碟形湖与周边水体断开连接；12~次年3月为枯水期，几乎所有碟形湖均成为独立水体，水面变化主要受降雨、蒸发和下渗影响（Tan et al., 2019a）。然而这些碟形湖的管理方式多种多样：有些碟形湖与河道自由连通，没有人工堤防；另一些则通过水闸或者堤防来控制冬季水位，只有当这些碟形湖水位下降到一定程度时湖岸出露，水闸才起作用；剩下一些碟形湖通过垂直岸坡与鄱阳湖主湖完全隔离，形成于历史上的土地开垦活动。碟形湖独特的水文节律形成不一样的水深、淹水频率和淹水历时条件，进而影响沉水植被空间格局和演变趋势。典型碟形湖的利用方式和植被群落类型如表2-1所示。

表 2-1　典型碟形湖利用方式和植被群落类型

利用方式	湖名	挺水和沉水植被群落类型	平均盖度/%
天然状态	蚌湖	苦草群落、轮叶黑藻-苦草群落	60
天然状态	大汊湖	苦草-轮叶黑藻群落	40
天然状态	神塘湖	菰群落	50
堑湖	小滩湖	轮叶黑藻群落	50
堑湖	泥湖	菰群落、菱群落	60
堑湖	白沙湖	轮叶黑藻-苦草群落、荇菜群落、苦草群落	50
堑湖	大湖池	蚕茧蓼-轮叶黑藻-菱群落、南荻群落、竹叶眼子菜群落、苦草群落	50
堑湖	沙湖	苦草群落、轮叶黑藻-苦草群落	50
承包养鱼	蚕豆湖	竹叶眼子菜-轮叶黑藻-苦草群落	60
承包养鱼	常湖	苦草群落	50
承包养鱼	三泥湾	轮叶黑藻-苦草群落、荇菜群落	40
承包养鱼	池州湖	菰群落、南荻群落、轮叶黑藻群落、金鱼藻群落	30
承包养鱼	朱湖	菰群落、南荻群落	5
承包养鱼	中湖池	菰群落、南荻群落、轮叶黑藻群落、菱群落	10
承包养鱼	常湖池	菰群落、南荻群落、轮叶黑藻群落	10
承包养鱼	朱市湖	刺苦草群落	5
养螃蟹	上段湖	苦草群落、菱群落	5
养螃蟹	军山湖	菱群落、莲群落	1
捕捞螺蚌	东湖	轮叶黑藻-苦草群落	15
捕捞螺蚌	程家池	水田碎米荠群落	1
捕捞螺蚌	汉池湖	轮叶黑藻群落、芦苇群落、菰群落、苦草群落	15

鄱阳湖洪泛区内最大面积大于 1 km² 的碟形湖共 77 个，总面积 767.22 km²。碟形湖对整个河-湖-洪泛系统的水量贡献并不大，低水位时期碟形湖水量占全湖的 5.6%（图 2-5）。与水量贡献相比，碟形湖的水面积所占比例在低水位时期则达到 18.5%。这种水量平衡

关系主要是由洪泛区浅平的湖盆地形特征导致的：即使是较小的水位差异也会导致洪泛区巨大的水面分布变化（Tan et al., 2020）。

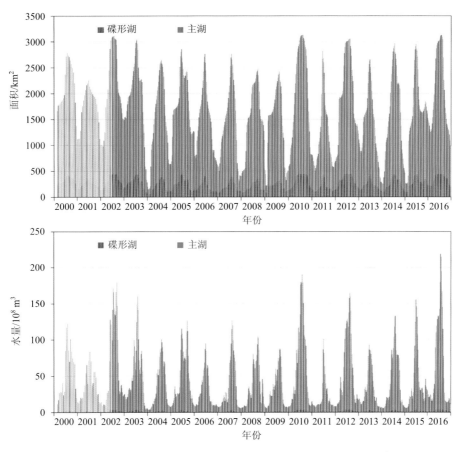

图 2-5　鄱阳湖主湖和碟形湖面积、水量时间序列（2000～2016 年）

　　鄱阳湖国家级自然保护区是我国第一批列入国际湿地公约名录的湿地。保护区位于鄱阳湖最大的入湖河流赣江主支与修水下游河湖交汇处,拥有全湖最典型的碟形洼地群,先后被列为联合国教科文组织基金会、国际自然与自然资源保护联盟的重要保护地区。研究区以永修县吴城镇为中心,辖 9 个主要子湖及其草洲,即大汊湖（48.95 km²）、蚌湖（43.66 km²）、大湖池（29.45 km²）、沙湖（10.31 km²）、中湖池（4.74 km²）、常湖池（2.91 km²）、象湖（2.69 km²）、朱市湖（2.15 km²）、梅西湖（2.04 km²）,还包括其他子湖（图 2-6）,总面积约为 287.47 km²。

　　碟形湖与碟形湖之间、碟形湖与入湖河流之间以及碟形湖与主湖之间存在着动态的水文连通关系（Tan et al., 2019b）,属于洪泛系统的内部连通,主要受高度异质化的地形地貌特征驱动。此外,鄱阳湖通过湖口流入长江,同时长江对鄱阳湖具有"拉空"、"顶托"和"倒灌"作用（Zhang et al., 2012）,属于不同系统之间的外部连通,主要受江湖关系变化驱动。在这种嵌套结构中,鄱阳湖洪泛区的涨退水过程既受由陆地向湖泊的流

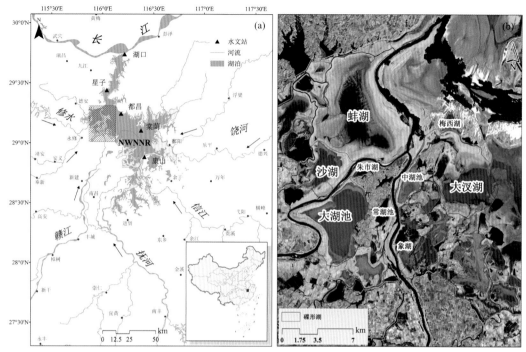

图 2-6　鄱阳湖国家级自然保护区地理位置和碟形湖组成

域径流影响，也受由湖泊向陆地的洪水脉冲影响，呈现双向的水动力特征，使洪泛区水文连通变化过程更加复杂。水文连通变化及由水文连通变化导致的淹水频率、深度和历时等水情变化成为鄱阳湖洪泛湿地生态演变的根本原因（Tan et al., 2016）。在众多生态因子中，水鸟、鱼类、浮游藻类和大型底栖动物的生态意义尤为突出，对水文过程的响应尤为敏感，与水文连通之间的关系尤为密切，且相互联系密不可分。鄱阳湖作为"鸟类王国"，记录的越冬水鸟种类占我国鸟类的 31.7%，包括列入世界自然保护联盟受威胁的物种 23 种和易危物种 13 种，其中 80%以上的越冬水鸟选择洪泛区的碟形湖作为栖息地（胡振鹏等，2015），洪泛区水文连通变化尤其是水深变化是影响鄱阳湖水鸟栖息最关键的因素。鄱阳湖洪泛区是鱼类天然的"产卵场"、"索饵场"和"越冬场"。水文连通变化引起的水面萎缩及水深、流速和水温变化，使鱼类生存空间减少及种群结构变得单一，进而影响食鱼水鸟的数量。浮游藻类作为初级生产者是大型底栖动物和鱼类的重要食物来源，同时大型底栖动物又是水鸟和鱼类食物网的重要组成部分（Schmalz et al., 2015）。水文连通一方面通过影响水环境间接影响浮游藻类生长，另一方面通过控制外来物种入侵直接影响大型底栖动物的种群生物量和生物多样性。

2.5　水　情　特　征

　　鄱阳湖接纳来自赣江、抚河、信江、饶河、修水及博阳河、漳田河的径流，由湖口北注长江，补给系数 55，流域面积 162 225 km²，占长江流域面积的 9.0%。各河流流域面积中，赣江水系流域面积排行第一，流域面积为 84 000 km²，占鄱阳湖流域总面积的

50%，流域平均径流系数为 0.53；抚河水系流域面积为 15 856 km²，流域平均径流系数为 0.47；信江水系流域面积为 16 784 km²，流域平均径流系数为 0.61；修水水系流域面积为 14 700 km²，上游径流系数为 0.62，其重要支流潦水水系的径流系数为 0.56；饶河水系流域面积为 15 400 km²，平均径流系数 0.63；其余流域面积为湖口与"五河"控制水文站之间的区间面积（郭华等，2007）。

鄱阳湖受入湖河流和长江洪水的双重影响，高水位历时较长，4～6 月随五河洪水入湖而上涨，7～9 月因长江涨水引起顶托或倒灌而维持高水位，至 10 月才稳定退水，11 月进入枯水期，至翌年 3 月。水位年内及年际变幅大，表现为典型的水陆交替出现的湿地景观（图 2-7）。

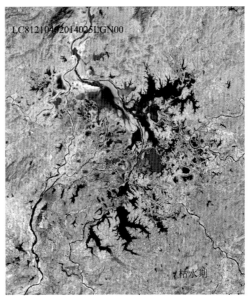

图 2-7　鄱阳湖丰水期和枯水期遥感影像图

在枯水期，鄱阳湖上下游水位之间存在明显的水位落差（图 2-8），湖泊水面自南向北呈现倾斜状，高程低于 9.0 m 时上下游（康山—星子）落差达 4.0 m 以上。如 1992 年 12 月 10 日康山站（12.7 m）与星子站（8.3 m）之间的水位落差达到 4.4 m；水位超过 15.0 m 时全湖水面总体上呈现水平状。水位年内变化的空间分布，总体上为：秋、冬季，湖泊水面自南向北倾斜，涨水过程表现为自北向南依次升高；春末及夏季水位超过 15.0 m 时，全湖上涨；夏末秋初，全湖退水；秋、冬季水位降至 15.0 m 以下时，自北向南依次退水，湖面再次呈现倾斜状态（周文斌，2011）。

湖流特征是低水位流速大，高水位流速小，有重力流、倒灌流和顶托流 3 种湖流流态的基本类型。以重力流型为主，枯水期湖水归槽，比降增大，流速变快；汛期湖水漫滩，比降减小，流速随之变缓。据已有资料记载，星子以下主槽最大流速可达 2.0 m/s，湖口主槽 2.85 m/s，星子以上 1.48 m/s，南部湖区主槽 1.54 m/s。倒灌流一般发生在入湖洪水基本结束以后，长江水位上涨至高于湖水位时的 7～10 月，个别年份在 6 月、8 月。顶托型湖流大多发生在江河同时涨水，或在入湖河流大汛结束，长江涨水时。倒灌流几乎每年都有发生，出现时间之长仅次于重力型湖流（王苏民和窦鸿身，1998）。

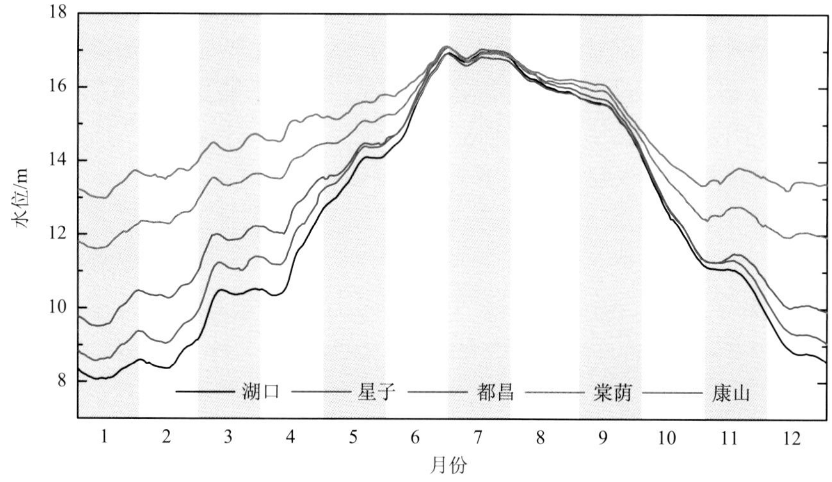

图 2-8　鄱阳湖水位年内变化（2000～2012 年平均）

鄱阳湖流域作为长江流域的一部分，其水情变化和生态环境受长江流域或全球气候变化影响，具有区域性和地区性局部变化的特点（Ye et al., 2013）。尤其是进入 21 世纪以来，受三峡库区调蓄影响，鄱阳湖正经历着历史罕见的干旱情势，主要表现为湖区水位不同程度降低（图 2-9）。长江干流水位偏低导致的长江对鄱阳湖的顶托作用减弱是干旱加剧的主要原因。以枯水年 2006 年为例，星子站自 7 月上旬至 12 月底，实测水位一直低于同期多年平均水位。湖口、星子、都昌、康山和鄱阳水位降低最大值分别为 1.91 m、1.55 m、1.12 m、0.05 m 和 0.01 m；水位降低平均值为 0.91 m、0.69 m、0.45 m、0.02 m 和 0 m，影响范围与湖面倾斜特征相对应（赖锡军等，2012）。1956～2020 年平均每年入湖泥沙量 1.44×10^7 t，最多为 3.3×10^7 t、最少为 3.4×10^6 t。出湖泥沙量平均每年 9.68×10^6 t，最多为 2.17×10^7 t、最少为 3.7×10^6 t（胡振鹏和王仕刚，2022）。在过去的历史年份里，

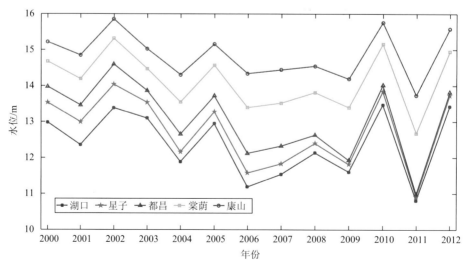

图 2-9　2000～2012 年鄱阳湖水位年际变化特征

受利益的驱动影响，每年采砂量在 $4.5×10^7$ t，是年均泥沙淤积量的数倍（周文斌, 2011）。鄱阳湖内河道采砂使河槽下降，进而改变了原有的湖盆地形南北落差，使湖泊出流增加。湖盆容积增加对降低枯水期湖泊水位，加长湖泊枯水期持续时间也起到了不可忽视的作用。但 2017 年江西省大力整治鄱阳湖采砂，2018 年开始湖区基本没有采砂活动。在人类活动和气候变化的影响相叠加的形势下，干旱不但给湖区灌溉和生活用水带来考验，而且也对周边湿地环境及动植物生存造成一定威胁。

2.6 水 质 特 征

鄱阳湖是典型的过水性、吞吐性浅水湖泊，接纳流域五河以及博阳河、漳田河来水，调蓄后从湖口注入长江，对长江下游水资源、水环境、水生态和水安全具有重要保障作用。根据《江西省水资源公报》统计，1985～2015 年水质变化如图 2-10 所示。

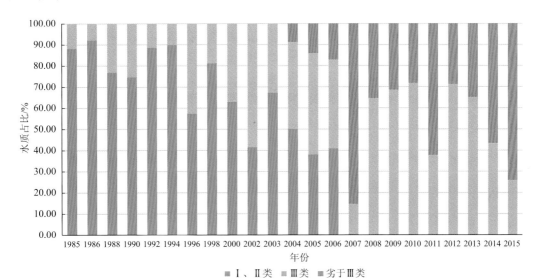

图 2-10 1985～2015 年鄱阳湖水质变化状况

20 世纪 80 年代，江西省以农业生产为主，工业废污水排放相对较少，鄱阳湖全年Ⅰ、Ⅱ类水体占比达 74.9%～92.3%，Ⅲ类及以下水体不到 0.1%。主要污染区域集中在赣江南支入湖口、信江西支入湖口及康山、龙口、蚌湖等区域（孙晓山, 2009）。

20 世纪 90 年代至 2002 年间，江西省加快工业化进程，废污水排放相对增加，但流域降水偏多，水资源充沛，加快了污染物的输移和稀释，非汛期Ⅰ、Ⅱ类水体达标率维持在 42.1%～89.9%，Ⅲ类水体占比为 10.1%～57.9%，Ⅲ类以下水体占比为 0.1%～11.3%。主要污染集中在赣江南支入湖口、信江西支入湖口和都昌等区域（孙晓山, 2009）。

2003～2007 年，江西省工业化进程加速，废污水排放持续增加，加之这一时期流域降水减少，湖泊水位偏低，水质下降剧烈。但在降水量增加和排污控制的作用下，这种恶化趋势在 2008～2013 年有所遏制。这一时期汛期Ⅲ类水体占比 24.0%～99.8%，平均

78.6%；非汛期占比 8.7%～99.5%，平均 51.4%。主要污染物为总磷、氨氮和总氮，污染水体集中分布在乐安河入湖口、信江东、西支入湖口和主湖区的龙口、瓢山、康山等区域（鄢帮有等，2004；王圣瑞，2014；Zhang et al.，2016）。

2013 年以来，长江对鄱阳湖出流顶托影响弱化，洪水威胁相对减小，枯水威胁相对加重。枯水期水量减少导致鄱阳湖水质呈下降趋势，叶绿素 a 浓度总体上升，年内波动幅度较大，7 月浓度最高；全湖总氮、总磷浓度波动上升。水质由Ⅰ～Ⅲ类下降为Ⅲ～Ⅳ类，甚至Ⅴ类，部分湖区出现富营养化状况（刘贺等，2020）。

引起鄱阳湖水质恶化的原因可以概括为以下几个方面：①鄱阳湖枯水期水位下降及低枯水位持续时间延长导致水体稀释降解能力弱化。2003 年以后鄱阳湖年平均水位下降近 1 m，湖盆年均蓄水量减少 $1.126 \times 10^9 \ m^3$，占比 25.9%，湖泊稀释、自净能力减少。例如，2006 年为典型枯水年，水质劣于Ⅲ类的水体达到 17.9%。②生产生活污水控制和治理没有成为社会自觉行为。在工业化进程中，社会经济发展多以牺牲生态环境为代价。随着生态文明理念的普及，政府建设了生活污水处理厂和工业废水处理设施等。但由于管理松懈，落实不到位，多数时间无法达到预期目标。③非法和不合理的湖区开发活动加重了水质恶化形势。枯水期，无序的采砂、捞螺扒蚌、围湖种养等开发活动对湖区生态环境造成破坏。例如 2007 年无序采砂引起底泥悬浮，导致吸附在底泥中的磷等释放到水体中，浑浊水体的遮蔽作用导致水生植物吸附降解作用削弱，当年水质劣于Ⅲ类的水体占比达 85%，创下近十年最高纪录。

据最新水质调查资料分析，当前鄱阳湖水环境总体状况良好，但水环境保护正处在一个关键时期。必须坚决采取有力措施，遏制一些局部湖区存在的水环境恶化态势。未来应改善湖区水文水动力条件，削减流域污染负荷，增加湖泊环境容量，加强集中检查、执法，让鄱阳湖保持一湖清水。

2.7 植 被 特 征

根据 1983 年第一次综合科学考察结果，鄱阳湖共有水生维管束植物 38 科 102 种，面积达 2262 km^2（官少飞等，1987）。包括：①湿生植物 428 km^2，约占植被总面积的 18.9%，主要种类有灰化薹草、牛毛毡、野古草、下江委陵菜等；②挺水植物 185 km^2，约占 8.2%，主要种类是芦苇、南荻、菰、水蓼、莲和菖蒲等；③浮叶植物 525 km^2，约占 23.2%，主要种类有菱、荇菜、金银莲花、芡实等；④沉水植物 1124 km^2，约占 49.7%，主要种类有竹叶眼子菜、苦草、黑藻、金鱼藻、小茨藻、狐尾藻等（表 2-2）。

表 2-2 鄱阳湖主要湿地植物优势种

中文名	拉丁名	生活型	生态型	繁殖方式
灰化薹草	*Carex cinerascens*	多年生草本	湿生	地下茎
牛毛毡	*Heleocharis yokoscensis*	多年生草本	湿生	匍匐茎
野古草	*Arundinella anomala*	多年生草本	湿生	种子
下江委陵菜	*Potentilla limprichtii*	多年生草本	湿生	种子

续表

中文名	拉丁名	生活型	生态型	繁殖方式
芦苇	*Phragmites australis*	多年生草本	挺水	地下茎、种子
南荻	*Triarrhena lutarioriparia*	多年生草本	挺水	地下茎、种子
菰	*Zizania latifolia*	多年生草本	挺水	匍匐茎、种子
水蓼	*Polygonum hydropiper*	多年生草本	挺水	种子、匍匐茎
莲	*Nelumbo nucifera*	多年生草本	挺水	根状茎、种子
菖蒲	*Acorus calamus*	多年生草本	挺水	根状茎、种子
菱	*Trapa bispinosa*	一年生草本	浮叶	种子
荇菜	*Nymphoides peltatum*	多年生草本	浮叶	根茎、匍匐茎、种子
金银莲花	*Nymphoides indica*	多年生草本	浮叶	根茎、种子
芡实	*Euryale ferox*	一年生草本	浮叶	种子
竹叶眼子菜	*Potamogeton malaianus*	多年生草本	沉水	休眠芽、种子
苦草	*Vallisneria natans*	多年生草本	沉水	休眠芽、种子
黑藻	*Hydrilla verticillata*	多年生草本	沉水	休眠芽、种子
金鱼藻	*Ceratophyllum demersum*	多年生草本	沉水	休眠芽、种子
小茨藻	*Najas minor*	一年生草本	沉水	休眠芽、种子
狐尾藻	*Myriophyllum verticillatum*	多年生草本	沉水	根状茎、种子

　　作为湿地生态系统的重要组成部分，湿地植被的分布受地形、土壤、水文、生物等多种环境因子的影响而表现出一定的空间地带性。在研究这种空间分布特征时，难以将生态因子的作用区分开来。如沿高程梯度，土壤养分、土壤结构、土壤含水量、淹没深度和淹没时长等往往呈现出规律性的带状变化。这种带状变化间接影响湿地植被的物种组成、群落演替和初级生产量等，从而导致湿地植被的空间分布同样表现出一定的带状分异。湿地植物群落生长、繁殖和竞争与生态因子的梯度变化密切相关。在长期以来形成的相对稳定的水文节律作用下，鄱阳湖主湖区沿岸以及碟形湖周边生长的典型植物群落受不同高程特定生态环境长期影响，确立了各自的生态位，形成湖滨高滩地针叶林带、中生草甸带、高滩挺水植被带、滩地湿生植被带（薹草湿生植被带和蓼子草湿生植被带）的群落格局（图 2-11）。

　　20 世纪 80 年代以来，国内学者对鄱阳湖湿地优势植物群落的分布高程开展了较为系统的调查研究，但结果却不尽相同（表 2-3）。例如，王苏民和窦鸿身在 1998 年第一版《中国湖泊志》中详细记录了鄱阳湖湿地植被中以薹草等为主的湿生植物带分布在高程为 15.0～17.0 m 洲滩上，以芦（*Phragmites* spp.）和荻（*Triarrhena* spp.）等为主的挺水植物带分布于高程为 14.0～17.0 m 的洲滩上。同样基于 20 世纪 80 年代全湖的野外调查，官少飞等（1987）得到的结果是薹草分布高程在 13.0～15.0 m，芦、荻主要分布高程在 14.0～16.0 m。近些年，不同学者对鄱阳湖湿地优势植被类型分布高程的研究有了新的认识。例如，刘肖利（2013）等通过 2010 年底对鄱阳湖西部湖区洲滩植被的野外调查得出：11.0～13.0 m 高程范围内主要分布以灰化薹草（*Carex cinerascens*）为主的湿生植物群落；荻、芦群丛则交错镶嵌分布在 13.0～14.5 m 高程范围之间；14.5 m 以上，狗牙根等旱生植物逐渐增多。与早期研究相比，全湖分布最广的薹草群落分布区的下缘高程相差了近 4 m。

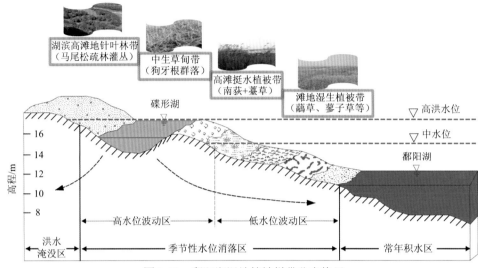

图 2-11　鄱阳湖湿地植被样带分布格局

表 2-3　鄱阳湖湿地典型植物群落沿高程分布的研究现状

调查时间	调查方式	调查区域	分布高程/m			资料来源
			茵陈蒿+狗牙根	芦苇+南荻	薹草+藜草	
20 世纪 80 年代	野外实测	全湖	—	14.0～17.0	15.0～17.0	王苏民和窦鸿身，1998
20 世纪 80 年代	野外实测	全湖	—	14.0～16.0	13.0～15.0	官少飞等，1987
1993～1994 年	野外实测	蚌湖	—	>16	14.2～16.0	朱海虹和张本，1997；吴英豪和纪伟涛，2002
—	—	全湖	8.0～18.0	12.5～15.0	11.5～14.5	周文斌等，2011
—	野外实测	全湖	14.5～18.0	14.5～17.0	13.5～16.0	胡振鹏等，2010；张丽丽等，2012
2009 年	野外实测	蚌湖、常湖池		14.7～17.5	14.2～18.3	吴建东等，2010
2009～2010 年	野外实测	全湖	13.0～17.0	13.0～18.0	10.0～15.0	张萌，2013
2010 年	野外实测	西部湖区	>14.5	13.0～14.5	11.0～13.0	刘肖利等，2013
2010～2012 年	野外实测	南矶湿地	16.0～18.0	13.0～16.0	12.0～13.0	张全军等，2013
—	野外实测	全湖	>15.5	15.5～17.0	13.5～16.0	葛刚等，2011

　　形成不同结论的原因主要包括以下几个方面：①采样时间不同。受三峡工程、气候变化以及其他人类活动（如采砂）的影响，鄱阳湖经历了剧烈的水文变化。这种水文变化及其引起的其他环境条件的改变可能导致生态位的转变和洲滩植被的迁移、演替。即使是同一学者基于不同水位时期的调查也会因为藜草、薹草等生长在较低海拔的植被类型不同程度的淹没而影响统计结果。②采样区域不同。受地形及水动力条件影响，鄱阳湖湖面在枯水期由南向北倾斜，因此同样的高程区间在不同的湖区具有不同的生态意义，也可能分布着不同的植被类型。局部区域的植被分布特征无法代表整个湖区。③采样方

式不同。采样位置和调查种群的选取、生物量指标的选择和测定方式等受主观经验影响大，很可能产生不同的结果。

官少飞等（1987）依据 20 世纪 80 年代的调查结果统计出鄱阳湖湿地芦苇和南荻两种植被类型的分布面积之和为 302.67 km²，接近本书的遥感解译结果中芦苇-南荻群落的分布面积（310.69 km²）。但是，考虑到调查方式的差异（本节野外调查将样方中芦苇和南荻两种植被类型所占比例之和大于 50%的均划分为芦苇-南荻群落），鄱阳湖芦苇-南荻群落的分布面积实际上是减少的。而 20 世纪 80 年代调查的薹草群丛分布面积为 428 km²，则远远小于本书解译的薹草-藜蒿草群落的分布面积（591.46 km²）。近些年，随着气候变化及人为活动影响，鄱阳湖尤其在 9～10 月的干旱形势日益加剧。涨水期的推迟及退水期的提前使鄱阳湖洲滩的出露时间增加。水位下降导致植被淹水深度的减小及淹没历时的缩短改变了其长期生长的适宜生态位，使薹草-藜蒿草群落向更加湿润的低洼地区迁移、扩展。虽然部分较高滩地上的薹草-藜蒿草群落被芦苇-南荻群落所演替，但人类对芦苇和南荻等经济价值较高的植被类型采收、破坏以及干旱导致其自然减少的面积远大于该群落在自然条件下增加的部分（谭志强等，2016）。

三峡工程运行后，鄱阳湖湿地的植被平均分布高程由 13.55 m 下降到 12.46 m，前后相差 1.09 m，向低滩地迁移演替的趋势显著。虽然湿地植物群落沿高程梯度的分布特征是在多种环境因子综合作用下形成的，但是水情要素通常被认为是起关键作用的主导因子。水位作为一个综合因素，通过调节光气候条件、氧气环境、土壤 pH、养分可利用性、酶活性、微生物活性等一系列环境因子，进而影响植被生长竞争。已有研究表明，三峡工程运行是导致鄱阳湖水文节律变化的重要原因。1～4 月，当长江干流流量增加 1000～3000 m³/s，湖口水位比同期抬高 0.5～1.0 m，洲滩提前淹没，薹草生长期缩短，草洲面积和生物量将很大程度上减少。9～10 月，当三峡下泄流量减少 1000 m³/s 以上，鄱阳湖水位下降超 0.5 m，洲滩提前出露，浮叶植物下侵，排斥沉水植物，薹草生长期延长挤占沉水及浮叶植物的生长空间。虽然三峡工程对特定时期鄱阳湖水位变化具有强烈影响，但水情才是形成湿地植被空间格局更为直接的原因。此外，洲滩出露期的气温、降水等气象因子对植被生长、竞争的影响同样不可忽略（谭志强等，2017）。

2.8　候 鸟 特 征

鄱阳湖素有"白鹤王国""候鸟天堂"的美誉，已观察到 112 种《国际湿地公约》指定水鸟，其中 11 种属于国家一级保护动物，40 种属于国家二级保护动物，13 种属于世界近/濒危鸟类。根据食性可以将鄱阳湖越冬候鸟划分为：①以薹草、禾本科嫩叶为主要食物的鸟类，包括白额雁（*Anser albifrons*）、豆雁（*Anser fabalis*）、小白额雁（*Anser erythropus*）、灰雁（*Anser anser*）和灰鹤（*Grus grus*）等；②以植物根茎为主要食物的候鸟，包括白鹤（*Grus leucogeranus*）、白枕鹤（*Grus vipio*）、小天鹅（*Cygnus columbianus*）、大天鹅（*Cygnus cygnus*）和鸿雁（*Anser cygnoides*）等；③以禾本科种子为主要食物的候鸟，包括赤麻鸭（*Tadorna ferruginea*）、绿头鸭（*Anas platyrhynchos*）、斑嘴鸭（*Anas poecilorhyncha*）、绿翅鸭（*Anas crecca*）和花脸鸭（*Anas formosa*）等；④取食底栖软体动物的候鸟，包括反嘴鹬（*Recurvirostra avosetta*）、鹤鹬（*Tringa erythropus*）、黑翅长脚鹬（*Himantopus himantopus*）、红脚鹬（*Tringa totanus*）和卷羽鹈鹕（*Pelecanus crispus*）等；⑤取食鱼类的候鸟，包括东方白鹳（*Ciconia boyciana*）、黑鹳（*Cicionia nigra*）和苍鹭（*Ardea cinerea*）等；⑥取食浮游生物和小鱼虾的候鸟，包括白琵鹭（*Platalea leucorodia*）和黑尾塍鹬（*Limosa limosa*）等。

从 1999 年开始，由江西省野生动物保护局组织对鄱阳湖越冬候鸟进行定期监测，监测范围包括鄱阳湖主湖区水域和草洲、碟形湖、人工湖汊和周边卫星湖等（表 2-4）。从调查结果来看，候鸟越冬地的选择同时受栖息地安全性和食物丰富度、可及性影响。从宏观看，鄱阳湖越冬候鸟的多少不仅取决于鄱阳湖自身条件，还取决于周边环境。例如1998 年扎龙湿地遭遇大洪水，导致食物匮乏和幼鸟大量死亡，加上鄱阳湖水位居高不下，结果白鹤等鸟类数量减少。20 世纪 80 年代以来在鄱阳湖越冬的候鸟越来越多并非受鄱阳湖生态环境改善影响，而是其他栖息地生态环境质量恶化导致的。

越冬候鸟处于鄱阳湖湿地生态系统食物链的最顶端，水文过程决定了主湖区和碟形湖湿地生态系统结构、分布和功能，包括动植物种群数量、分布、生物量和生物多样性，进而奠定了越冬候鸟食物丰富度和栖息环境的基础。①平水年栖息地承载力强，种群数量多。2005 年鄱阳湖降水量为 1657 mm，接近多年平均降水量 1645 mm；水位 11.15 m，接近多年平均的 10.89 m。所以 2005 年在鄱阳湖越冬的候鸟无论是种类还是数量均属最多。②年均水位偏高不利于候鸟越冬。1998 年鄱阳湖遭遇特大洪水，15 m 以上高水位持续 3 个月；10 月底水位才降到 10.66 m；枯水期薹草面积小、发育不良、生物量少，几乎没有沉水植物；食用植物根茎、块茎和嫩芽的候鸟无法逗留。③枯水期水位决定越冬候鸟栖息环境和取食可及性。对于白鹤等候鸟，主要在潮湿土壤和浅滩中刨取植物根茎为食，取食水深不超过 30 cm；小天鹅等游禽最大取食水深不超过 50 cm。④碟形湖保护和水位管理对候鸟越冬有直接影响。当鄱阳湖处于枯水年，主湖区水位偏低，碟形湖水位得到科学调控能保证越冬候鸟种类和数量不发生明显减少。例如，2006 年鄱阳湖星子站枯水位 7.16 m，湖区候鸟数量达 46.4 万只；2007 年星子站枯水位 7.10 m，当年湖区越冬候鸟达 45.14 万只（表 2-4）。

表 2-4　1999～2016 年环鄱阳湖水鸟调查数量统计表

调查时间	水文年份	候鸟总数/只	鹤类/只	鹳类/只	鹭类/只	天鹅/只	雁类/只	鸭类/只	鸻鹬类/只	其他/只	枯水期平均水位/m	年均水位/m
19990109	1998	135947	5834	2849	15603	12754	72315	22794	2306	1492	8.46	12.35
20010109	2000	214141	2355	857	6210	26552	64239	85867	1285	26776	10.41	11.72
20020109	2001	450853	7228	904	16263	59632	153597	123330	83123	6776	8.86	10.74
20030109	2002	288984	6929	1443	12125	32911	131934	55429	30024	18189	10.21	12.56
20040109	2003	285639	8120	1804	12631	80297	106160	46313	25262	5052	7.6	10.68
20050109	2004	315667	6622	3784	6622	27120	95237	45095	72531	58656	8.77	10.77
20051229	2005	727236	9480	3646	10939	112302	163349	116136	272734	38650	8.91	11.15
20061229	2006	464448	5568	2784	13456	82589	189305	89085	57534	24127	7.16	9.37
20080103	2007	451412	10382	2708	15799	55524	125493	135875	80803	24828	7.1	9.78

续表

调查 时间	水文 年份	候鸟总 数/只	鹤类 /只	鹳类 /只	鹭类 /只	天鹅 /只	雁类 /只	鸭类 /只	鸻鹬类 /只	其他 /只	枯水期 平均 水位/m	年均水 位/m
20090213	2008	284952	4905	1731	13850	48342	67232	83968	56556	8368	8.72	10.68
20100227	2009	170703	5462	512	7170	33287	61282	34482	23045	5463	7.47	10
20110112	2010	339478	11542	3395	9505	32929	169400	51601	32590	28516	8.26	11.66
20120108	2011	374483	17583	4489	8605	96520	89786	91283	47886	18331	8.27	9.31
20130119	2012	265004	5611	948	9859	49823	149568	16196	17864	15135	9.04	12.04
20140108	2013	641315	5652	3912	24850	115710	294936	44745	112507	39003	7.04	9.7
20150118	2014	599118	4757	2040	6509	97986	337112	75899	52691	22124	8.48	11.03
20160118	2015	502103	12787	5118	10571	65896	300944	67080	19351	20356	10.09	11.65

注：数据来自江西省山江湖开发治理委员会办公室《鄱阳湖湿地生态系统的结构、功能和演变与保护修复研究》技术报告。

2.9　小　　结

鄱阳湖洪泛区是我国最大的洪泛型淡水湖泊湿地，以其周期性的水位变化特征，丰富的生物多样性，正在退化但尚未完全退化的湿地功能得到国内外学者和媒体广泛关注。近年来气候变化与人类活动加剧，鄱阳湖水位发生剧烈变化，集中表现为"高水不高、低水过低""秋旱加剧和旱涝急转"等特点，引起了学术界和媒体的广泛关注。水文过程变化给鄱阳湖湿地生态环境带来了一系列影响。

碟形湖是鄱阳湖洪泛区最重要的地貌单元，碟形湖与碟形湖、碟形湖与河流、碟形湖与主湖的水文连通关系变化一方面通过改变淹水频率、深度和历时等水文情势直接影响水鸟、鱼类、浮游藻类和大型底栖动物的定殖和扩繁，另一方面通过控制外来物种入侵、食物来源和捕食条件影响优势种组成、丰度和多样性。受流域五河和长江来水共同影响，鄱阳湖年内水位波动剧烈，呈现河-湖相交替变化。三峡库区调蓄导致干流水位偏低，鄱阳湖正经历着历史罕见的干旱情势，主要表现为低枯水位出现时间提前和枯水期水位降低。河道采砂导致河槽下降，湖泊出流增加，延长了枯水期的持续时间，给湿地生态环境带来重要影响。21 世纪以来，鄱阳湖水质呈现恶化态势，但近些年来湖区水质有所好转且逐步改善。未来可从改善湖区水文水动力条件，削减流域污染负荷，增加湖泊环境容量等方面加强管理和维护。鄱阳湖沿高程梯度，土壤养分、土壤结构、土壤含水量、淹没深度和淹没时长等往往呈现出规律性的带状变化。这种带状变化间接影响湿地植被的物种组成、群落演替和初级生产量等，从而导致湿地植被的空间分布同样表现出一定的带状分异。在新的水文情势驱动下，鄱阳湖湿地植被格局发生显著变化，表现为高滩地挺水植物退化；低滩地薹草等植物类型向深水区延伸挤占沉水植物；优势植物种群分布高程平均下降 1 m 多。水文过程决定了动植物种群数量、分布、生物量和生物多样性，进而奠定了越冬候鸟食物丰富度和栖息环境的基础。平水年栖息地承载力强，种群数量多；年均水位偏高不利于候鸟越冬；枯水期水位决定越冬候鸟栖息环境和取食可及性；碟形湖保护和水位管理对候鸟越冬有直接影响。

第 3 章　鄱阳湖洪泛系统二维和三维水动力学模型构建与验证

3.1　引　　言

水动力过程是营养物质、泥沙和一些有毒物质输运的动力基础，也是水环境研究中污染物迁移转化的关键驱动力。对于河流、湖泊、湿地和海洋等地表水体的定量刻画和分析，水动力模型能够为泥沙、营养物质等模型提供水位、流速、混合与扩散、水温和密度分层等关键信息，进而获取温度场、营养物质和溶解氧的分布状态，也可了解泥沙、污染物和藻类等的聚集和分散规律。因此，水动力过程是地表水系统的重要组成部分。

鄱阳湖及其周边湿地，受上游五河流域来水和长江干流洪水脉冲的叠加作用，在长江中下游众多湖泊湿地中极具代表性，是一个高度开放、特色突出的洪泛区系统。鄱阳湖独特的来水脉冲影响了主湖区、洪泛区、河网水系以及碟形湖群等重要地貌单元的水情变化，复杂和动态的水动力过程则直接影响了湖区水环境状况、湿地生态系统以及湿地形成与演替等诸多方面。近些年来，鄱阳湖洪泛系统正面临着快速变化环境下新的水文和生态环境问题，叠加高变异水情脉冲的输入与影响，洪泛区水文水动力过程的变化深刻影响了湖泊湿地的水文生态功能。本章主要讲述二维和三维鄱阳湖水动力模型的构建过程、模型验证以及模拟评估。

3.2　水动力模型概述

3.2.1　模型简介

鄱阳湖洪泛系统水动力过程研究采用丹麦水力研究所（DHI）开发的数学模型 MIKE 21 和 MIKE 3（DHI, 2012）。MIKE 模型主要用于模拟河流、湖泊、河口、海湾、海岸及海洋的水流、波浪、泥沙及环境。MIKE 模型为工程应用和科学研究、海岸管理及规划等方面提供了完备、有效的设计环境。高级图形用户界面与高效计算引擎的结合使得 MIKE 成为世界范围内一个针对河流、湖泊、海湾等复杂水体的流行模拟工具。MIKE 在水动力模拟方面的主要特点为：用户界面友好，具有集成的 Windows 图形界面。可进行多种网格类型（如三角形网格、正交网格）和不同模块（如水动力模块、对流扩散模块、水质模块、泥沙输移模块）的运算需求。模型具有强大的前、后处理功能。在前处理方面，能够根据地形资料进行计算格网的剖分；在后处理方面具有强大的分析功能，如流场动态演示、计算断面流量、实测与计算过程的验证及不同方案的比较等；该模型能进行干、湿节点和干、湿单元的设置，较为方便地进行滩地等洪泛区水流的模拟。该模型还可进行多种水工结构的设置，用以分析诸如桥墩、涵洞、堰等对水动力过程的影响。

3.2.2　基本原理

水动力控制方程主要基于质量守恒、能量守恒和动量守恒这 3 个守恒律。3 大守恒律构成了水动力学的基本理论，广泛应用于水动力学和水质研究。虽然方程的形式在模型中常被修改、简化或变换，但其本质并无发生改变。本书所采用的 MIKE 模型的核心水动力模块（HD）是基于三维不可压缩和 Reynolds 值分布的 Navier-Stokes 方程，并服从于 Boussinesq 假定和静水压力的假定。对于水平尺度远大于垂直尺度的情况，水深、流速等水力参数沿垂直方向的变化较之沿水平方向的变化要小得多，从而可将三维流动的控制方程沿水深积分，并取水深平均，得到沿水深平均的二维浅水流动质量和动量守恒控制方程组，故该模块可应用于任何忽略垂向分层的二维自由表面水流模拟，可模拟由于各种作用力而产生的水位及水流变化，被推荐为河流、湖泊、河口以及海岸水流的数值仿真模拟模型。

二维非恒定浅水方程组为

$$\frac{\partial h}{\partial t} + \frac{\partial h\overline{u}}{\partial x} + \frac{\partial h\overline{v}}{\partial y} = hS \tag{3-1}$$

$$\frac{\partial h\overline{u}}{\partial t} + \frac{\partial h\overline{u}^2}{\partial x} + \frac{\partial h\overline{uv}}{\partial y} = f\overline{v}h - gh\frac{\partial \eta}{\partial x} - \frac{h}{\rho_0}\frac{\partial P_a}{\partial x} - \frac{gh^2}{2\rho_0}\frac{\partial \rho}{\partial x} + \frac{\tau_{sx}}{\rho_0} - \frac{\tau_{bx}}{\rho_0} - \frac{1}{\rho_0}\left(\frac{\partial S_{xx}}{\partial x} + \frac{\partial S_{xy}}{\partial y}\right)$$
$$+ \frac{\partial}{\partial x}(hT_{xx}) + \frac{\partial}{\partial y}(hT_{xy}) + hu_sS \tag{3-2}$$

$$\frac{\partial hv}{\partial t} + \frac{\partial h\overline{v}^2}{\partial y} + \frac{\partial h\overline{uv}}{\partial x} = -f\overline{u}h - gh\frac{\partial \eta}{\partial y} - \frac{h}{\rho_0}\frac{\partial P_a}{\partial y} - \frac{gh^2}{2\rho_0}\frac{\partial \rho}{\partial y} + \frac{\tau_{sy}}{\rho_0} - \frac{\tau_{by}}{\rho_0} - \frac{1}{\rho_0}\left(\frac{\partial S_{yx}}{\partial x} + \frac{\partial S_{yy}}{\partial y}\right)$$
$$+ \frac{\partial}{\partial x}(hT_{xy}) + \frac{\partial}{\partial y}(hT_{yy}) + hv_sS \tag{3-3}$$

式中，t 为时间；x，y 为笛卡儿坐标系下坐标；η 为水位；$h = \eta + d$ 为总水深（d 为静水深）；u，v 分别为 x，y 方向上的速度分量；f 是科氏力系数，$f = 2\omega\sin\varphi$，ω 是地球自转角速度，φ 为当地纬度；g 为重力加速度；ρ 为水的密度；P_a 为表面气压；τ_s 和 τ_b 分别为表面风应力和底应力；S_{xx}、S_{xy}、S_{yy} 为辐射应力分量；S 为源项；(u_s, v_s) 为源项水流速度。$\overline{u}$、$\overline{v}$ 表示沿水深平均的流速，由以下公式定义：

$$h\overline{u} = \int_{-d}^{\eta} u\,\mathrm{d}z, \quad h\overline{v} = \int_{-d}^{\eta} v\,\mathrm{d}z \tag{3-4}$$

T_{ij} 为水平黏滞应力项，包括黏性力、紊流应力和水平对流，这些量是根据沿着水深平均的速度梯度采用涡流黏性方程得出的：

$$T_{xx} = 2A\frac{\partial \overline{u}}{\partial x}, \quad T_{xy} = A\left(\frac{\partial \overline{u}}{\partial y} + \frac{\partial \overline{v}}{\partial x}\right), \quad T_{yy} = 2A\frac{\partial \overline{v}}{\partial y} \tag{3-5}$$

当前模型对计算区域的空间离散采用基于有限体积法（finite volume method）的三角形格网，能够很好地拟合复杂的计算域边界。模型中初始条件需给定为计算域的水位和流速。模型中开边界条件可以给定为流量或水位过程。沿着闭合边界条件（陆地边界），所有垂直于边界流动的变量为零。MIKE 模型能够有效地处理动边界问题（干湿边界），即：当深度较小时，该问题可以被重新表述，通过将动量通量设置为 0 以及只考虑质量通量来实现。只有当深度足够小时，不考虑该网格单元的计算。判断每个单元的水深，并将单元定义为干、半干湿和湿 3 种类型。同时判断单元面，以确定淹没边界（DHI, 2012）。总而言之，该模型的数值求解技术先进，是一个完全具有物理基础的水动力学模型。

　　MIKE 模型计算参数主要分为数值求解参数和物理参数。数值求解参数，主要是关于方程组求解与计算稳定性的有关参数，如时间步长设定等。物理参数，主要有湖盆糙率系数、干湿交替计算参数、涡黏系数和一些热力学参数等。本书采用 2D 水动力模型 MIKE 21 开展鄱阳湖洪泛系统水动力过程的基础研究，以探明湖泊水动力要素的时空分布特征及其响应机制。进而基于 2D 模型构建基础，应用三维水动力模型 MIKE 3 开展湖泊热力学状况模拟及定量分析。

3.3　水动力模型基础数据

3.3.1　基础数据与获取

　　模型所需气象资料来自鄱阳湖星子站、都昌站和康山站，包括气温、相对湿度、太阳辐射、云量、风速、风向、降水量和蒸发量。地形是水动力模型最为关键的基础数据，先后采用 1998 年和 2000 年的两期鄱阳湖湖盆地形原始资料，以更新地形高程数据，其分辨率为 30 m×30 m。流域五河（赣江、抚河、信江、饶河、修水）入湖流量和水温数据来自江西省水文监测中心提供的资料，观测站点为外洲、李家渡、梅港、渡峰坑、虬津、万家埠、虎山。湖泊水位和表层水温数据来自江西省水文监测中心提供的资料，主要观测站点为湖口、星子、都昌、棠荫（因位置变化现改为蛇山）和康山。现场观测数据包括北部湖区附近的水流速度和水温。采用 RDI 3 MHz 声学多普勒流速剖面仪（ADCP，美国）在底跟踪模式下开展 4 个断面的流速测量（标记为 xz1、xz2、xz3 和 hk；图 3-1），观测时间为 2015 年 2 月 4 日、4 月 14 日和 7 月 20 日。同时，采用手持式压力和集成温度传感器(Solinst,加拿大)在相同位置测量温度垂向分布，数据精度为 0.05 ℃。野外观测时，从湖泊水体表面到底部，以大约 2 m 的间隔记录深度剖面上的温度。分别于 2015 年 1 月 15 日（22 个点）、4 月 10 日（24 个点）、7 月 15 日（73 个点）和 10 月 15 日（22 个点）对近湖面附近（0.5 m 深度）水温进行了点位上测量。水动力模型所需的常规观测资料和原位监测数据请参见图 3-1 和表 3-1。除特殊说明，本书以下各章模型构建涉及的地形数据采用黄海高程，水文数据采用吴淞高程，具体应用时进行高程转换。

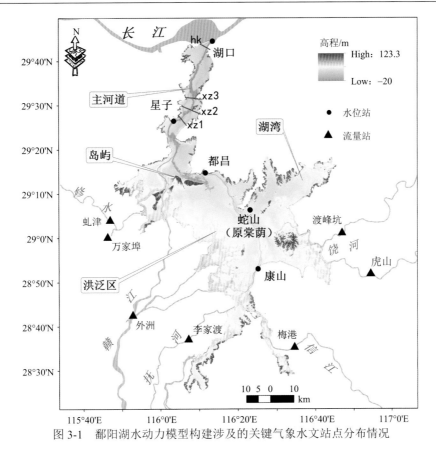

图 3-1　鄱阳湖水动力模型构建涉及的关键气象水文站点分布情况

表 3-1　鄱阳湖水动力模型基础数据资料与获取

类型	变量	站点	频次
时间序列观测	气温/℃	都昌、康山	逐小时
	云覆盖/%	星子	逐小时
	太阳辐射/（W/m^2）	星子	逐小时
	相对湿度/%	都昌	逐小时
	风速/（m/s）	都昌	逐小时
	风向/（°）	都昌	逐小时
	降雨/mm	星子、蛇山	逐小时
	蒸发/mm	康山	逐小时
	河流水温/℃	外洲、李家渡、梅港、渡峰坑、虬津、万家埠、虎山	逐小时
	河道流量/（m^3/s）	外洲、李家渡、梅港、渡峰坑、虬津、万家埠、虎山	逐日
	湖水表层温度/℃	湖口、星子、都昌、蛇山、康山	逐日
	湖泊水位/m	湖口、星子、都昌、蛇山、康山	逐日
现场剖面观测	湖泊水温/℃	见图 3-1	2 月 4 日、4 月 14 日和 7 月 20 日（3 次）
	湖泊流速/（m/s）	见图 3-1	2 月 4 日、4 月 14 日和 7 月 20 日（3 次）
现场点位观测	湖泊水温（0.5 m 水深）/℃	见图 3-15	1 月 15 日、4 月 10 日、7 月 15 日和 10 月 15 日（4 次）

3.3.2 未控区入湖径流数据

五河七口以上流域、未控区间和鄱阳湖水体构成了完整的鄱阳湖流域，约 16.2 万 km²。换言之，鄱阳湖未控区间介于鄱阳湖五河流域和鄱阳湖水体之间，实际计算域面积约 2.2 万 km²（图 3-2）。在鄱阳湖水动力模型计算中，将五河七口观测径流（站点数据）叠加未控区间的入湖径流模拟结果，以合成流量的方式构成鄱阳湖水动力模型的流域边界入流条件。

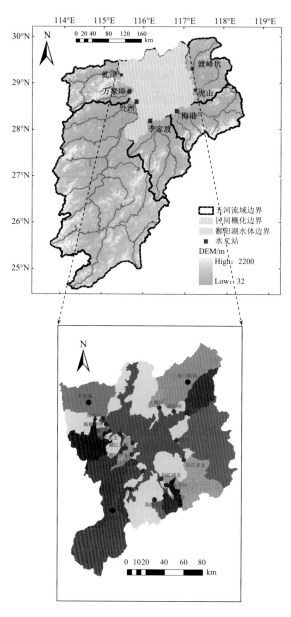

图 3-2 鄱阳湖未控区空间分布与子流域划分示意图

　　未控区间径流数据根据自主研发、基于分布式理念的水文模型来计算（图 3-3）。该模型以 Fortran 90 语言为基础，以日为时间步长，主要包括产流计算和汇流计算两部分。其主要模拟的水文过程包括植被截留、冠层蒸发、非饱和带土壤蓄水、土壤水蒸发、地表径流、河道汇流、土壤水渗漏补给、地下水基流估算等。区间水文模型首先根据下垫面不同的土地利用类型确定相应产流机制，进行由产流至流域出口或河网节点的汇流过程。模型主要采用基于温度变量的两种潜在蒸散发估算方法，采用反距离加权法、最近邻法和普通克里金法 3 种算法对气象数据进行空间插值，作为模型的分布式输入条件来驱动整个水文过程。模型根据叶面指数进行冠层的截留计算，采用普遍应用的线性比例系数关系来计算截留量。模型采用有效蓄水系数确定土壤的最大蓄水量并定义土壤厚度阈值来约束最大蓄水量。借鉴 SWAT 等模型理论方法，该区间水文模型通过田间持水量作为阈值来判断深层土壤水的渗漏与否。如果当天土壤含水量超过田间持水量，则土壤水发生渗漏补给；否则，土壤水不发生渗漏。基流量大小主要与当前时段和前一时段的地下水补给量有关，并通过下垫面不同土地利用类型来判别基流响应快慢，并最终汇入流域出口断面或河网节点。模型中将地面净雨扣除实际土壤入渗后的水量作为地表径流量，径流按照下垫面土地利用类型差异选择不同机制的产流模式，进而采用经验汇流曲线模拟地面汇流过程，利用变动蓄量或马斯京根法完成汇流单元与流域出口或河网节点流量演算过程。此外，该区间水文模型考虑了不同灌溉作物在灌溉期内的用水情况以及不同的产流模式。在每个计算时段末，上述过程涉及的所有状态变量都会被更新替代。综上，区间水文模型主要的输入资料为气象降雨和潜在蒸散发等时间序列资料、叶面积指数、数字高程模型、土壤类型、土壤水力特性参数（孔隙度、渗透系数、田间持水量）、土地利用类型、土壤初始含水率、地表水系分布与边界等矢量数据。模型涉及的主要参数有土壤水入渗系数、地下水补给率系数、基流退水系数、汇流距离与时间阈值等。模型其他设置主要包括：空间网格离散单元数目、矩形网格分辨率、系统坐标、未控区间计算域标识符（active）、模拟时段、土壤层初始厚度、潜在蒸发估算方法选择、空间插值方法选择等。

图 3-3　基于 PEST 参数自动优化技术的未控区水文模型

根据上述水文模型与计算结果可知（图 3-4），未控区的径流变化过程充分体现了季节性特征，与研究区降雨的季节分布趋势具有很好的一致性。总的来说，区间日入湖径流量的变化幅度基本介于 $10\sim1000$ m³/s，各个支流的入湖径流过程在时间变化上存在一定的差异，但空间的差异性要更为明显一些。

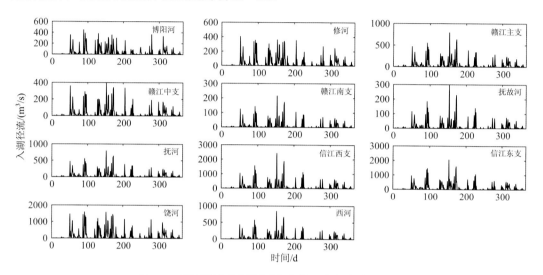

图 3-4　鄱阳湖未控区不同支流的入湖径流模拟结果

3.4　水动力模型构建

3.4.1　湖泊地形剖分

根据 1998 年历史最大洪水事件来界定湖泊水面变化的最大拓展范围及岸线边界，防止鄱阳湖高度动态的季节性水面变化超出该计算边界。由于鄱阳湖湖盆地形复杂且湖区由主河道、湖泊洲滩及岛屿等构成，最为明显的是湖盆主河道呈现水流急、速度快的特点而洲滩流速相对缓慢，主河道与洲滩是鄱阳湖湖盆地形最为关键的两个主要部分。针对上述特点，借助地表水流 SMS 模拟软件生成水动力模型计算网格，设置并调整网格剖分的相关参数，对主河道区域进行加密剖分，而远离主河道的洲滩区域网格分辨率则相对较粗（图 3-5），最终生成能反映河道和洲滩地形的疏密相见的网格，并将原始鄱阳湖地形数据插值到计算网格中，获取每个三角形网格的地形高程。其中，湖区岛屿不在计算域范围内，不参与水动力计算。通过对模型网格的进一步手动校正和模拟测试，该空间离散分辨率足以刻画复杂的湖盆地形以及满足计算需求。三角形网格的边长变化范围为 $70\sim1500$ m，三角形网格的面积变化为 $0.006\sim0.605$ km²，共剖分 11251 个节点和 20450 个网格单元（李云良，2013；Li et al.，2014）。本研究中，模型采用 WGS_1984_UTM_Zone_50N 投影坐标系统［图 3-5（a）］。

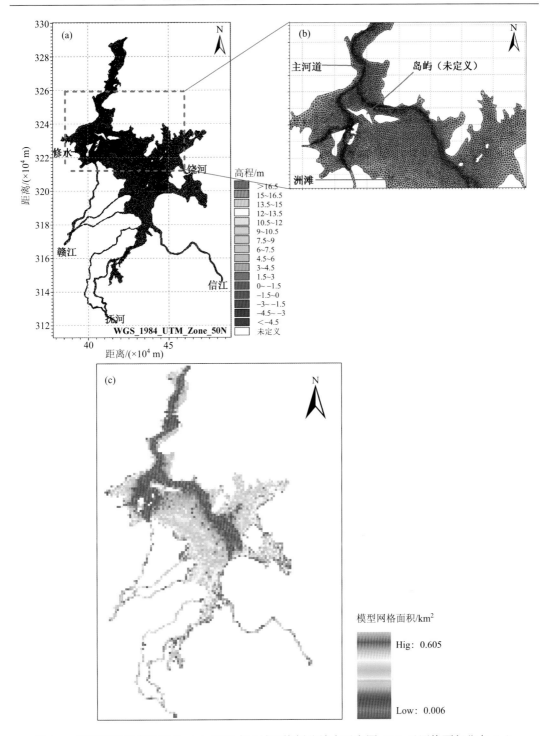

图 3-5　鄱阳湖地形空间剖分（a）和重点区域网格剖分放大示意图（b）及网格面积分布（c）

如前文所述，为了进一步探究鄱阳湖水体垂向分布信息，本书的 MIKE 3 水动力模型是在二维深度平均水动力模型基础上构建的。关于水体垂直方向上的离散化处理，数值试验表明鄱阳湖水动力模型对垂直层数的敏感性较低,垂向等距划分 10 层对于求解湖泊水体垂向结构已经足够,因此本书将鄱阳湖底部至表层的整个水深范围内设置了 10 个等距的 σ 层（图 3-6）。此外,模型采用斜压模式进行计算,即密度变化是温度的函数（Li et al., 2018）。

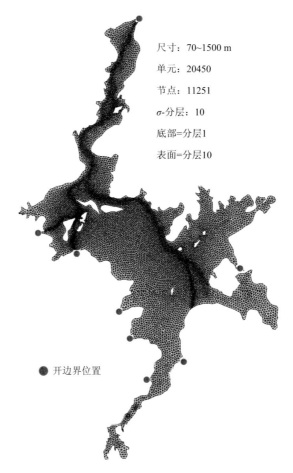

尺寸: 70~1500 m

单元: 20450

节点: 11251

σ-分层: 10

底部=分层1

表面=分层10

● 开边界位置

图 3-6　鄱阳湖 3D 模型网格剖分及相关信息

3.4.2　边界条件和初始条件

基于 MIKE 21 的鄱阳湖水动力模型共定义 8 个开边界条件,其中,流域五河（赣江、抚河、信江、饶河与修水）和未控区的入湖合成径流分别作为水动力模型上游 7 个开边界条件,表征流域-湖泊作用关系;鄱阳湖与长江的水量交换,以湖口的日水位过程线作为模型下游 1 个开边界条件,表征江-湖作用关系。实际情况下,因赣江与抚河分为存在多条入湖支流（图 3-5）,本书采用分流比的方式将流域和未控区的合成径流进行分配,完成设定边界的径流输入。对于其他湖泊岸线,模型作为陆地边界来定义,即概化为无水量交换。上述鄱阳湖水动力模型的边界条件设定,很好地体现了该模型能够用来描述湖泊水动力过程对流域五河入湖径流（包括未控区）以及长江来水变化的叠加响应。湖面降雨、蒸发、风速和辐射等数据主要采用湖区邻近气象站点数据，模型采用"随时间变化但空间均一"的方式来参与水动力计算，表征上边界气象条件的影响作用。

初始水位在数值模拟中是较为关键的，它通常具有较长时间的影响力。水动力模型计算域的初始水位场和温度场，采用湖区 5 个站点（湖口、星子、都昌、棠荫与康山）水位和水温插值的空间结果，也就是说，根据模拟时期的选择，将空间变化的表面水位和水温作为模型输入条件。数值模型中，流速变化的时间相对较短，为方便起见，在模拟开始时通常被设定为 0。敏感性测试表明，当前鄱阳湖水动力模型达到外力平衡约需要 10～15 d（模型的预热期）。

3.4.3　模型基本设置

为保证所有网格点的 CFL 数（Courant-Friedrich-Lewy）满足限制条件且计算稳定，模型中时间步长的取值采用浮动范围的方式，因此模型设定最小和最大时间步长范围，本次模拟最小时间步长设定为 5 s，最大时间步长设定为 3600 s。浅水方程中的时间和空间积分，本次均采用低阶、快速的求解方法。因鄱阳湖存在显著的季节性干湿交替区域，为了避免模型计算中出现失稳问题，本次模拟定义干水深（drying depth）为 0.005 m，淹没水深（flooding depth）为 0.05 m，湿水深（wetting depth）为 0.1 m，且满足 $h_{dry}<h_{flood}<h_{wet}$。对于鄱阳湖洪泛区的广大滩地，模型假定降雨全部转化为地表径流参与水动力计算，这种基于假定的方法能够适应鄱阳湖自身特点，尤其是把出露的湖区湿地或洪泛洲滩的降雨-径流考虑进来，避免对该洪泛湖泊带来严重的水量损失。水动力模型中设定科氏力在空间上变化，模型会根据地形文件的地理信息进行计算，科氏力仅与纬度有关。因鄱阳湖所属亚热带季风气候区，故模型中不考虑冰盖影响。

3.4.4　关键参数确定

鄱阳湖水动力模型涉及的关键参数如表 3-2 所示。需要说明，这些参数取值主要根据鄱阳湖已有模型工作和相关参考文献而确定。空间上变化的曼宁数用来描述湖床底部的摩擦力，MIKE 21 模型中的曼宁数与通常所指的曼宁粗糙度互为倒数关系。为充分反映鄱阳湖湖盆结构的影响，本书将湖盆植被覆盖大致划分为 6 种主要类型（图 3-7），包括水体、泥滩、草地等，并给定不同的糙率值尽可能合理再现水动力的空间状态。垂直涡黏由标准的 k-ε 模型描述，其中湍流动能和能量耗散的输运方程均被求解。水平涡黏由 Smagorinsky 公式确定，且涡黏系数在模拟区内为常数。因此，本书在湖泊模拟区内设定其为空间均一常数。Smagorinsky 在二维直角坐标系中可以表达为

$$A = C_S \Delta x \Delta y \left[\left(\frac{\partial u}{\partial x} \right)^2 + \left(\frac{\partial v}{\partial y} \right)^2 + \frac{1}{2} \left(\frac{\partial u}{\partial y} + \frac{\partial v}{\partial x} \right)^2 \right]^{1/2} \tag{3-6}$$

式中，C_S 为 Smagorinsky 系数；Δx 与 Δy 分别为 x 和 y 方向上的网格尺寸；其他参数意义同上。

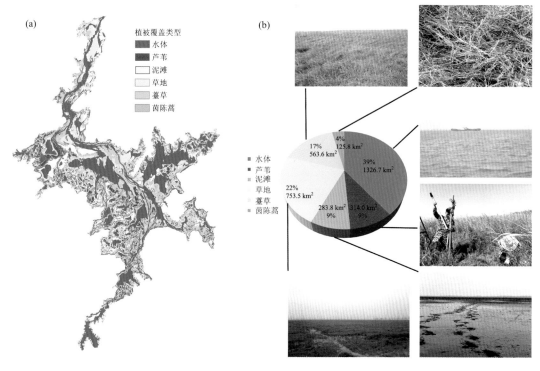

图 3-7　鄱阳湖洪泛系统主要植被覆盖类型（a）与相应类型的覆盖信息（b）

表 3-2　鄱阳湖水动力-热动力学模型的关键参数设置（Li et al., 2018）

参数和单位	取值参考
Smagorinsky 因子	0.28
糙率高度/m	0.02～0.3
水平涡黏/（m²/s）	1.0
垂向涡黏/（m²/s）	0.001
风阻力系数	0.001
临界风速/（m/s）	2.0
消光系数/（1/m）	1.2
道尔顿定律的风相关系数	0.9
道尔顿数	0.5
比尔定律的热交换系数	0.8
冷热传输系数	0.002
湍流动能中的普朗特数	1.0
湍流动能耗散的普朗特数	1.3

3.5　水动力模型验证与评价

对于湖泊水动力模型，本书主要采用湖泊站点水位、水面积、湖口流量、湖区流速和水温等关键变量来进行模型的验证与可靠性评估。水动力模型的拟合效果采用常规的统计指标来量化评估，主要包括纳什效率系数（E_{ns}）、确定性系数（R^2）、相对误差（R_e）和均方根偏差（RMSE）。具体表达式如下：

$$E_{ns} = 1 - \sum_{i=1}^{n}\left(Q_{obsi} - Q_{simi}\right)^2 \Big/ \sum_{i=1}^{n}\left(Q_{obsi} - \overline{Q}_{obs}\right)^2 \tag{3-7}$$

$$R^2 = \left[\sum_{i=1}^{n}\left(Q_{obsi} - \overline{Q}_{obs}\right)\left(Q_{simi} - \overline{Q}_{sim}\right)\right]^2 \Big/ \left[\sum_{i=1}^{n}\left(Q_{obsi} - \overline{Q}_{obs}\right)^2 \sum_{i=1}^{n}\left(Q_{simi} - \overline{Q}_{sim}\right)^2\right] \tag{3-8}$$

$$R_e = \sum_{i=1}^{n}\left(Q_{simi} - Q_{obsi}\right) \Big/ \sum_{i=1}^{n}Q_{obsi} \times 100\% \tag{3-9}$$

$$\text{RMSE} = \sqrt{\sum_{i=1}^{n}\left(Q_{obsi} - Q_{simi}\right)^2 \Big/ n} \tag{3-10}$$

式中，Q_{obsi} 为观测序列；Q_{simi} 为模拟序列；$\overline{Q}_{obs}$ 和 $\overline{Q}_{sim}$ 分别代表观测序列和模拟序列的平均值；n 为时间步长总数。纳什效率系数和确定性系数越接近 1，表明模拟效果越好；相对误差和均方根偏差越接近 0 值，表明拟合效果越好。

3.5.1　2D 模型验证

鄱阳湖洪泛系统二维水动力模型自 2011 年开始构建至今，因研究问题和实际需求不同，加上数据资料的不断更新与完善，该模型经历了多次验证和评估，验证目标主要包括湖水位、湖泊出流量、湖泊流速、湖泊水温和水面积等关键水动力要素。现将详细验证过程和评估结果陈述如下。

（1）水位和流量验证。针对不同的水文年，鄱阳湖水动力模型选用 2000 年 1 月 1 日至 2005 年 12 月 31 日（共 6 年）作为模型率定期，2006 年 1 月 1 日至 2008 年 12 月 31 日（共 3 年）作为模型验证期。图 3-8 和图 3-9 分别表示模型率定期与验证期鄱阳湖空间站点水位及湖口出流量时间序列拟合效果图。从这些变量的年际、年内变化趋势以及峰值拟合的捕捉程度上而言，湖泊水动力模型具有较强的模拟能力再现长时间序列的水位和出流量变化过程对流域入湖径流和长江来水的共同响应。不管是在变量的变化趋势上还是在峰值的量级上，该洪泛系统水动力模型表现出较为满意的模拟能力。然而，水动力模型在枯水位的模拟上仍存在一定的偏差，比如湖区上游康山站水位的动态模拟效果。分析其误差来源最可能有如下几个原因：①湖盆地形及其网格插值所带来的误差对低水位的模拟较高水位要更加敏感和显著；②鄱阳湖洪泛区实际上存在很多大小不一、相互交织的沟壑水体，但目前地形资料尚无法精确刻画这些复杂的水系格局，导致洪泛区滩地和主湖区之间的水文连通在低水位时期的影响作用被进一步放大；③鄱阳湖在枯水位季节呈现的复杂河流属性特征，导致边界条件可能会存在一定的不适用性。总体上，通过空间不同站点（星子、都昌、棠荫与康山）水位和湖泊出流量的拟合效果，足以证实当前湖泊洪泛水动力模型的动态模拟能力。

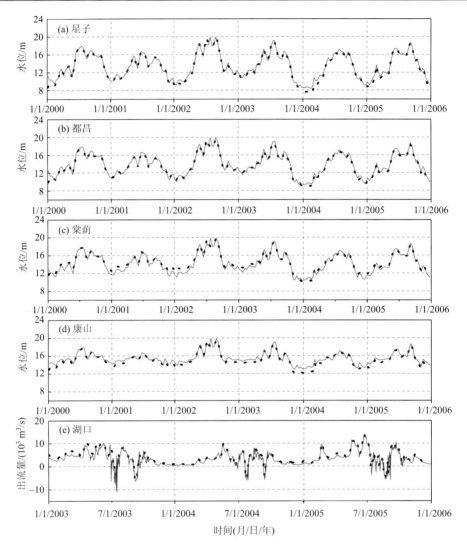

图 3-8 模型率定期计算与观测的湖水位和出流量拟合效果图
流量正值表示湖水排泄到长江,而负值表示长江倒灌湖泊

通过定量评价结果可见,湖泊四个站点水位拟合的 E_{ns} 变化范围为 0.88～0.98,确定性系数 R^2 介于 0.96～0.99 之间,相对误差 R_e 均小于±3%,表明湖泊水位作为湖泊最主要的水动力要素,已经取得了较为理想的模拟精度(表 3-3)。此外,通过湖口径流量对整个鄱阳湖的水量变化做一个总体性的评估,湖口出流量作为流速的一个重要指示,模拟值与观测值之间拟合的纳什效率系数 E_{ns} 和确定性系数 R^2 分别为 0.80 和 0.82(表 3-3),表明是可以接受的模拟精度。尽管如此,其模拟的相对误差稍微偏大,R_e 达到-12%(表 3-3),表明水动力模型在湖口出流量的模拟上有低估现象,这种误差可能来自多种影响因素,比如流域未控区间入湖径流估算误差、湖盆地形等。然而对于鄱阳湖这样一个水情高度动态变化、复杂结构的非线性系统,加之鄱阳湖与长江之间存在交互水力联系,湖口流量的拟合效果总体上令人满意,达到预期效果。在验证期内,对于湖泊水位

模拟而言，各个水位站点水位拟合的 E_{ns} 变化范围为 0.80～0.97，R^2 变化范围为 0.94～0.98，R_e 基本控制在±5%内（表 3-3）。湖口出流量的验证同率定期比较而言，取得更为理想的模拟效果（表 3-3）。

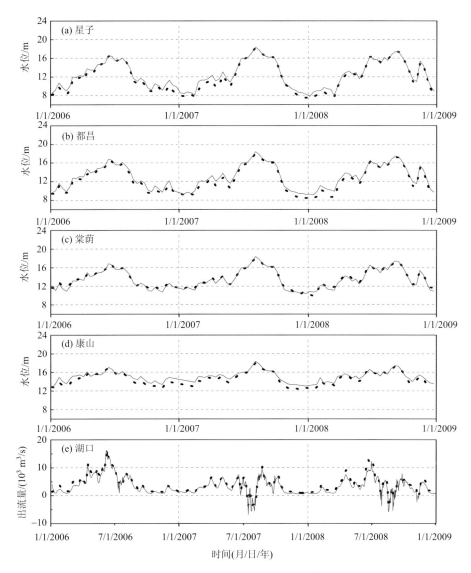

图 3-9　模型验证期计算与观测的湖水位和出流量拟合效果图

流量正值表示湖水排泄到长江，而负值表示长江倒灌湖泊

表 3-3　湖泊水动力模型率定与验证效果评价（Li et al., 2014）

站点	目标	率定期（2000～2005 年）			验证期（2006～2008 年）		
		E_{ns}	R^2	R_e/%	E_{ns}	R^2	R_e/%
星子	湖泊水位	0.97	0.99	1.0	0.95	0.98	3.8
都昌	湖泊水位	0.98	0.98	2.4	0.93	0.98	4.6

续表

站点	目标	率定期（2000~2005 年）			验证期（2006~2008 年）		
		E_{ns}	R^2	R_e/%	E_{ns}	R^2	R_e/%
棠荫	湖泊水位	0.94	0.97	−1.3	0.97	0.97	−0.9
康山	湖泊水位	0.88	0.96	3.0	0.80	0.94	3.6
湖口	湖泊出流量	0.80	0.82	−12.0	0.87	0.92	−13.7

注：模型率定期湖口出流量的拟合时间序列为 2003~2005 年（共 3 年）。

（2）水面积验证。通过 NDWI 水指数法提取的遥感水面积来验证水动力模拟的鄱阳湖湖区水面积（图 3-10）。不难发现，在年内变化趋势上，水动力模型与遥感影像的水面面积呈现很好的一致性。进一步选取鄱阳湖的低水位和高水位两个典型时期，充分评估水动力模型再现鄱阳湖水面积动态变化的能力。对比可见，在鄱阳湖低枯水位时期，鄱阳湖面积严重萎缩，面积小于 600 km²，大部分水流主要限制在湖泊主河道中，而远离主河道的大部分区域以及岸线附近呈现滩地出露状态，水动力模拟湖泊水面积与遥感影像提取结果在空间上具有一致性，水动力模型基本重现了枯水位条件下的水面积空间分布格局。在鄱阳湖高水位时期，水动力模拟的湖泊水面积与遥感影像提取的水面积空间上基本一致，整个湖区洪水一片，面积约为 2600 km²。总体而言，模拟得到的水体面积和遥感影像提取面积吻合较好，枯水期水面积模拟误差大于丰水期。从图 3-10（a）可见，模拟水体面积均大于遥感影像提取水体面积，造成这种差异的主要原因是水动力

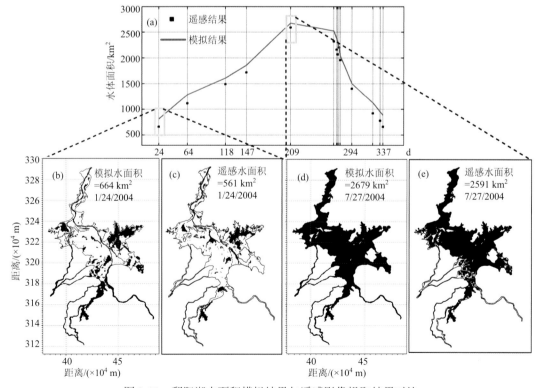

图 3-10　鄱阳湖水面积模拟结果与遥感影像提取结果对比

模型的三角形网格尺寸与遥感影像的分辨率存在较大差异，导致水面积在空间累加计算上存在系统误差。从另一方面来说，遥感水体提取的可靠性是相对的，遥感提取水体精度除受水体范围提取模型的影响外，还受到遥感观测空间分辨率的影响，用于验证的MODIS 影像分辨率（250 m）也相对有限，遥感水体提取时难免受到混合像元的影响，特别是在水体范围较小的枯水期，大面积洲滩湿地的出露可能导致水面积估算偏小，此时遥感数据的误差相对较大。

（3）倒灌过程验证。为了充分验证鄱阳湖洪泛系统水动力模型对湖水位、流速等关键变量的模拟能力，这里选取长江倒灌这一典型事件开展模型验证工作（Li et al.，2017b）。总的来说，鄱阳湖水动力模型能够很好模拟 1964 年和 1991 年的湖口排泄以及倒灌时序变化过程，在倒灌发生日期以及倒灌量级的捕捉方面体现了模型优势[图 3-11（a）]。

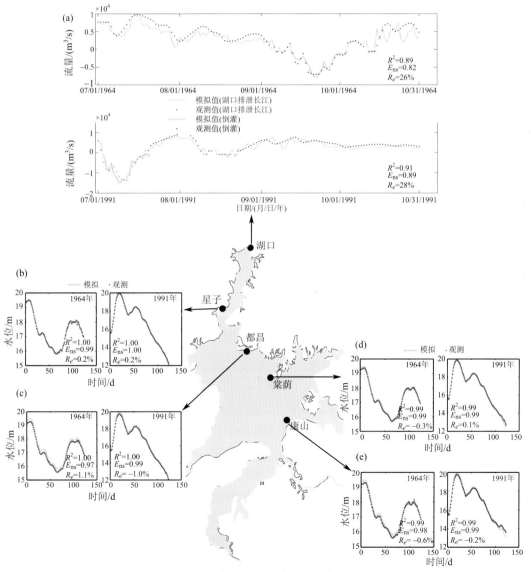

图 3-11　鄱阳湖湖口流量（a）和各站点水位（b～e）验证图

水动力模型对 1964 年和 1991 年湖区站点水位变化的模拟精度比较理想，R^2、E_{ns} 和 R_e 变化范围分别为 0.99～1.00、0.97～1.00 和–1.0%～1.1%[图 3-11（b）～（e）]。倒灌过程的流速结果表明（图 3-12），水动力模型能够较好捕捉湖区空间不同点位流速及其差异，但部分点位的模拟流速要略低于观测值，R^2 值变化为 0.68～0.89。尽管湖区流速不如水位模拟效果理想，可能是由于湖盆微地形变化的影响，但水动力模型很好模拟了水文水动力要素的主要变化特征，为后续开展长江倒灌影响湖泊等相关研究与评估提供保障。

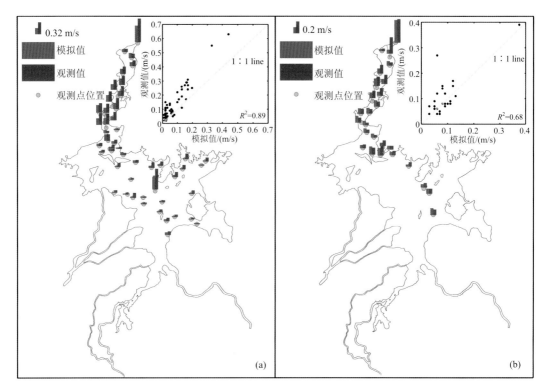

图 3-12　鄱阳湖倒灌条件下空间流速验证图

（a）1964 年 8 月 16 日；（b）1964 年 9 月 7 日

（4）流速验证。就水动力模型在关键断面的水流模拟能力而言，本书选取了典型时期、典型断面的流速分布加以模型验证（图 3-13），即选用了湖口和星子水域的雨季（2008 年 5 月）和旱季（2008 年 12 月）ADCP 走航式监测数据（Li et al., 2015）。不难发现，该模型的计算结果与原位观测到的流速值存在较为一致的趋势性变化，包括主河道（图 3-13 粗线条所示）和洪泛区（图 3-13 细线条所示）的流速变化。但对于不同水位时期，水动力模型在流速量级和深度上存在某种程度的低估或高估现象。总体上，本书所构建的二维水动力模型能够捕捉到一些关键断面的水动力特征且具有可接受的模拟效果，即确定系数 R^2 介于 0.79～0.84。

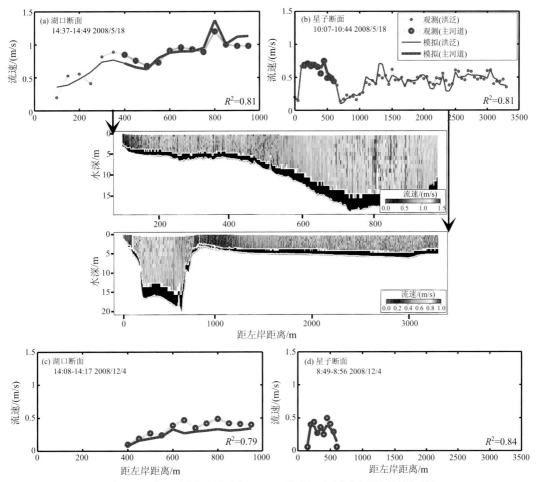

图 3-13　湖口和星子断面上 ADCP 流速深度剖面和模拟结果对比

（a）、（b）涨水期；（c）、（d）枯水期

图 3-14 为水动力模型对湖泊表层水温模拟能力的验证效果图。湖泊空间 4 个站点的 R^2、E_{ns} 和 RMSE 范围分别为 0.94～0.99、0.92～0.96 和 1.5～1.9 ℃。也就是说，该模型较为满意地再现了水温的季节性变化特征。然而，模拟结果与一些站点（如都昌和棠荫）的实际观测结果存在一定的偏差，这些偏差大多发生在夏季，水温误差能够达到 2℃左右。图 3-15 进一步绘制了 2015 年 4 个日期的模拟值和观测值之间的水温差异。两者之间的水温误差基本小于 1.0℃（即 131 个点中的 72%），表明模拟结果与观测结果拟合较好。通过目视效果和统计评价结果可知，模型能够很好捕捉鄱阳湖温度的动态变化与响应（Li et al.，2017a）。

图 3-16 为基于 Landsat 获取的水温数据和水动力模拟的温度空间比较分析。从整体效果来看，水动力模拟结果与陆地卫星数据得出的温度空间分布较为一致。与遥感数据相比，湖泊主河道比西部洪泛区的水温模拟效果要更好。此外，一些湖泊中心地区的模拟水温与遥感反演（例如，4 月 26 日和 10 月 11 日）水温不一致，平均温差高达约 3℃ [图 3-16（d）和图 3-16（f）]。表 3-4 所示的统计结果表明，模拟值和遥感值表现出相似

的空间特征和良好的相关性（即 $R^2 > 0.80$）。总体而言，该模型合理地模拟了湖泊水温的空间变化（具体参见 Li et al., 2017a）。

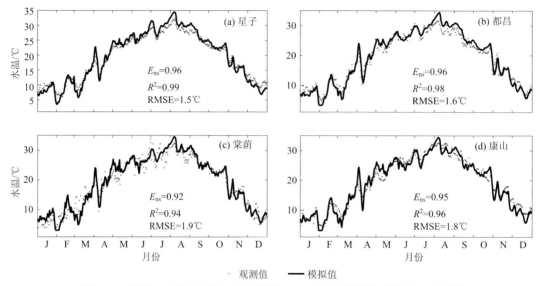

图 3-14　湖泊 4 个站点表层水温观测值（红色）和模拟值（黑色）对比图

表 3-4　模拟与遥感反演的空间水温评估结果

日期	模拟值			Landsat 反演			R^2
	均值	最小值	最大值	均值	最小值	最大值	
04-Jan-2015	7.1	6.8	9.8	7.5	5.8	8.9	0.92
05-Feb-2015	6.5	6.4	7.5	6.7	6.2	7.8	0.91
13-Feb-2015	10.7	6.7	16.3	10.7	7.4	14.3	0.92
26-Apr-2015	21.3	16.3	23.4	19.8	18.9	23.3	0.81
09-Sep-2015	28.2	21.8	31.9	26.5	24.7	30.9	0.80
11-Oct-2015	22.1	18.2	31.6	24.4	18.2	33.9	0.85
19-Oct-2015	21.5	15.8	21.0	22.8	17.3	23.2	0.87

3.5.2　3D 模型验证

鄱阳湖洪泛系统三维水动力模型发展于先前的二维水动力模型，模型验证主要基于湖泊表层和深度剖面的流速、水温以及水位。现将模型验证过程和评估结果介绍如下，具体可参见 Li 等（2018）。

鄱阳湖 3D 洪泛水动力模型首先通过星子、都昌、蛇山和康山站的水位序列资料进行验证（图 3-17）。评估结果可得，4 个观测站水位拟合 E_{ns} 介于 0.96～0.99 之间，R^2 变化范围为 0.95～0.99，所有站点的 RMSE 值基本在 0.4 m 左右，可见 4 个站点的水位模拟相位和量级基本准确再现。就水温模拟而言，本次 3D 模型很好地预测了 4 个站点的日观测水温变化，R^2 和 RMSE 分别介于 0.96～0.99 和 1.4～1.7 ℃之间，所有站点拟合 E_{ns}

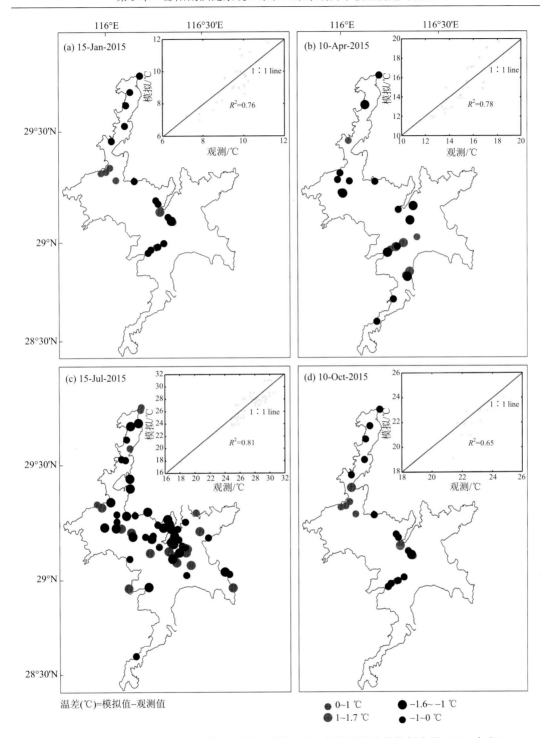

温差(℃)=模拟值–观测值

● 0~1 ℃　　　● -1.6~ -1 ℃
● 1~1.7 ℃　　● -1~0 ℃

图 3-15　2015 年鄱阳湖水动力模拟水温与观测水温之间的差异及线性拟合图（131 个点）

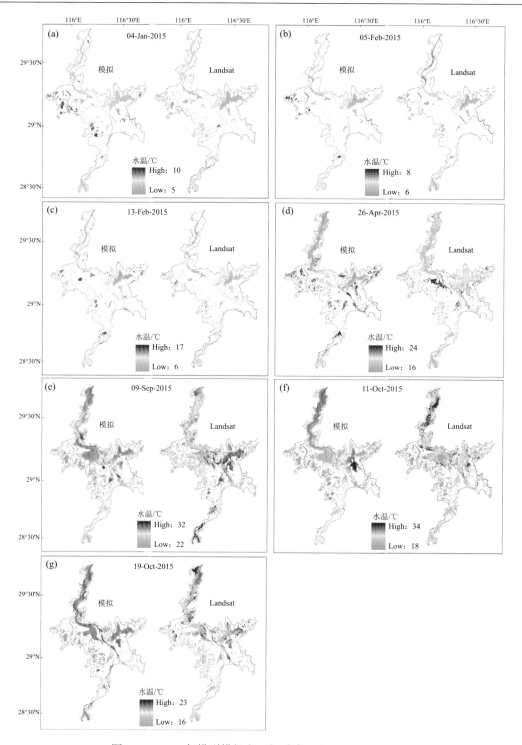

图 3-16 2015 年模型模拟水温与遥感反演结果的空间对比

图中白色区域表示露滩

值最高可达 0.96，表明模型结果具有令人满意的精度和可靠性（图 3-18）。尽管如此，低枯水情时期的水位和温度模拟存在一些低估和高估现象，这可能是因为水温对外部变化的响应可能比水位更敏感或复杂。图 3-19 进一步展示了四个典型期的水温验证，模拟和观测值之间的确定性系数 R^2 可达 $0.82\sim0.88$，结果表明，湖区空间的表层水温模拟效果较好。总的来说，3D 模型能够捕捉鄱阳湖水动力和热力状况的动态变化。

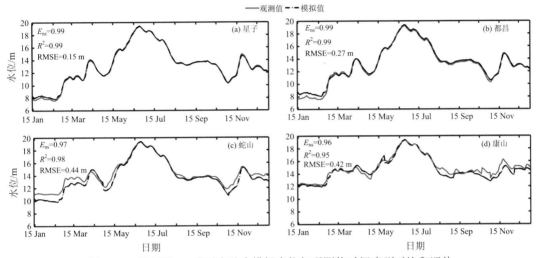

图 3-17 鄱阳湖 3D 洪泛水动力模拟水位与观测值时间序列对比和评估

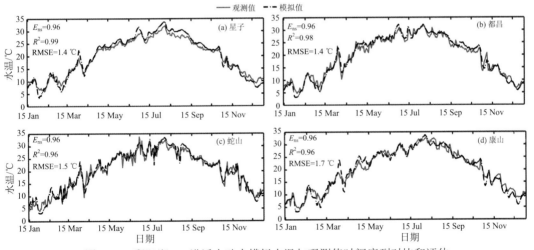

图 3-18 鄱阳湖 3D 洪泛水动力模拟水温与观测值时间序列对比和评估

通过图 3-20 可见，3D 模拟结果与实测流速剖面基本一致，表明 3D 模型具有预测湖泊垂向水动力要素变化与格局的能力。在鄱阳湖浅水深度内（水面以下约 2 m），可以观察到模型和观测值之间的差异约小于 0.2 m/s。这可能是由于本书采用空间均匀风场的强迫作用，没有考虑风的局部效应。也就是说，湖泊水体表层更加容易对外部风场表现出快速响应。此外，湖泊的物理变化，如不规则的岸线和水深特征，可能会导致模型和现场观测数据之间的差异。通过图 3-21 可见，在湖泊空间不同的观测水域，3D 水动力模型很好再现了几乎等温的垂向水体分布（即温度<1℃）。另外，3D 模型在垂向水温模

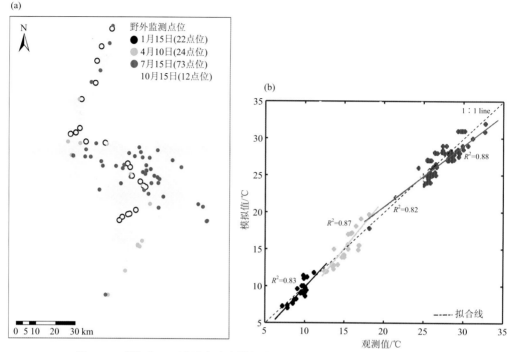

图 3-19　鄱阳湖 3D 洪泛水动力模拟水温与观测值时间序列对比和评估

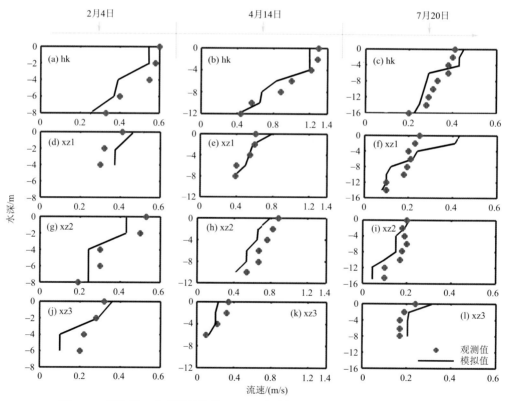

图 3-20　鄱阳湖三个观测日期的 ADCP 流速剖面与 3D 模拟流速剖面的比较

hk、xz1、xz2 和 xz3 位置见图 3-1

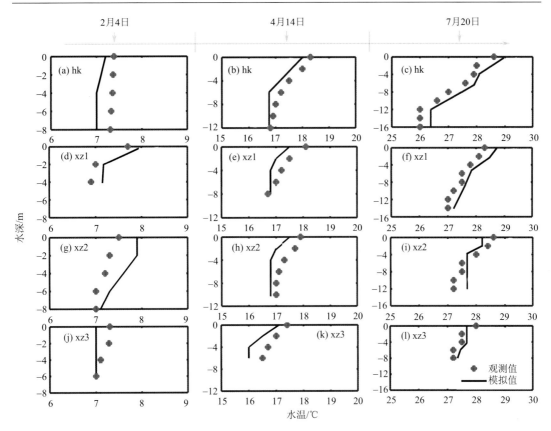

图 3-21　鄱阳湖三个观测日期的温度剖面与 3D 模拟温度剖面的比较

hk、xz1、xz2 和 xz3 位置见图 3-1

拟上同样存在一定的低估和高估现象，水温模拟偏差可达 1 ℃，尤其是在湖泊的表层和底层。通过夏季的几个观测剖面（如 7 月 20 日），本次构建的 3D 水动力模型合理再现了湖泊分层（约 3～4 ℃）与温跃层的深度位置（水面以下约 6 m）。尽管 3D 模拟的湖泊分层程度似乎没有实际观测的明显（例如 7 月 20 日），但当前模拟可认为较好地重现季节性水温变化以及相关的混合与输运过程。上述分析不难得出，鄱阳湖水体在年内部分时期或者一些深水湖区存在不同程度的混合和分层状况，也足以表明 3D 洪泛水动力模型构建的重要意义和实际应用价值。

3.6　小　　结

鄱阳湖是我国最大的淡水湖泊，也是目前为数不多的大型通江湖泊之一，同时具有最为广泛的湖泊洪泛湿地。鄱阳湖具有高变幅的水位波动情势，造就了独特的湿地生消过程，在全球洪泛湖泊系统中极具独特性和代表性。但同时因外部来水条件季节性高度变异，以及自身湖区地形地貌复杂等多因素控制，湖泊洪泛水文水动力过程的定量刻画和精准模拟均面临着巨大挑战。

　　本章主要介绍了鄱阳湖洪泛系统的二维和三维水动力模型的构建与模拟精度评估，通过考虑流域上游五河来水、未控区间来水、湖区气象以及长江干流水情变化等条件，再现湖泊水位、流速、水面积和水温等关键水动力要素的动态变化过程。仅从水文角度而言，二维水动力模型具备足够的能力去捕捉该系统的一些基本过程，满足大部分的评估和应用需求。但从水环境水质角度而言，三维水动力模型的构建非常必要，能够合理模拟湖泊垂向水体的动力过程和水流格局以及温度表征，切实反映湖泊局部混合或分层的实际状况。模拟效果和总体精度上，本研究的水动力模型几乎理想再现了关键湖泊水情要素的季节性和空间性分布特征，包括一些代表性水文年和典型事件的影响，水位拟合精度基本达到 0.95 以上，水位误差基本小于 40 cm；流速模拟精度基本达到 0.80 以上，流速模拟误差约小于 0.2 m/s；表层水温模拟精度达到 0.95 以上，模拟误差约小于 2℃。鄱阳湖洪泛系统水动力模型的成功构建，为后续加深对湖泊洪泛过程现状的认识和理解提供极为重要手段和工具。

第 4 章　鄱阳湖洪泛系统地表水文水动力
过程与热稳定性模拟

4.1　引　　言

水文水动力过程不仅对河湖水量变化起着关键的调节作用，也直接参与了其一系列的物理、化学与生物过程。水文水动力研究在河湖洪泛系统中具有重要影响，即水文动态变化与过程改变将会给河湖洪泛系统的水质、水生态、水环境和生境状况带来难以想象的触发作用，甚至可导致生态系统结构与功能的退化与丧失。总之，水文水动力过程是深入理解河湖系统物质流和能量流的前提条件。

鄱阳湖独特的水文水动力条件影响了主湖区、洪泛区、河网水系以及碟形湖群等重要地貌单元的水情变化，复杂和动态的水动力过程则直接影响了湖区水环境状况、湿地生态系统以及湿地形成与演替等诸多方面。近些年来，受到变化环境下的流域和长江来水改变、流域气候变化、长江三峡工程以及湖区大范围采砂活动等多要素影响，湖区独特的水文节律和偏天然的水动力过程实际上已遭受系统内部和外部不同类型和频率的干扰，直接导致湖泊水深分布、流速场和温度场的响应变化。因此，鄱阳湖洪泛系统正面临着快速变化环境下逐步改变的水文问题。鉴于此，本章在鄱阳湖水动力模型构建和验证的基础上，主要围绕鄱阳湖关键水文水动力要素的时空特征与影响因素、湖泊热力学混合与分层、湖泊水量动态与换水能力等方面开展研究，从技术方法到模型实际应用，以期系统认识和理解鄱阳湖洪泛系统的水文水动力过程及其响应机制，为后续模型预测和生态环境评估等提供科学依据。

4.2　湖泊水文水动力要素模拟

4.2.1　湖泊水位与水深

如前所述，鄱阳湖水位在年内的空间格局上差异较为明显（图 4-1）。低枯水位季节，主要表现为空间水位梯度较大，水位总体呈南高北低、西高东低的分布趋势。例如 1 月（月平均水位约 7 m），除了湖泊主河道，大部分区域水深较浅，下游主河道洲滩区域基本呈出露状态，尤以湖区中西部区域的出露较为明显。低水位时期，空间水位总体分布格局呈：湖区南部水位>湖区东部湖湾区水位>湖区中下游水位>湖区最下游水位（湖口水道区），这种具有区域性的水位空间格局可能由湖盆地形决定，其主要发生在每年的 1~5 月。进入 6 月后，东西方向上的空间水位梯度几乎消失，但南北方向上的水位梯度仍然存在，该时期湖区中上游大部分区域水位（都昌以上）几乎保持一致，该时期的水位空间分布格局呈：湖区中上游水位>湖区下游水位。全湖区水位相对较高的 7、8 月

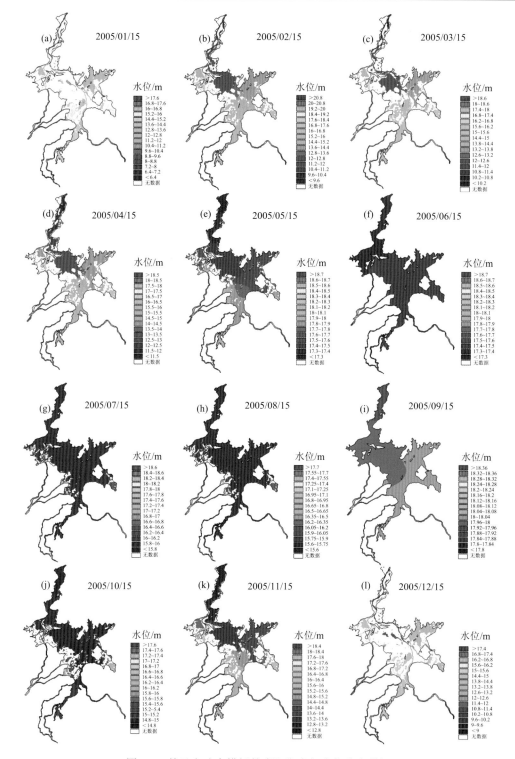

图 4-1　基于水动力模拟的鄱阳湖空间水位分布模拟

（月平均水位可达 18 m），整个湖泊保持着较高的水位，且整个湖区水面近似呈水平状，该时期的空间水位梯度不管是南北还是东西方向上，都不明显。9～10 月以后，湖区空间水位梯度便再次呈现出来，南北方向上的水位梯度十分明显。该时期的水位空间分布格局呈：湖区上游水位>湖区中下游水位，10 月的空间水位格局与 6 月呈现高度的相似性，因湖水加速排泄至长江，导致该时期湖泊水位整体偏低。11～12 月为湖泊水位下降幅度最大的季节，主要是因为长江干流水位偏低导致湖泊蓄量锐减，该时期的空间水位分布格局基本与 1～5 月相似。再则，在每年的 1～6 月，湖泊水位随着流域来水量的增多也逐步抬高，但该时间段都昌附近的水位由于其低洼的湖盆地形似乎增加得最为迅速或水位扩张最为明显（图 4-1）。5 月至 6 月为湖泊水位增长幅度最大的季节，主要是因为流域主汛期的高强度入湖径流所致；而水位下降最为迅速的季节主要出现在每年秋季，原因可能是长江干流洪峰过后顶托作用削弱，拉空作用增强，导致湖泊-长江水力梯度加大，进而水位急剧下降。

鄱阳湖水深分布与湖盆地形高程有关，通过模拟水位与底部高程的分布，可获取水深的时空动态分布特征（图 4-2）。总体上，鄱阳湖高洪水位时期的主河道水深可达到 16～18 m，洪泛区水深基本小于 4 m；低枯水位时期的河道水深大多低于 10 m，洪泛区水深相对较浅甚至呈出露状态，大部分地区的水深小于 2 m。

Richards-Baker Flashiness 指数（即 R-B 指数）通常可用来定量评估流量和水位的变化程度（Baker et al.，2004; Johnson and Padmanabhan, 2010; Ovando et al., 2018）。该指数对分析受人类活动影响明显（如大坝建设、土地利用变化）的水文系统有更加广泛的研究意义。在本章中，R-B 指数用来分析鄱阳湖洪泛系统的水文变异性。R-B 指数具体计算方法如下：

$$\text{R-B index} = \frac{\sum_{j=1}^{n}\left|h_j - h_{j-1}\right|}{\sum_{j=1}^{n}h_j} \tag{4-1}$$

式中，R-B 为表征洪水特征的计算指数；h_j 表示时间步长为 j 的水深；n 表示时间步长的总数。R-B 指数是一个介于 0～2 范围内的无量纲数。一般意义上，零值表示一个绝对稳定的水文状况，增加的 R-B 指数值表示更加倾向于波动和变异的水文情势。

基于上述计算，图 4-3 呈现了基于鄱阳湖洪泛系统水深时间序列的不同典型时期 R-B 指数。整个洪泛系统 R-B 指数的空间差异可表明空间尺度上相对复杂的分布模式。在 4 个典型水位期，洪泛区的 R-B 指数（可达 0.27）要明显高于主河道和其他区域的 R-B 值（小于 0.1）。这是因为鄱阳湖洪泛区在季节尺度上经历了高度动态的水位变化。此外，湖泊下游地区的 R-B 指数（如北部主河道）总体上高于整个湖泊上游 R-B 指数，很有可能是湖区下游地区更加容易受到长江干流水情的影响，进而增强水文情势的动态性。上述分析结果可为鄱阳湖洪水防治对策的制定等提供重要科学参考。

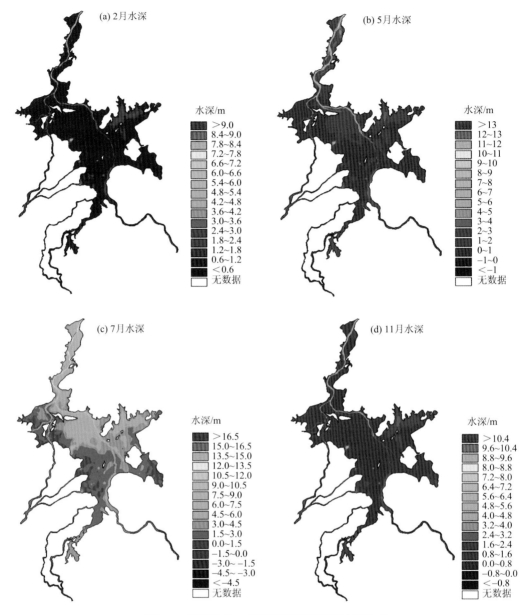

图 4-2　基于水动力模型的鄱阳湖空间水深分布

4.2.2　湖泊流速

　　鄱阳湖复杂的湖流特征是由多种因素影响而致，且流速相对水位来说，通常具有更敏感和显著的变化特征（图 4-4）。在年内变化上，鄱阳湖流速具有如下时空分布特征：①每年 1～5 月，湖区流速变化最为明显的区域位于湖泊主河道，流速随着流域来水的增加呈现由主河道向洪泛滩地逐步增加的趋势，但主河道的流速明显大于洪泛流速。这段时期，湖区流速场较为复杂，流速空间差异也非常明显。②同 1～5 月相比，6 月的空间

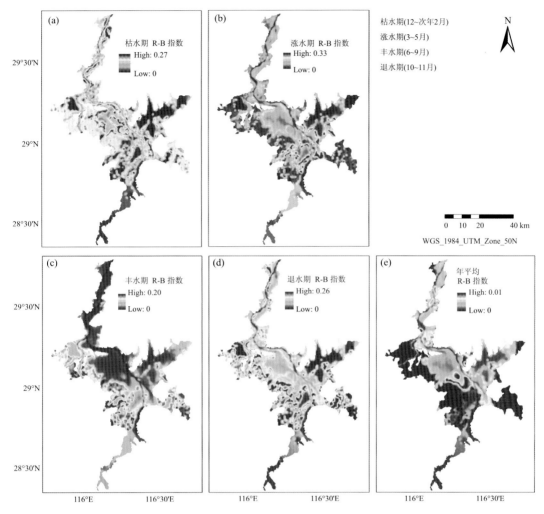

图 4-3　基于鄱阳湖水深序列的 R-B 指数空间分布

流速差异并不是很明显，但下游地区的流速要大于湖区中上游。③7~8 月高洪水位时期，流速空间差异相对较小，且整个湖区中部流速基本均一，但湖口水道区流速较中部相对较大。④9 月以后，随着湖水位的下降，湖区流速场特征及流速空间差异又呈现出低水位期的复杂流场特性。总体而言，从湖泊上游至下游，主河道的流速均明显大于洪泛洲滩流速，低水位时期的流速场特征较为复杂且流速空间差异显著，而高水位时期的流速空间差异有所减小。另外，东西方向上，流速从主河道至洪泛区呈递减趋势。南北方向上，湖区北部的流速要大于湖区中部和南部。

为进一步揭示鄱阳湖复杂的流速场特征，笔者选取典型时期的鄱阳湖流速场模拟结果开展分析（图 4-5）。①在鄱阳湖低枯水位期，大部分水流限制在湖泊主河道中且主河道的流速模拟结果可达 0.5 m/s，湖泊其他区域流速基本小于 0.02 m/s，甚至远离主河道的滩地流速为零，此时大面积洪泛洲滩出露。该时期，水流流向自南向北，与主河道走

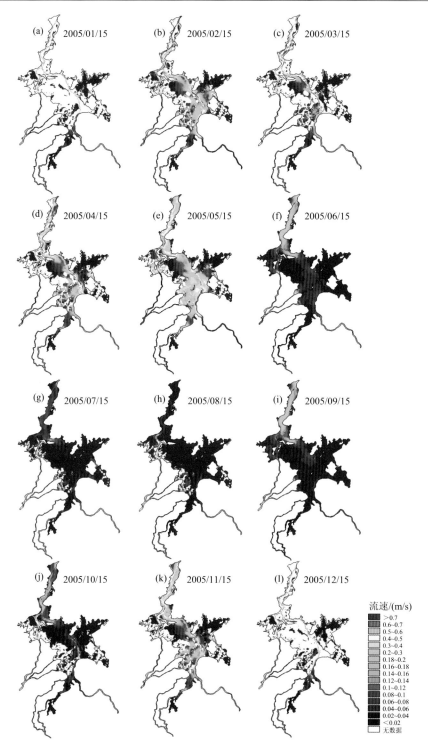

图 4-4　基于水动力模拟的鄱阳湖空间流速分布模拟

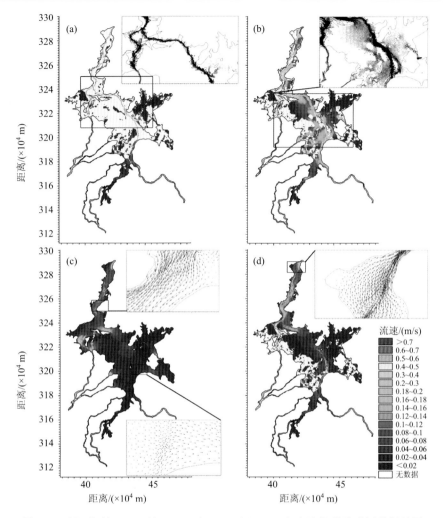

图 4-5　鄱阳湖枯（a）、涨（b）、丰（c）、退（d）水文阶段的流速场模拟结果

向基本一致并指向北部湖口方向，大部分水流沿着湖区主河道向下游长江排泄，鄱阳湖主要呈现其"河流"特性。②水位上涨期，湖区最大模拟流速主要出现在主河道的下游地区，流速可达 0.7 m/s。此外，大部分水流沿着主河道从上游至下游湖口方向流动，但河道附近的平坦区域流速较为复杂且呈现高度的非稳定性，例如滩地的平均流速基本小于 0.1 m/s，水流流向复杂多变。还可以发现，主河道北部接近入江水道的流速明显大于湖区中部和南部，入江水道附近的滩地流速也明显大于湖区中部与南部的滩地流速，例如，东北湖湾区的流速基本小于 0.02 m/s。③高洪水位时期，整个湖区流速明显降低，此时的鄱阳湖主要呈"湖泊"特性，且观察到一些湖湾区有环流或漩涡的出现（图 4-6）。该时期湖区流速模拟结果基本小于 0.1 m/s，明显低于枯水期和上涨期的平均流速。该时期流速空间差异主要表现为湖口通道处及五河河口处流速相对较大（可达 0.7 m/s 或更大），湖泊中游地区流速次之（约 0.1 m/s），而湖区上游大部分区域流速最小（小于 0.02 m/s）。④退水期，受江湖关系影响，主要特点是湖泊主河道流速相对较快，迅速向长江排泄。

综上分析，鄱阳湖洪泛系统的流速年内变化范围约为 0～0.9 m/s，但一些主河道等深水区（例如北部入江通道）的流速会更大（图 4-7）。

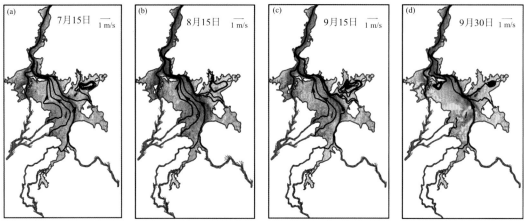

图 4-6　鄱阳湖丰水期典型时段的流速场变化情况

蓝色箭头表示流速矢量，黑色箭头表示生成的流线

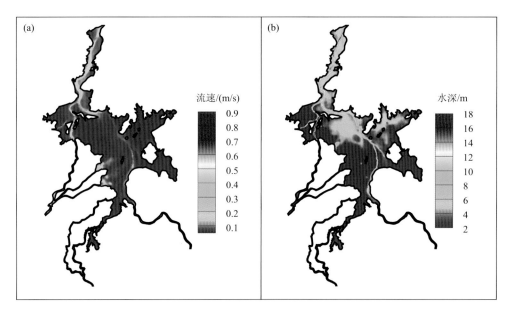

图 4-7　鄱阳湖平均流速与水深的空间分布对照

4.2.3　湖泊水面积

受水位变化影响，鄱阳湖水面积的季节性差异也尤为明显。鄱阳湖主湖区的水面积年内变化范围主要在 800～3200 km² 之间（不包括周边一些滞洪区水体等）。正常年份下，枯水期的水面积基本小于 1000 km²，涨水期的水面积在 2000 km² 左右，洪水期水面积总体上超过 3000 km²，而退水期水面积同样维持在 2000 km² 左右。空间上，鄱阳湖水面积主要包括以河道为主的永久性水体以及洪泛区内的碟形湖水体等（图 4-8）。

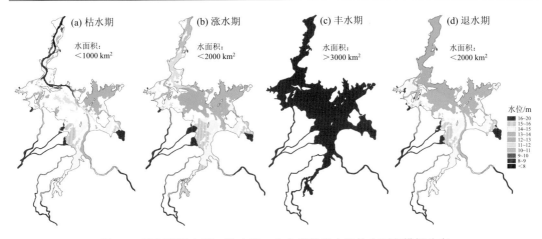

图 4-8　鄱阳湖枯水期、涨水期、丰水期和退水期的水面积模拟分布

4.2.4　湖泊水温

湖区水温及其空间分布对水环境水质和水生态系统演变等具有重要指示意义。通过图 4-9 可知，鄱阳湖的最低水温出现在 1 月，约 3.2℃，而最高水温出现在 8 月，达到 33.8℃。平均意义上，湖水温度年内变化范围为 3～35℃。此外可见，鄱阳湖水温从 1 月到 8 月呈明显上升趋势，然后在 12 月下降到 9℃左右，表明水温随着外界大气温度的变化具有明显的季节动态性。湖区空间上的水温差异在 4 月达到峰值，最大的空间差异高达 20℃，而空间差异在 7 月降至最小（约 4℃）。然而，夏季湖水温度的空间变异性较大，而冬季湖水温度的空间变异性较小。此外，夏季月份的高空间变异性也反映了湖泊主河道、洪泛区等水体因水深差异明显，对外部暖湿空气产生不同响应。图 4-10 进一步绘制了鄱阳湖季节性水温空间分布。平均水温从夏季 29.1℃降至冬季 7.7℃。在不同的季节，高水温总体上分布在湖泊的一些浅水区域，并且在湖泊主河道和靠近湖岸线的河流入口处观察到相对较低的水温，尤其是在夏季。尽管季节尺度上水温的时空变异程度存在显著差异，但水温分布在空间格局上表现出很好的相似性。从分布格局上，整个鄱阳湖的水温分布相对复杂，可大致分为 3 个不同的水温区：湖岸线周边（水深<1 m）、洪泛区（水深<6 m）和主河道（水深>8 m），表明湖泊水温和水深两者关系密切。

4.2.5　水温敏感性分析

本节通过湖区一些关键气象参数和外部入流温度的敏感性测试来揭示湖区水温的空间响应特征（表 4-1）。大气温度（AT）和河流温度（RT）变化幅度较大且存在正负值，因此采用增加或者减小温度的方式开展敏感性分析。云覆盖（CC）和相对湿度（RH）则通过乘以一个因子的方式来开展测试，但其最大值不能超过理论值 100%。风速（WS）、降雨（PCP）和蒸发（EA）同样采取乘以因子的方式来获取测试序列。为了保证测试分析的合理性，辐射数据（SR）通过加上和减去观测序列 50%分位数的方式开展分析，以避免导致过高或者过低的数值产生。因此，上述参数修改反映了观测数据的 2%～5%偏差（表 4-1）。

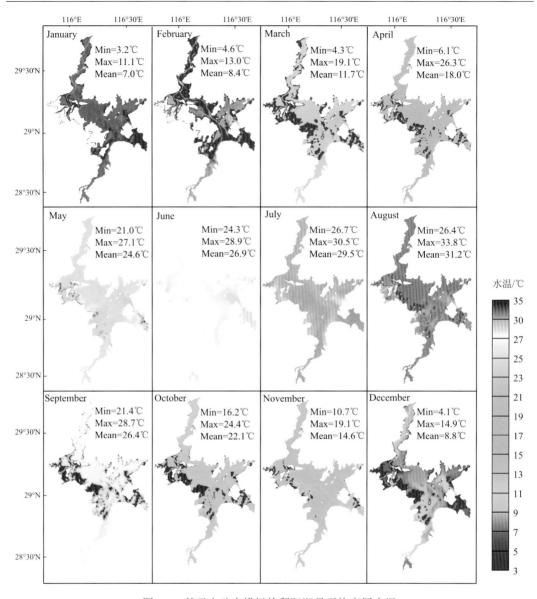

图 4-9　基于水动力模拟的鄱阳湖月平均表层水温

　　基于上述参数测试方案，本书的敏感性计算方法如下：

$$水温变化 = \frac{1}{N}\sum_{i=1}^{N}|输出-基准| \qquad (4\text{-}2)$$

式中，N 表示敏感性分析的参数方案数目（例如本书中 N=4）。通过水动力模型所有网格的计算结果，便可获得平均水温在空间上的响应特征。

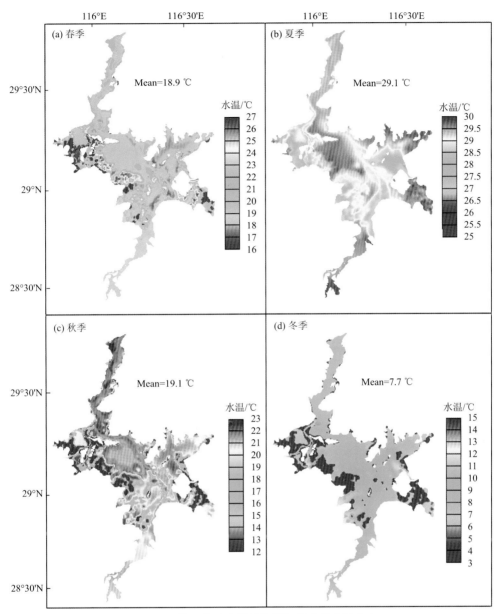

图 4-10　基于水动力模拟的鄱阳湖季节水温分布

表 4-1　参数敏感性分析方案

参数/单位	参数变化方案				理论值	
	增加		减小		最小值	最大值
AT/℃	+1.0	+2.0	−1.0	−2.0	−∞	+∞
CC/%	×1.05	×1.10	×0.95	×0.90	0	100
RH/%	×1.05	×1.10	×0.95	×0.90	0	100
SR/（W/m²）	+19.44	+48.6	−19.44	−48.6	0	+∞
WS/（m/s）	×1.2	×1.5	×0.80	×0.50	0	+∞

续表

参数/单位	参数变化方案				理论值	
	增加		减小		最小值	最大值
PCP/mm	×1.05	×1.10	×0.95	×0.90	0	+∞
EA/mm	×1.05	×1.10	×0.95	×0.90	0	+∞
RT/℃	+1.0	+2.0	−1.0	−2.0	-∞	+∞

敏感性分析表明（图4-11），大气温度（AT）如果变化1℃和2℃，将会明显增加湖区水温的变化，但湖泊主河道水温变化要弱于其他区域；云覆盖（CC）的变化将会使得湖区水温增加（约 0.1～0.6℃），但湖区空间水温差异较小；相对湿度（RH）测试结果与 CC 基本相似，但其对湖区水温的影响要更加明显，即大部分湖区的水温增加值可达0.5℃；太阳辐射（SR）和风速（WS）对水温的空间影响较为相似，但辐射的影响程度要更加显著；与 SR 和 WS 等气象变量的影响相比，降雨（PCP）和蒸发（EA）对空间水温的影响相对较弱；入湖河流对湖区空间水温的影响，总体上从入湖口向湖区中心逐步减弱，即随着距河流入口的距离增加而影响减小。

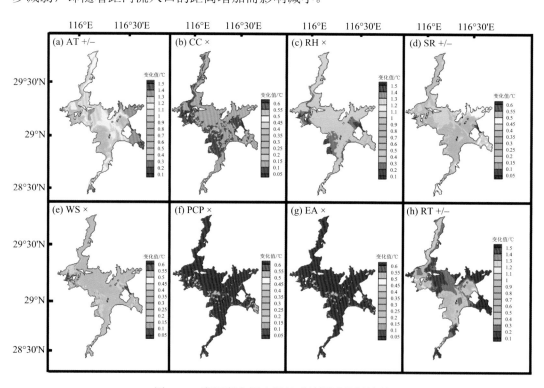

图 4-11　鄱阳湖空间水温敏感性测试分析结果

影响湖泊水温的主要因素包括：气象条件、地形地貌、边界河流输入和流量输出等。通过本研究获取的基础观测数据，采用逐步回归模型分析鄱阳湖水温的主要影响因素。结果表明，气温、太阳辐射和入流水温对湖区水温的影响（$P<0.05$）比其他因素更为显

著（图 4-12）。

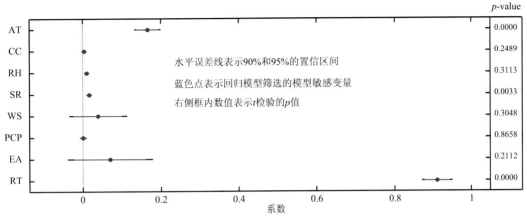

图 4-12　基于逐步回归模型的鄱阳湖水温影响因子分析

4.3　湖泊水量平衡分析

因鄱阳湖洪泛系统高度开放，周边河网水系较为发达，加上地面观测资料有限，湖泊水量平衡分析具有一定的难度。该湖泊洪泛系统包括降雨、蒸发、流域入湖来水、湖泊出流、地下水等多个水量平衡组分，本书综合采用站点观测、水力学计算、遥感手段和水动力模型等技术方法，通过湖泊水量平衡模型的构建，分析该洪泛系统水量平衡组分的变化及其相对贡献。具体组分及其计算方法参见图 4-13 和 Li 等（2020a）。

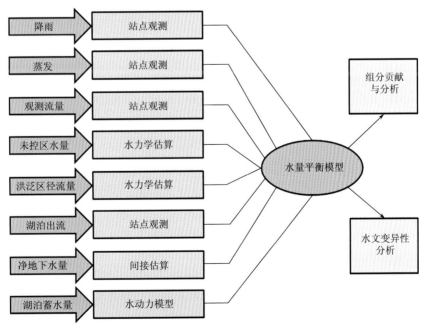

图 4-13　鄱阳湖洪泛系统水量平衡分析流程图

4.3.1 水量平衡组分计算方法

1. 水量平衡模型

鄱阳湖洪泛系统的日水量平衡模型可用如下公式表达（所有组分单位均为 m^3/d）：

$$\frac{dv}{dt} = Q_{River} + Q_{Ungauged} + P_{Lake} + Q_{Floodplain} - E_{Lake} \pm Q_{Outflow} + Q_{Gwin} - Q_{Gwout} \quad (4\text{-}3)$$

式中，v 表示湖泊蓄水量，dv/dt 表示湖泊蓄水量的时间变化；Q_{River} 表示观测的流域河流入流量；$Q_{Ungauged}$ 表示未控区间的入湖水量；P_{Lake} 表示湖区面降雨；E_{Lake} 表示蒸发；$Q_{Floodplain}$ 表示洪泛区滩地的坡面径流；$Q_{Outflow}$ 表示湖泊出流或长江的倒灌水量（$Q_{Backflow}$）；Q_{Gwin} 和 Q_{Gwout} 分别代表地下水的入流和出流，通常不能够被直接观测。因此，为便于计算，净地下水交换量 Q_{Gw} 可定义为

$$Q_{Gw}=Q_{Gwin}-Q_{Gwout} \quad (4\text{-}4)$$

在鄱阳湖洪泛系统中，大多数植被在 6～9 月通常被洪水淹没，并在 10 月至次年 2 月逐渐死亡。植被生长和相关蒸散主要发生在春季（即 3～5 月），该季节这些植被很大程度上从洪泛区滩地的土壤中吸收水分。鉴于此，植被蒸散对水量平衡的影响可能极为有限，在当前的湖泊水量平衡模型中被忽略。另外本书中，计算了 2014 年 1 月至 2014 年 12 月期间的逐日水量平衡。基于资料分析，2014 年的水文气象参数没有表现出异常的干旱和洪水现象，可以用来反映鄱阳湖洪泛系统的一般状况。

2. 湖泊水面积和蓄水量

水动力模型用于生成鄱阳湖水位/深度和水面积（即洪泛区 A_f）的时空变化。水动力模型通过每个网格的水面积乘以所有湿单元的水深来估算湖泊总储水量（V）。

3. 流域入湖水量和湖泊出流量

流域入湖水量包括五河观测站以上来水和未控区间来水两部分。五河观测站以上来水 Q_{River} 根据前文所述的已有水文观测进行累加计算，而未控区间的入湖水量则根据如下公式计算：

$$Q_{Ungauged} = \left(A_{Ungauged} / A_{Catchment} \right) \cdot Q_{River} \quad (4\text{-}5)$$

式中，$A_{Ungauged}$ 代表未控区的总面积；$A_{Catchment}$ 代表五河流域的总面积。采用 ArcGIS 软件，面积可从高程地形图中获取，得到 $A_{Ungauged}$ 与 $A_{Catchment}$ 的比值为 0.155。

鄱阳湖的出流量 $Q_{Outflow}$ 主要根据湖口站观测资料进行计算。需要注意的是，在湖泊水量平衡计算时，需考虑长江倒灌水量的影响，这部分水量（$Q_{Backflow}$）通常不可忽略。

4. 湖泊降雨和蒸发

基于鄱阳湖常规站点的已有观测资料，湖区表面的日降雨和蒸发量可通过以下两个公式进行估算：

$$P_{\text{Lake}} = \text{precipitation} \cdot A_{\text{f}} \tag{4-6}$$

$$E_{\text{Lake}} = \text{evaporation} \cdot A_{\text{f}} \tag{4-7}$$

式中，precipitation 和 evaporation 分别表示观测的降雨和蒸发皿数据。

5. 湖泊洪泛区坡面径流

鄱阳湖洪泛区的季节性干湿交替导致原位监测较难，因此直接测定洪泛区坡面径流状况往往不切实际。本书借鉴国际上其他洪泛区的计算方法，将洪泛区地表径流按如下方法进行合理估算：

$$Q_{\text{Floodplain}} = \text{precipitation} \cdot k \cdot A_{\text{nf}} / A_{\text{f}} \tag{4-8}$$

式中，$Q_{\text{Floodplain}}$ 代表洪泛区坡面径流量；A_{nf} 代表非洪泛区的实际面积；k 为坡面径流系数；这里取经验值 0.5，该值要略低于流域的平均径流系数，主要考虑了洪泛区大面积植被分布对产流形成的影响。

6. 湖泊-地下水交换量

在研究区内，湖泊-地下水相互作用包括高水位期间湖泊与周边流域地下水之间的交换，以及低水位期间湖泊与其周边洪泛区地下水之间的交换。在没有现场测量的情况下，本书采用净地下交换量（即 Q_{Gw}）来表示湖泊-地下水之间交互作用。尽管难以直接去解释净地下水交换量的真正状态，但从系统角度来看，Q_{Gw} 的正值代表地下水可能补给湖泊（即 $Q_{\text{Gwin}} > Q_{\text{Gwout}}$），负值代表湖泊可能补给地下水（即 $Q_{\text{Gwin}} < Q_{\text{Gwout}}$）。

4.3.2　水量平衡组分动态变化

1. 流域和未控区入湖水量

流域入湖径流是鄱阳湖洪水脉冲的一个重要组成部分。以 2014 年为例，图 4-14 描绘了鄱阳湖五河流域和未控区间入湖径流的日动态变化过程。研究发现，对于站点控制的五河流域，日径流量变化范围为 $8 \times 10^7 \sim 245 \times 10^7$ m³/d。对于无站点控制的未控区间，可见日径流量变化范围介于 $1.0 \times 10^7 \sim 45 \times 10^7$ m³/d 之间。如前所述，未控区间入湖的年总径流量约占流域入流的 15.5%。五河流域和未控区间的最大日径流量均出现在 6 月下旬，而较低的日径流量出现在秋末和冬季（即 10 月至次年 2 月）。通过图 4-14 可见，整个流域约 54% 的年入湖总径流量发生在雨季（即 5 月至 7 月）。

2. 降雨和蒸发

计算结果表明，湖水表面的直接降水量和蒸发量在时间上表现出很高的变异性，即两者均呈现出非常明显的季节性动态变化（图 4-15）。鄱阳湖日降水量变化范围为 $0 \sim 180 \times 10^6$ m³/d，且平均值约为 12×10^6 m³/d，而湖泊日蒸发量变化基本介于 $10 \times 10^6 \sim 25 \times 10^6$ m³/d 之间。此外，日降水量和蒸发量的最高值分别出现在 6 月初和 8 月，而最低值主要出现在秋冬等干旱月份（即 11 月至次年 2 月），这很可能是受该地区气候综合影响的结果。

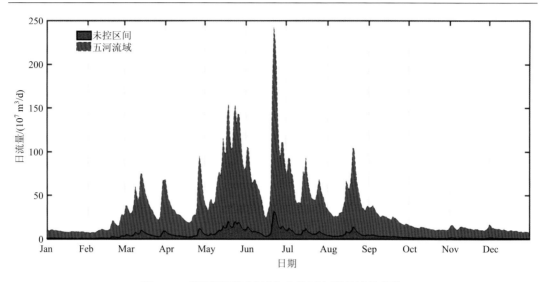

图 4-14   鄱阳湖五河流域和未控区入湖径流量变化

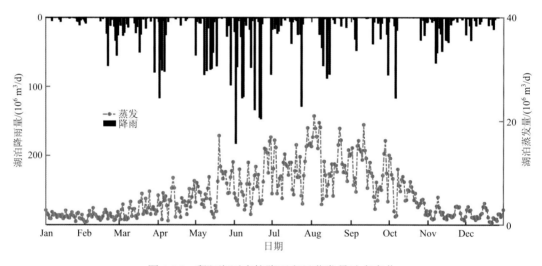

图 4-15   鄱阳湖区直接降雨和日蒸发量动态变化

3. 湖泊水面积和蓄水量

图 4-16 为基于水动力模型的鄱阳湖水面积和蓄水量日序列变化动态曲线。模拟结果表明，从冬季月份（分别为～1200 km^2 和～20×10^8 m^3/d；12 月至 2 月）到夏季月份（分别为～3200 km^2 和 163×10^8 m^3/d；6 月至 7 月），日平均湖泊水面积和蓄水量先增加然后开始减小，直至 10 月底左右（分别为～1800 km^2 和～25×10^8 m^3/d）。值得注意的是，由于该洪泛湖泊系统内部的水深动态，相对稳定的水面积变化在夏季会产生明显的湖泊蓄水量变化（图 4-16）。

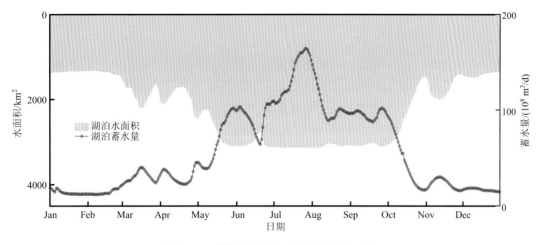

图 4-16　鄱阳湖水面积和蓄水量动态变化

4. 洪泛区坡面径流和出流量

以往分析中，通常忽略通过鄱阳湖洪泛区汇入主湖区的坡面径流量，但这部分水量可能是湖泊水量平衡中一个未知的重要组成部分。本研究得出，洪泛区的日坡面径流量变化范围约 $0\sim400\times10^6$ m^3/d，统计得出其平均值约为 1.8×10^6 m^3/d（图 4-17）。根据降雨-径流估算的基本原理，洪泛区坡面径流与其面积呈明显的正相关关系。也就是说，约 90%的洪泛区径流发生在湖泊低枯水位期和涨水期（11 月至次年 5 月），而 10%的坡面径流则发生在一年中的其他月份。另外，湖泊出流量是判别鄱阳湖与长江之间交互作用的重要指示。结果发现，一年中约 97%的时间里，鄱阳湖则通过湖口以排泄至长江为主，且出流量介于 $0.1\times10^8\sim10.7\times10^8$ m^3/d 之间，7 月和 9 月（即一年中约 3%的时间）则偶尔可观察到长江水倒灌鄱阳湖现象。

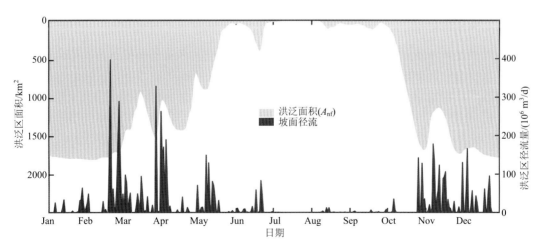

图 4-17　鄱阳湖洪泛区面积和坡面径流量动态变化

5. 净地下水交换量

在冬季和春季，湖泊表现出明显的水量接受状态（即 Q_{Gw} 为正值），净交换量高达 $3×10^8$ m³/d，即地下水可能以向湖泊排泄为主；在夏季和秋季，结果表明湖泊出现连续的水量损失（即 Q_{Gw} 为负值），净交换量为 $3×10^7$~$7.5×10^8$ m³/d，即从湖泊以补给周边地下水系统为主（图 4-18）。值得注意的是，就湖泊-地下水之间的净交换量变化幅度来说，湖泊平均排泄水量可能是湖泊接受补给水量的 4 倍左右，表明湖泊-地下水相互作用是影响湖泊水量平衡的一个不可忽略的组分。因此，湖水和周边地下水之间似乎存在相当大的水力梯度和水交换量。

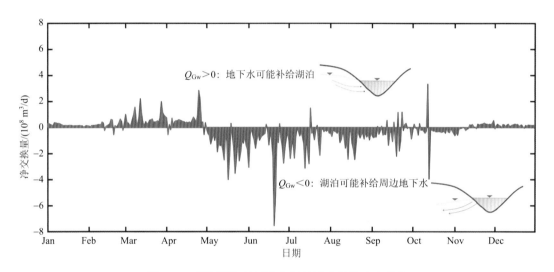

图 4-18　鄱阳湖与地下水之间的净交换量动态变化

4.3.3　水量平衡分析

通过上述各项水量平衡组分的分析计算，现将鄱阳湖水量平衡信息汇总如表 4-2 所示。年尺度上，鄱阳湖水量的 91.2%来自上游五河流域（79.0%）和未控区间（12.2%）的叠加输入。湖面直接降水输入大约贡献了湖泊水量的 3.0%，而其余 1.2%来自洪泛区坡面径流（0.5%）以及长江的倒灌水量（0.7%）。本研究年份，净地下水补给量（即 $Q_{Gw}>0$）约占湖泊总入流量的 4.6%。此外，约 86.9%的湖泊水量损失通过湖口排泄至长江，湖面蒸发损失估计约占 1.5%，净地下水排泄量（即 $Q_{Gw}<0$）约占湖泊年总流出量的 11.6%。上述分析表明，流域来水和湖泊出流是影响鄱阳湖水量动态的关键要素，其次是地下水对湖泊水量的贡献作用（图 4-19），但地下水-湖泊之间的补给或排泄量仍需进一步定量区分。

表 4-2　鄱阳湖水量平衡组分表　　　　　　（单位：10^8 m^3/a）

收入组分	Q_{River}	$Q_{Ungauged}$	$Q_{Floodplain}$	P_{Lake}	$Q_{Backflow}$	Q_{Gw}（净入流）	总量
占总水量比值	1180	183	6.6	44.9	10.7	68.9	1494.1
	79.0%	12.2%	0.5%	3.0%	0.7%	4.6%	
支出组分	E_{Lake}	Q_{Gw}（净出流）	$Q_{Outflow}$	总量			
占总水量比值	21.3	161.5	1210	1392.8			
	1.5%	11.6%	86.9%				

注：Q_{River}—五河流域水量；$Q_{Ungauged}$—未控区入湖水量；$Q_{Floodplain}$—洪泛区坡面径流量；P_{Lake}—湖面直接降水量；$Q_{Backflow}$—倒灌量；E_{Lake}—湖面蒸发量；Q_{Gw}—湖泊-地下水净交换量；$Q_{Outflow}$—湖泊出流量。

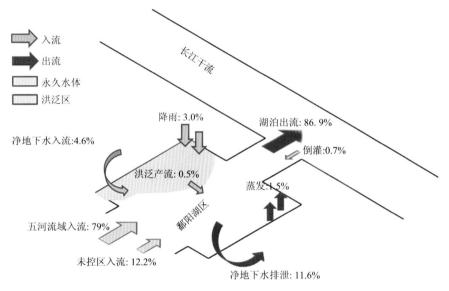

图 4-19　鄱阳湖水量收支项的相对贡献示意图

4.4　湖泊热力学行为模拟

对于地表等河湖水体的混合或分层研究，除了水温、流速等现场观测手段以外，还可通过一些评估指数来定量描述水体垂向结构和稳定性特征。本小节主要介绍湖泊混合和分层研究的一些热力学评估指数及其计算方法。

4.4.1　热力学分层指数与计算方法

1. 等温层（thermocline depth）

水体密度（ρ）主要与温度和盐度有关，具体见下文计算公式。对于水体从表面到底部共计 k 层的监测，即 $i=1,2,\cdots,k-1$，计算方法为

$$\frac{\partial \rho}{\partial Z_{i\Delta}} = \frac{\rho_{i+1} - \rho_i}{Z_{i+1} - Z_i} \tag{4-9}$$

式中，$Z_{i\Delta} = (Z_{i+1} + Z_i)/2$，这里 $Z_{i\Delta}$ 表示监测点 i 和 $i+1$ 的中点深度。当 $i=\xi$ 成立时 $\dfrac{\partial \rho}{\partial Z_{i\Delta}}$ 最大值出现，密度变化的最大真实水深 Z_T 很有可能发生在两个不同水深的边界处，在此界面对监测断面进行空间离散 $Z_\xi < Z_T < Z_{\xi+1}$。通过对最大计算密度变化值和相邻计算域之间的差异程度进行权重分析，可采用一种提高的优化计算，即假定：$Z_T = Z_{\xi\Delta}$。

$$Z_T = Z_{\xi+1}\left(\frac{\Delta_{\rho+1}}{\Delta_{\rho-1} + \Delta_{\rho+1}}\right) + Z_\xi\left(\frac{\Delta_{\rho-1}}{\Delta_{\rho-1} + \Delta_{\rho+1}}\right) \tag{4-10}$$

式中，$\left(Z_{\xi\Delta+1} - Z_{\xi\Delta}\right)\Big/\left(\dfrac{\partial \rho}{\partial Z_{\Delta\xi}} - \dfrac{\partial \rho}{\partial Z_{\Delta\xi+1}}\right)$ 已经被简化写为 $\Delta_{\rho+1}$；$\left(Z_{\xi\Delta} - Z_{\xi\Delta-1}\right)\Big/$ $\left(\dfrac{\partial \rho}{\partial Z_{\Delta\xi}} - \dfrac{\partial \rho}{\partial Z_{\Delta\xi-1}}\right)$ 已经被简化写为 $\Delta_{\rho-1}$。

2. 混合层深度（mixed layer depth）

混合层的近似深度可在 i 到 $i+1$ 之间进行插值（其中，$\dfrac{\partial \rho}{\partial Z_{\Delta\xi}} \leqslant \delta_{\min}$），得到 Z_e（参照水体表层深度）：

$$Z_e = Z_{i\Delta} + \left(\delta_{\min} - \frac{\partial \rho}{\partial Z_{i\Delta}}\right)\frac{Z_{i\Delta} - Z_{i\Delta+1}}{\dfrac{\partial \rho}{\partial Z_{i\Delta}} - \dfrac{\partial \rho}{\partial Z_{i\Delta+1}}} \tag{4-11}$$

对于从水体表层至底层进行剖面离散，当 $\dfrac{\partial \rho}{\partial Z_{\Delta\xi}} \leqslant \delta_{\min}$ 时，在 $i-1$ 到 i 之间进行插值，可近似得到其理论水深：

$$Z_h = Z_{i\Delta-1} + \left(\delta_{\min} - \frac{\partial \rho}{\partial Z_{i\Delta-1}}\right)\frac{Z_{i\Delta} - Z_{i\Delta-1}}{\dfrac{\partial \rho}{\partial Z_{i\Delta}} - \dfrac{\partial \rho}{\partial Z_{i\Delta-1}}} \tag{4-12}$$

3. 施密特稳定性指数（Schmidt stability）

施密特指数定义为由于水柱分层固有势能而产生的机械混合阻力,单位为 J/m²（Idos, 1973）。施密特稳定性函数已被广泛用于评估水体的热分层强度，并发现稳定性指数的变化范围一般介于 0～5784 J/m² 之间（Read et al., 2011）。施密特指数是对水柱稳定性的一种衡量，表明将湖泊混合到等温状态所需的工作量或能量。零值表示水柱是等温的，最大值表示水柱分层最强烈。施密特稳定性指数的计算方法可表示为

$$S = \frac{g}{A_0}\int_{z_0}^{z_m} A_z\left(z - z^*\right)\left(\rho_z - \rho^*\right)\mathrm{d}z \tag{4-13}$$

式中，A_0 代表湖泊水体面积（m²）；A_z 代表深度 z 处的湖泊水面积（m²）；ρ_z 代表水温

在深度 z 处的对应水体密度（kg/m^3）；ρ^* 代表基于体积加权的水柱平均密度；z^* 表示平均密度发生时所在深度；dz 代表深度间隔；g 表示重力加速度（m/s^2）；ρ_T 代表特定温度 T（℃）条件下的水体密度。在地表淡水系统里，通常可以忽略盐度对水体密度的影响，那么，在某一温度变化时水体密度可以通过如下公式来计算（Martin and McCutcheon, 1999）：

$$\rho_T = 1000 \cdot \left[1 - \frac{T + 288.9414}{508929.2(T + 68.12963)}(T - 3.9863)^2 \right] \tag{4-14}$$

4. Wedderburn 指数

$$W = \frac{g'Z_e^2}{u^{*2}L_s} \tag{4-15}$$

式中，$g' = g \cdot \Delta\rho / \rho_h$ 表示由于表层（ρ_e）和底层（ρ_h）之间密度差所引起的重力下降；Z_e 表示混合层深度基准；L_s 表示湖泊长度；u^* 表示水体表面由于风场影响的剪切流速大小。

5. 湖泊数（L_N）

$$L_N = \frac{S_T(Z_e + Z_h)}{2\rho_h u^{*2} A_s^{1/2} Z_v} \tag{4-16}$$

式中，Z_e 和 Z_h 分别代表过渡层（湖体中间层）的上部水深和底层水深；A_s 代表湖泊水面积。

6. 紊流速度（u_*）

$$u_* = \sqrt{\tau_w / \rho_e} \tag{4-17}$$

式中，ρ_e 表示表层水平均密度；τ_w 代表风在水体表面的应力。

7. Buoyancy 浮力频次（N^2）

$$N^2 = \frac{g}{\rho}\frac{\partial\rho}{\partial z} \tag{4-18}$$

式中，N^2 代表垂向水体的局部稳定性，基于密度梯度来计算 $\frac{\partial\rho}{\partial z}$。

8. 理查森层数（Ri_L）

理查森层数（无量纲）的物理解释可用于识别湖泊混合、部分混合/分层和分层。经典的理查森层数与水位、速度和密度等水动力关键变量有关，计算方法表示如下（Bowden, 1978）：

$$Ri_L(t) = \frac{g \cdot H(t) \cdot \Delta\rho(t)}{\overline{\rho}(t) \cdot (\overline{u}(t)^2)} \tag{4-19}$$

式中，t 代表时间；$H(t)$ 代表水柱深度；$\Delta\rho(t)$ 表示水体底部和表层的密度差，表示基于深度平均的水体垂向密度；$\bar{u}(t)$ 表示基于深度平均的垂向流速。理查森层数提供了一个合理的阈值去方便评估水柱的稳定性（Dyer and New, 1986）。即，如果 $Ri_L > 20$，表明水柱存在分层现象；如果 $2 < Ri_L < 20$，表明由于紊流所导致的部分混合或部分分层；如果 $Ri_L < 2$，表明水柱完全混合。

本研究利用鄱阳湖三维水动力模型的水深、流速、水温模拟结果，以及研究区风速、水位和水面积等数据，主要采用施密特稳定性指数和理查森层数两个参数来开展鄱阳湖洪泛系统的热力学状况分析，具体可参考 Li 等（2018）。

4.4.2　湖泊垂向热分层与混合

图 4-20 绘制了整个鄱阳湖春夏秋冬四个季节的施密特稳定性指数空间分布。①在春季，湖泊空间范围内的施密特稳定性指数呈现出较为明显的空间变异性，稳定性指数可达 130 J/m²。可见，湖泊中心区域可能会出现分层现象，尤其是在靠近主河道的东部湖湾区，而河口、洪泛区及湖泊北部河道可能是湖水混合区。②在夏季，施密特稳定性指数显示出较大的空间变异性，指数变化范围介于 4～1314 J/m² 之间。稳定性指数在空间上似乎反映了随经度变化的趋势特征，在湖泊中部和东部的大部分区域最有可能出现分层，此时指数值大于 600 J/m²。③尽管秋季和冬季的施密特稳定性指数表现出相对复杂的空间分布格局，但总体上表现出与春季和夏季类似的空间格局。上述分析总体表明，鄱阳湖夏季出现湖泊分层的可能性更大，且发生在湖区中部和东部一些深水湖湾区。

此外，图 4-21 进一步展示了鄱阳湖一些典型区域（如主河道、湖区中部、湖湾区和洪泛区）的垂向水温分布特征。结果表明，湖泊夏季水温剖面可能会呈现出更多分层现象，温差高达 4℃左右，而其他季节的垂向温差基本小于 1℃，分层的可能性较小。总的来看，鄱阳湖不同区域的垂向水温差异不是很明显。一般来说，最有可能发生热分层的是湖泊中部和东部湖湾，而完全或部分混合可能发生在其他湖区（如洪泛区和北部主河道）。值得注意的是，湖泊水位的季节变化与不同湖区的热稳定性变化规律非常相似，年内分布趋势较为一致。因此，湖泊水位（或水深）变化可能至少在一定程度上影响了季节尺度上热稳定性的空间格局。

图 4-22 为基于模拟温度剖面计算所得的鄱阳湖典型区域理查森层数动态变化结果。计算结果发现，在不同的湖区，冬季可观察到的理查森层数值通常较低，基本小于 2 或介于 2～20 之间，表明此时湖泊可能呈现完全混合（一年中约 70%的时间）或部分混合状态（一年中约 10%的时间）。虽然夏季和初秋计算的理查森层数值相对较大，且层数值通常大于 20，偶尔介于 2～20 之间，由此认为此时湖泊存在季节分层状况（一年中约20%的时间）。一般来说，鄱阳湖在冬季和春季是完全混合和部分混合的，而在夏季和秋季后期则主要表现为垂向分层。垂向分层覆盖区域在湖区中部和东部湖湾处最大（即层数值可高达 180），其中部分区域的强烈温差可高达约 4℃（如 IP2～IP3 和 IP3～IP4；图4-23）。由于鄱阳湖水流速度较快，湖泊主河道和浅水洪泛区域似乎完全混合，具有垂向近乎等温水柱，即垂向温差小于 1℃（如 IP1～IP2；图4-23）。上述结果表明，基于理查森层数的空间和时间模式通常与施密特稳定性的计算结果保持一致，也再次表明本书所

采用方法可用来很好反映鄱阳湖的热力学特征。

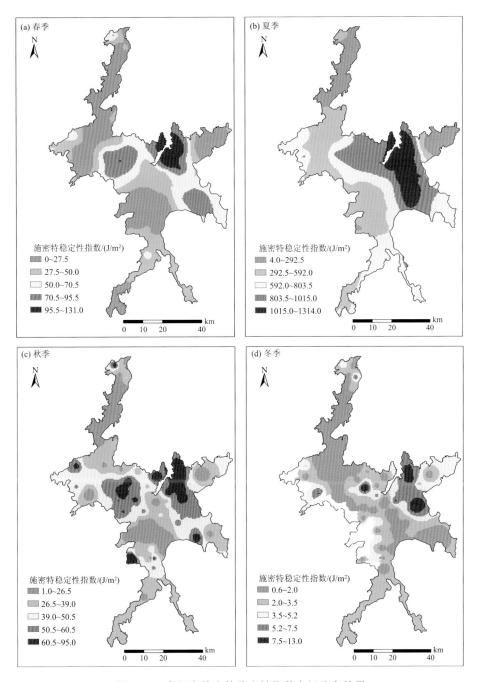

图 4-20　鄱阳湖施密特稳定性指数空间分布结果

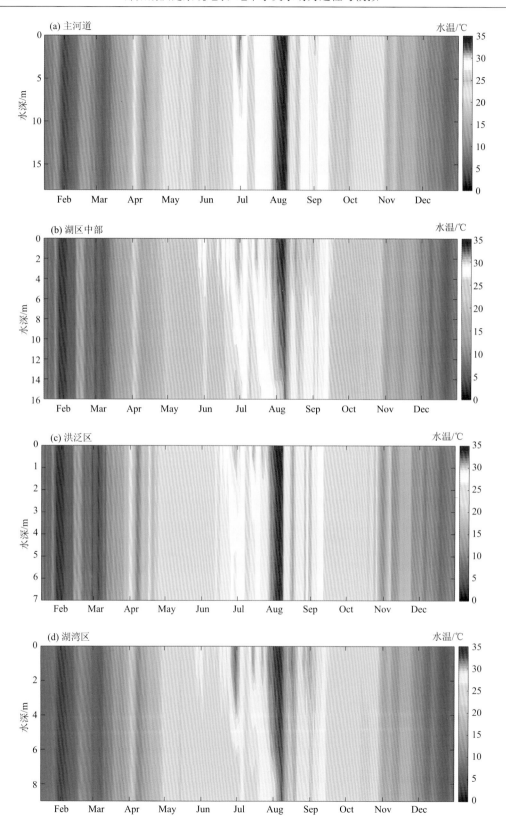

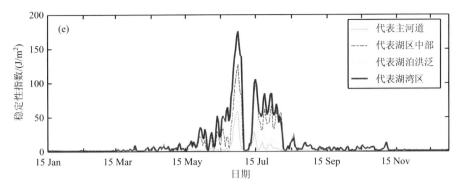

图 4-21 鄱阳湖典型区域的垂向水温分布（a～d）和施密特稳定性指数时序变化（e）

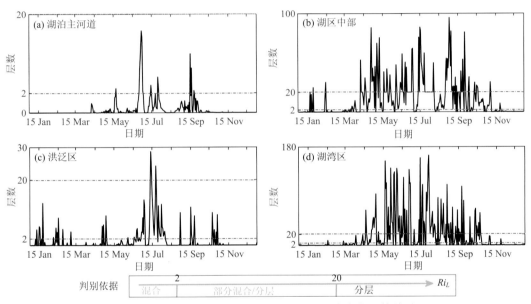

图 4-22 鄱阳湖不同水域的理查森层数时序变化计算结果

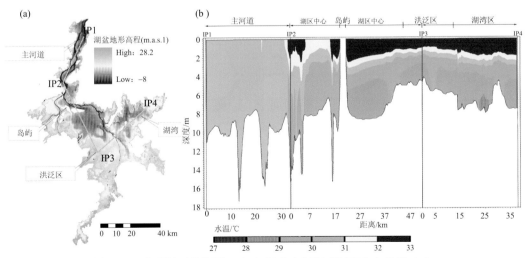

图 4-23 典型断面的位置（a）与相应水温深度剖面分布特征（b）

4.4.3 湖泊水体垂向混合和分层的原位调查分析

作者于 2015 年在鄱阳湖选择了两个典型水位期进行水体温度现场监测和氢氧同位素采样分析（图 4-24），分别是枯水期（2 月 4 日）和洪水期（7 月 20 日）。因为鄱阳湖水面积具有显著的季节性变化，所以监测断面的长度在不同水位期发生明显变化，断面上采样点的水平位置也随之发生变化。选择星子和湖口作为鄱阳湖北部湖区的两个代表性监测断面，采用加拿大 Solinst 公司 Levelogger 传感器（精度±0.05 ℃）进行断面上不同水平点位的水体剖面温度连续监测（监测频率 5 s），同时获取相应的水深和温度实时传输数据。湖泊水体氢氧稳定同位素样品（^{2}H 和 ^{18}O）采集主要在湖口、星子、都昌以及棠荫-康山断面上进行，其中，湖口和星子断面的同位素样品在深度上采集间隔约 1～2 m，采集点位与温度监测点保持一致，都昌和棠荫-康山断面的水体同位素样品采集间隔约 4 m。所有水样在采集后立即装入 50 mL 细颈塑料螺丝盖水样瓶中，且保持采样瓶内无气泡，立即用 parafilm 膜密封，装满并冷藏保存，共计采集样品 152 个，用于 ^{2}H 和 ^{18}O 稳定同位素测试分析。为了提供鄱阳湖地区大气降水同位素的背景资料，在星子站

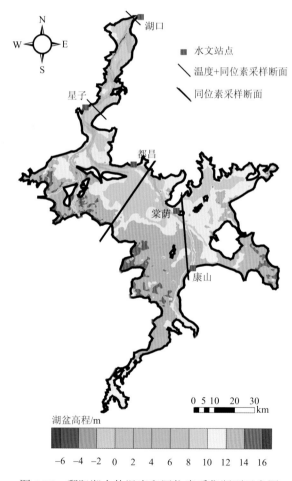

图 4-24 鄱阳湖水体温度和同位素采集断面示意图

周边湖区开展大气降水稳定氢氧同位素样品的收集，采集时间为 2014 年 3 月至 2015 年
3 月，共收集降水样品 57 个。为了探讨湖泊水体混合或分层与水环境因子深度变化特征
之间的联系，作者于 2015 年 8 月选择湖口、星子、都昌、棠荫和康山分别进行水体表层
（0.2 m 水深）、中间层（视水深而定）和底层的水样采集与分析（李云良等，2017b）。

　　水样的氢氧稳定同位素在中国科学院农业水资源国家重点实验室稳定同位素分析实
验室测定，采用基于波长扫描光腔衰荡光谱技术（WS-CRDS）的美国 Picarro L2120-i
液态水同位素分析仪，δ^2H 和 $\delta^{18}O$ 的分析精度分别为±0.2‰和±0.07‰。所有水样测定结
果均以 VSMOW（Vienna standard mean ocean water）为标准的千分偏差表示。湖泊悬
浮泥沙浓度在实验室采用常规的过滤称量法，测定泥沙含量，从而推求悬浮泥沙的浓度。
总氮和总磷采用实验室离子色谱仪进行测试分析，可实现总氮和总磷的快速、精确和稳
定检测。

　　图 4-25 和图 4-26 分别代表枯水期湖口和星子断面上不同采样点（以五角星表示，
下同）的水温和氢氧同位素垂向变化与分布特征。因为鄱阳湖具有典型的主河道和浅水
洪泛区，分别在湖口和星子断面选择了 4 个和 8 个水平方向上的采样点，采样点水深介
于 1～12 m。受外界气候影响较大，湖口和星子断面部分采样点在表层 2 m 水深内存在

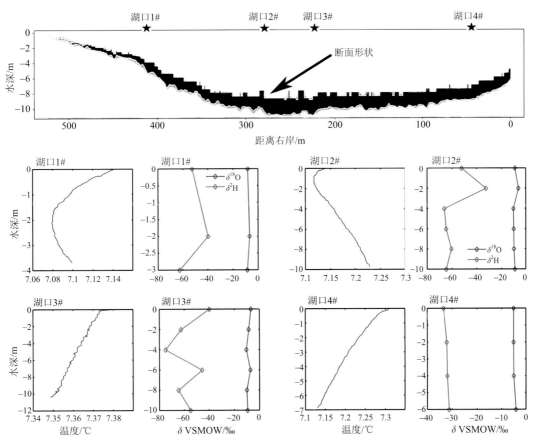

图 4-25　枯水期湖口断面水温和氢氧同位素垂向分布

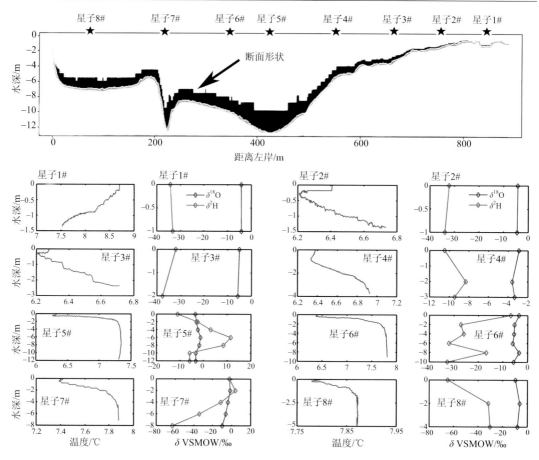

图 4-26　枯水期星子断面水温和氢氧同位素垂向分布

明显的水体水温差异或波动，尤其是星子断面采样点，但湖口断面大部分采样点的水体水温垂向差异小于 0.5 ℃，星子断面的水体水温差异约小于 1.0 ℃。此外，可见枯水期部分监测点湖泊水体水温呈"上低下高"的垂向分布格局，可能是因为湖泊表层水温由于昼夜气候条件变化影响降低得较为明显，而底层水温由于受白天太阳辐射升温影响却未能迅速降低，但总体上垂向温差较小。同位素分析结果发现，δ^2H 值的垂向分布呈现出较大的波动，为–75.2‰～12.1‰，但 $\delta^{18}O$ 值垂向分布差异却相对较小，变化范围为–10.4‰～–3.0‰，表明上下层水体具有几乎等同的 $\delta^{18}O$ 值。总体来说，枯水期湖泊表层水和底层水的垂向温差基本小于 1.0 ℃，绝大部分水域温差小于 0.5 ℃，稳定同位素值的垂向分布可视为几乎均一，水温和同位素均表现出深度剖面上的较小差异，由此表明鄱阳湖枯水期水体混合状况较好，没有明显的分层特征。

　　图 4-27～图 4-30 呈现了鄱阳湖洪水季节湖口（5 个采样点）、星子（5 个采样点）、都昌（6 个采样点）以及棠荫-康山断面上（4 个采样点）不同采样点水温和氢氧同位素垂向变化与分布。洪水季节不同采样点的水深大致为 3～20 m。监测结果发现，湖口和星子断面大部分采样点的水体水温垂向差异小于 1.0 ℃，偶见湖口和星子断面少部分采样点的水温差异达到 1.5 ℃（例如，湖口 1#和星子 4#）。虽然监测到湖口和星子段面部

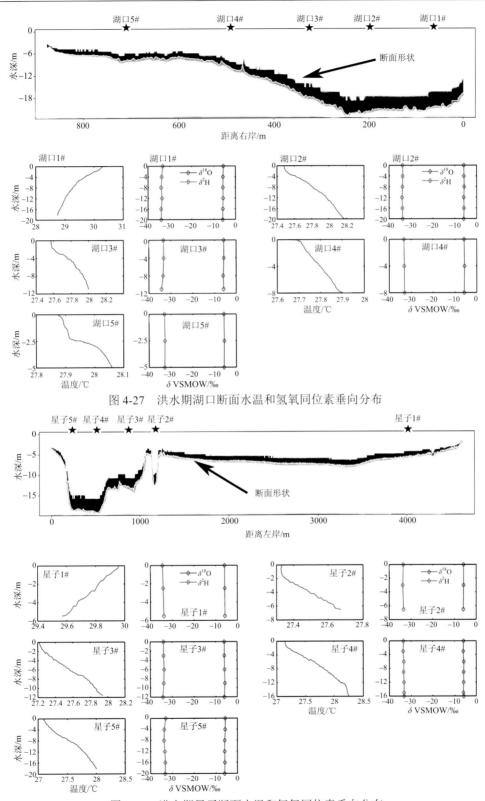

图 4-27　洪水期湖口断面水温和氢氧同位素垂向分布

图 4-28　洪水期星子断面水温和氢氧同位素垂向分布

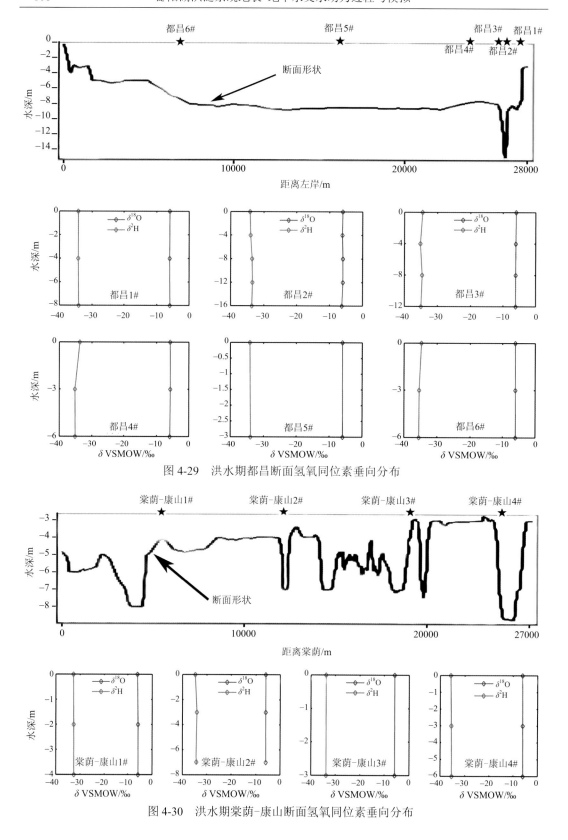

图 4-29　洪水期都昌断面氢氧同位素垂向分布

图 4-30　洪水期棠荫-康山断面氢氧同位素垂向分布

分采样点（湖口 1#和星子 1#）的水体水温呈正温层分布，但绝大部分采样点却呈现出先前未预料到的逆温层，原因可能是本研究采样时间集中于上午，湖区表层水体尚未受到太阳辐射的影响，再加上昼夜气候波动的影响，表层水温迅速降低，底层水体在白天太阳辐射加热影响下仍然保持着相对较高的水温。不同断面的同位素分析结果发现，所有深度的采样点 δ^2H 和 $\delta^{18}O$ 值垂向分布几乎均一。就平均值而言，δ^2H 和 $\delta^{18}O$ 值分别为 –36.88‰和–5.8‰。尽管鄱阳湖洪水期水深较大以及流速较缓，但概括而言，不同湖泊水域表层水和底层水的温差大多小于 1.0 ℃，偶见部分水域会达到 1.5 ℃的较大垂向温差，而氢氧稳定同位素在深度剖面上几乎等值，表明鄱阳湖不同深度水体的混合状况依然较好，未监测到明显的分层特征。

4.4.4　湖泊水体垂向混合和分层影响因素

基于施密特稳定性指数的鄱阳湖水体混合状况与相关影响因素之间的关系如图4-31所示。统计结果表明，气温、太阳辐射、蒸发、河流温度、最大水深和施密特稳定性指数之间存在较为密切关系，皮尔逊 r 的绝对值在 0.33 到 0.67 之间（$P<0.01$）。因此，湖泊的热力学状况可归因于当地气象条件和水文作用的综合结果。为了更好地了解鄱阳湖热力学状况对外部因素变化的动态响应，选择了气温、太阳辐射、蒸发、河流温度等几个关键要素展开详细分析。

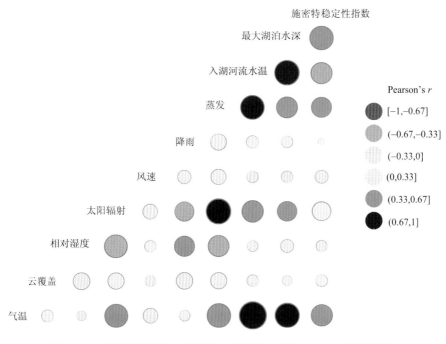

图 4-31　鄱阳湖平均稳定性指数与各因子之间的 Pearson 相关系数 r

圆圈大小表示相关性强弱

三维模拟结果表明，在夏季，外部因素对施密特稳定性指数的影响比一年中其他月份更显著（图 4-32）。夏季，高气温（MS1）、高太阳辐射（MS3）和高蒸发（MS5）更有可能导致湖泊水体分层,主要体现在施密特稳定性指数在 $10\sim20\,J/m^2$ 范围内呈现上升的变化走势。上述结果反映了这样一个事实,即水面温度对气候的快速反应预计将加速湖面变暖,并加强夏季的热分层。此外,较高的河流入湖温度(MS7)可能有助于湖水的混合,并减少整个水柱的垂向温差。温度越高,热稳定性也会随之降低。相反,具有低温(MS8)的河流汇入也可能会促进湖水的稳定性。在一年中的其他月份,可以观察到这些外部因素往往对热稳定性影响甚小,主要是因为快速水流主导了鄱阳湖水体的稳定性。尽管本研究选择了四个有代表性的区域进行分析,但预计该湖泊可能对外部因素的变化表现出不同的反应。例如,湖湾区的稳定性对外部变化的响应要比其他区域更明显。

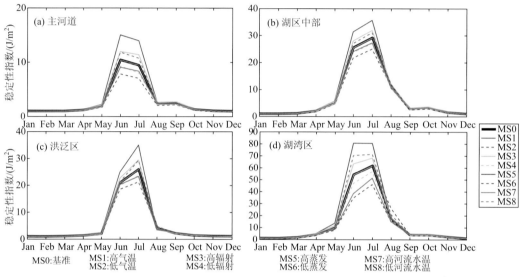

图 4-32 鄱阳湖典型区域施密特稳定性指数对不同要素变化方案的响应

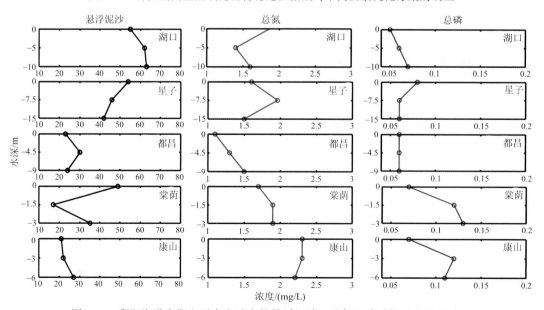

图 4-33 鄱阳湖洪水期主要水文站点的悬浮泥沙、总氮和总磷的垂向监测结果
2015 年 8 月 3 日~8 月 6 日

湖泊水体的季节性分层或混合可能对所有水环境演化过程起着控制或者影响作用。图 4-33 监测数据表明，在鄱阳湖洪水时期 6～15 m 的深度剖面上，鄱阳湖重点湖区的悬浮泥沙、总氮和总磷浓度虽然在数量级上差别不大，但明显可见深度剖面上的变化。基于稳定性分析结果表明，夏季也是鄱阳湖水体容易发生分层的重要时期，可以推测湖泊水体混合和分层可能对水环境因子具有重要影响。

4.5　湖泊换水周期与水力传输时间

4.5.1　计算原理和方法

湖泊换水周期通常表示湖泊内部水体更新一次所需时间，也是湖泊水体交换能力的一个重要指示。本节主要介绍计算换水周期的水文学方法和基于水动力模型的示踪方法。

1. 水文学方法

从平均意义上，不考虑水面蒸发的影响，换水周期的长短可以用如下公式计算：

$$T_f = V / Q \tag{4-20}$$

式中，T_f 代表湖泊换水周期；V 表示湖泊蓄水量；Q 表示年平均入湖流量。该方法通常无法获取换水周期的空间差异，计算结果反映的是湖泊平均换水时间，通常可将湖泊分为短换水时间（<1 a）和长换水时间（>1 a）。此外，对于一些季节性水文情势高度动态变化的湖泊水体，计算 V 和 Q 的时间尺度（周尺度、月尺度、年尺度）仍需要加以考虑。

2. 水动力学方法

本书基于水动力模型，结合对流-扩散方程的示踪剂模拟（dye tracer），换水周期计算采用基于浓度变化的指数衰减函数（e-folding time）来表示：

$$C(t) = C_0 \cdot e^{-t/T_f} \tag{4-21}$$

式中，t 表示时间；C_0 表示 $t = 0$ 时刻的初始浓度值；$C(t)$ 表示 t 时刻的剩余浓度值。由上述公式可得，当 $t = T_f$（即 V/Q）时，此时浓度已经衰减到初始浓度的 e^{-1} 或 37%。因此，换水周期定义为剩余浓度降低至初始浓度的 37%时所需要的时间（图 4-34）。通过水动力模型空间每个网格的计算，该方法便可获得空间异质的换水周期分布，比较适用于一些复杂的湖泊水体。

示踪剂传输时间（travel time）是另一个表征湖泊的换水能力的重要指标，其通常定义为一种给定浓度的保守型示踪剂从它的起始投放位置到某一观测位置出现浓度峰值所需的时间。当某一观测位置出现两个或多个浓度峰值时，通常将最大浓度所对应的时间定义为湖泊系统的示踪剂传输时间（图 4-35）。该方法可在湖泊水体中设置多个不同的投放点，在指定位置观察浓度的动态变化，以用来评估湖泊换水时间。

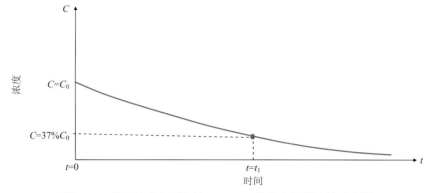

图 4-34　基于浓度衰减方法 e-folding 的换水周期计算示意图

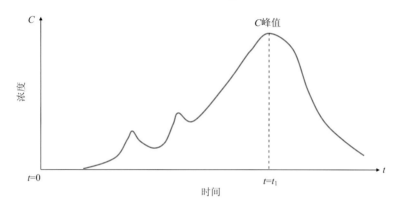

图 4-35　基于浓度变化的传输时间计算示意图

通过上述定义可知，换水周期和传输时间既有联系又有一定差异，两者均是基于溶质输运概念而提出的与湖泊水流运动密切相关的重要指标，但两者却是从不同角度来揭示湖泊系统的换水能力。本节将通过以上几种方法开展鄱阳湖复杂洪泛系统的换水能力分析，具体可参考 Li 等（2015）和李云良等（2017a）。

4.5.2　湖泊换水周期

基于水文学方法，本书计算了 1960～2020 年期间的鄱阳湖换水周期变化（图 4-36）。结果得出，鄱阳湖的平均换水周期变化范围为 4～17 d，且存在高度的年际动态特征。从多年变化上，可以发现湖泊换水周期总体呈下降趋势，即从 20 世纪 60 年代的 15 d 左右时间降低至目前的大约 10 d 以内，表明鄱阳湖的平均换水速度有所加快。此外可见，2000 年之后鄱阳湖换水周期急剧减小，且直至 2020 年几乎保持稳定变化（除了 2020 年遭受极端洪水影响），主要与近些年来的湖泊水文情势改变密切相关。

基于水动力学方法，本研究将整个鄱阳湖水体进行染色，通过监测水动力模型每个网格单元的剩余浓度变化，便可获得鄱阳湖换水周期的空间分布。因鄱阳湖污染物的主要来源为流域五河水系，本研究选取三个入湖口作为主要的投放区域（代表西部、南部和东部湖区）来探究空间尺度上的鄱阳湖示踪剂传输时间，并在湖口断面观测浓度的响应与变化。对于换水周期计算，将初始空间浓度场设定为单位浓度 1（本书浓度单位设定为 kg/m³），五河开边界浓度值设定为 0，湖口开边界处设定为浓度自由出流边界。

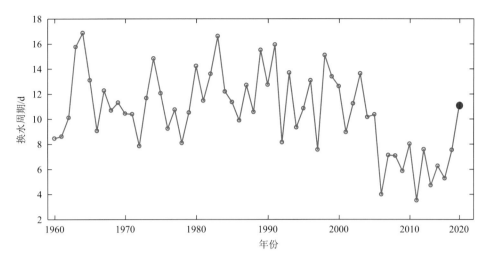

图 4-36　鄱阳湖 1960～2020 年平均换水周期变化图

图 4-37 反映了鄱阳湖北部入江通道湖口和星子站的浓度变化过程线。由图可以看出，不同季节浓度曲线随时间变化总体上呈指数衰减形式，充分表明所采用的 e-folding 换水周期计算方法在鄱阳湖具有很好的适用性，保证了结果分析的合理性与可靠性。模拟结果表明，春冬季节湖口和星子的换水周期约为 10 d，而夏秋季节两个典型点位附近水体的换水周期变化范围为 20～30 d，尤其是夏季的换水周期可达 30 d。

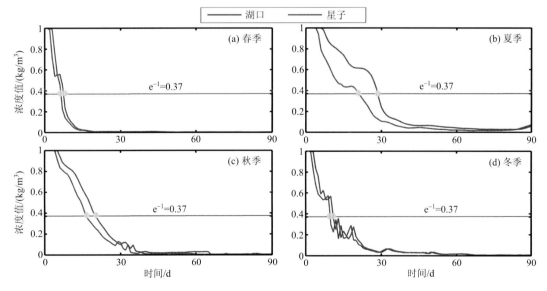

图 4-37　湖口和星子浓度时间变化曲线

灰色圆点表示 37%浓度值对应的换水周期

为了深入分析鄱阳湖不同季节的换水周期空间分布，这里对春夏秋冬四个季节的模拟结果分别加以分析与探讨（图 4-38）。由图可见，整个湖区的换水周期较快，大部分湖区换水时间约小于 10 d，邻近西部湖岸线的少部分湖区、东北部和东南部两大湖湾区有着相对较长的换水周期，平均换水时间约为 30 d。总体来看，春季鄱阳湖的换水周期空间异质性较弱，主要是因为该季节强大的流域五河来水导致了整个鄱阳湖快速变化的湖流，换水时间也相对较短。夏季鄱阳湖换水周期的空间异质性较强，换水周期从北到南空间差异较大，北部湖区换水周期变化范围约 30～60 d，湖区中游小部分湖区换水周期约为 10～20 d，而南部湖区的换水周期则小于 10 d。换水周期的空间分布主要与鄱阳湖洪水期水情变化密切相关，该时期鄱阳湖出流受到长江顶托而整体水面保持水平，此时鄱阳湖北部湖区受长江影响较为显著，而上游流域的五河入湖径流则加快了南部湖区水体的换水能力。另外，一些东部湖湾区的换水周期较长，换水时间长达 180 d，最长可达 300 d，表明这些局部湖区受自身湖盆形态或环流影响其换水能力很弱，需要长时间才能完成一次换水。不难发现，秋季换水周期的空间分布格局与夏季呈现很好的一致性。同夏季相比，秋季鄱阳湖换水周期整体上较短，北部至中部广大湖区的换水周期变化约

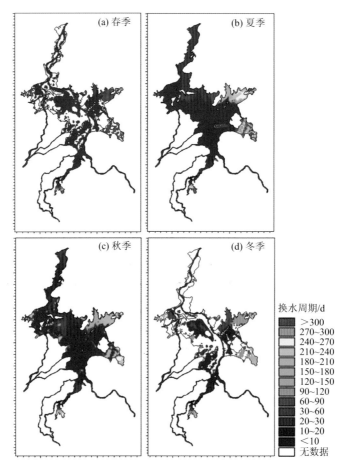

图 4-38 鄱阳湖季节性换水周期的空间分布

10~20 d，而南部和西部湖区换水周期约小于 10 d。同样可以发现，东北部、东南部和最南部湖湾区的换水周期仍然相对较长，换水时间最长可达 240 d。冬季是鄱阳湖的低枯水位时期，鄱阳湖水体面积严重萎缩，水文连通的减弱促进了湖泊内部许多独立水体的形成，换水周期也相应呈现较高的空间异质性。此时，主河道的换水周期约为 7 d，相对独立的碟形湖或者小型水体因湖水位较低无法与主湖区进行充分交换，换水周期相对较长约 20~30 d，而大部分湖湾区换水周期长达 120 d 左右。总体而言，鄱阳湖换水周期在不同季节均具有较为明显的空间异质性。尽管换水周期的空间值随季节变化也呈现出较大的差异性，但换水周期的空间分布格局在季节尺度上具有高度相似性和一致性。空间上，主河道换水周期整体上约小于 10 d，洪泛洲滩等广大浅水区域的换水周期随季节水情约变化为几十天到几个月，大多数湖湾区的换水周期变化为几个月至几百天，最长换水周期可达 300 多天。

　　基于频率分布曲线（flushing homogeneity curves）的变异性分析主要是用来反映换水周期在整个湖泊系统内的面积分布状况，以此来深入理解湖泊系统的换水能力。一般而言，该曲线形态变化越陡峭，表示湖泊系统换水周期变异性越弱；反之，表示湖泊系统换水周期的变异性越强。根据频率分布曲线定义及其变异性表征，一个快速的换水系统应当具有沿垂向变化陡峭的频率分布曲线。图 4-39 描述了基于鄱阳湖换水周期空间变化值所计算的变异性频率分布曲线。统计结果显示，在不同季节下，换水周期频率分布曲线都存在一个明显拐点，约 80%的鄱阳湖区其换水周期小于 30 d，而换水周期大于 30 d 的湖区面积所占比例不足或者远低于 20%。该频率分布曲线大体上由陡峭变化过渡至颇为平缓的变化态势（见图 4-39 箭头所示），由此表明鄱阳湖换水周期具有较高的空间异质性，这也与先前的模拟结果完全一致。

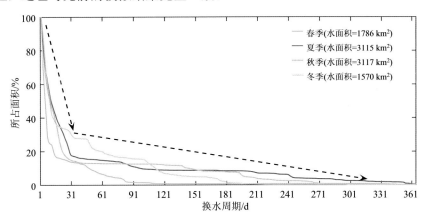

图 4-39　鄱阳湖换水周期变异性分析的频率分布曲线

　　尽管鄱阳湖大部分湖区的换水时间较短,但基于频率分布曲线的变异性分析表明鄱阳湖并不能简单定义或描述为一个换水快的湖泊系统。从全湖区来说，鄱阳湖应该更加确切地描述为一个快速换水和慢速换水在空间上共存的湖泊系统。根据换水周期的空间模拟结果，应将主河道和湖湾区等换水周期差异明显的湖域，加以区分对待。

4.5.3 湖泊水力传输

因鄱阳湖污染物主要来源为流域五河水系，本书选取 3 个入湖口作为主要的投放区域来探究空间尺度上的鄱阳湖示踪剂传输时间，并在湖口断面观测浓度的响应与变化。具体计算方法为：将初始空间浓度场设定为 0，3 个代表性投放点（代表西部、南部和东部湖区）分别设定为单位浓度 1 kg/m^3，五河开边界浓度值设定为 0，湖口开边界处设定为浓度自由出流边界。为了进一步研究不同季节下的换水周期和示踪剂传输时间变化，本研究模拟将染色示踪剂（初始浓度场和点源）的投放时间分别设定为 4 月 1 日（涨水期）、7 月 1 日（洪水期）、10 月 1 日（退水期）和 1 月 1 日（枯水期），相应的模拟结束时间分别为次年的 4 月、7 月、10 月和 1 月（通过平均水文年资料来插补次年对应月份的序列资料），以此综合表征鄱阳湖春季、夏季、秋季和冬季的换水能力。

示踪剂传输时间模拟结果表明（图 4-40），鄱阳湖春季的示踪剂传输时间约小于 7 d，夏季和秋季的示踪剂传输时间约为 11~32 d，冬季的示踪剂传输时间与春季相差不大，约介于 4~8 d 之内。就同一个释放点而言，夏秋季节所释放示踪剂到达湖口所需传输时间约为春冬季节的 4 倍。根据水动力场变化特征，夏秋季节整个鄱阳湖的水位相对较高，湖区水流运动较慢，导致染色示踪剂的对流和扩散进程也相对迟缓，示踪剂到达湖口所需的时间较长；春季和冬季鄱阳湖空间上水面坡降相对较大，快速运动的水流缩短了示踪剂达到湖口所需的时间。就空间上三个释放点而言，C1 释放点因距离湖口相对较近，沿主河道的水流运动路径也相对较短，致使其水力传输时间也相对较短，而距离湖口相对较远的 C2 释放点其传输时间也相对较长。由此表明，示踪剂到达湖口所需的传输时间还与示踪剂的迁移路径和距离有关。需要说明的是，因为投放点、投放时间和模拟时长的不同，会导致计算结果存在一定的差异。

4.5.4 湖泊粒子示踪

本节通过水动力模型耦合拉格朗日粒子示踪模型来模拟鄱阳湖水流运动和污染物迁移路径。粒子示踪模型的主要原理是采用水动力模型实时计算的流速场结果，依靠粒子运动轨迹来清晰展现空间水流运动，进而反映污染物的空间分布和迁移路径。如前所述，水流是污染物运动的主要途径与方式，本研究正是通过鄱阳湖水流运动变化结合情景模拟来调查不同释放源的污染物在湖区空间的迁移过程（李云良等，2016）。

考虑到枯水期鄱阳湖水体严重萎缩，容易得知湖区水流和污染物主要限制在主河道内，而洪水期湖区水面相对开阔，空间水流运动和污染物迁移路径的模拟研究要更加具有实际意义。因此，水动力模型的模拟时段选取为 7~9 月。因鄱阳湖水情变化年际差别较大，一个平均年份的模拟计算要比典型年份更具有普适性，故本书选取 2001~2010 年（共 10 年）7~9 月的平均水情条件作为鄱阳湖水动力模型的基础输入，即模拟时段设定为一个平均年份的 7~9 月（共 92 d）。对于流域五河入湖的污染源，本书选取了具有代表性的六个污染物入湖口作为粒子源加以独立模拟（R1~R6；见下文），每个时间步长释放 100 个保守型粒子，即整个模拟期内连续释放，每次模拟共计释放 220800 个粒子；对于鄱阳湖区的污染源，本书在空间上均匀释放 100 个保守型粒子，以此详细调查空间水流变化及污染物迁移。

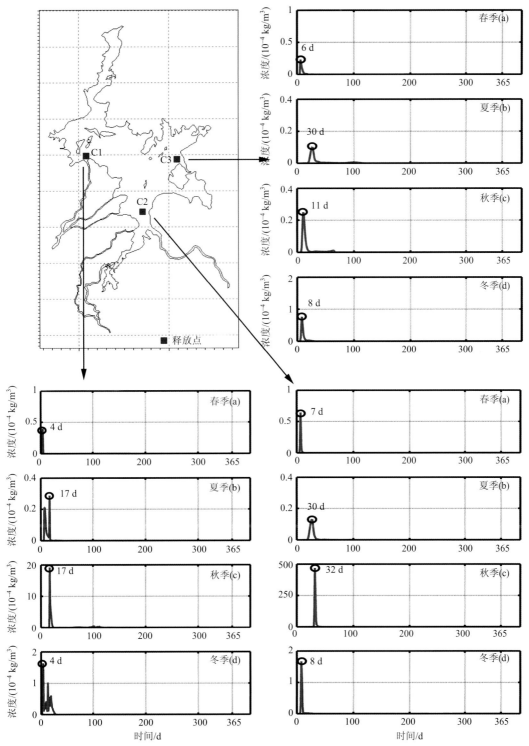

图 4-40　不同季节湖口浓度-时间变化曲线及水力传输时间

黑色圆圈表示浓度达到峰值所对应的时间

　　为了进一步辅助验证粒子示踪模拟，作者于 2015 年 7～8 月在鄱阳湖东北部湖湾区和康山附近湖区开展了野外粒子示踪实验（李云良等，2016）。本次实验共计投放了 5 个粒子示踪仪，示踪仪在湖泊水体中呈漂浮状态随水流运动，可远程自动接收示踪仪的经纬度信息与对应时间，数据采集频率为 15 min。因五个粒子示踪仪在鄱阳湖的实际运动情况有所差异，不同示踪仪的实验持续时间约 4～19 d 不等。表 4-3 为采用粒子示踪仪进行野外实验时的具体信息。

表 4-3　野外粒子示踪实验信息

粒子	粒子投放时间	粒子收回时间	投放位置	投放点水深
NP4	7 月 21 日 18:45	8 月 8 日 11:28	东北湖湾区	3.6 m
NP5	7 月 21 日 18:53	8 月 8 日 11:33	东北湖湾区	4.1 m
NP6	7 月 22 日 10:48	8 月 8 日 11:37	康山湖区	2.0 m
NP7	7 月 22 日 11:00	8 月 7 日 07:21	康山湖区	7.9 m
NP8	7 月 22 日 11:07	7 月 25 日 09:51	康山湖区	6.7 m

　　图 4-41～图 4-44 为 MIKE 21 耦合模型所模拟的流域五河入湖污染物的空间分布和迁移路径，可见，粒子示踪模拟结果清晰展现了不同入湖口污染物在湖区空间尺度上的运动趋势。通过分析可知，在整个洪水期，赣江北支入湖污染物（R1）主要约束在主河道内，总体迁移规律沿主河道向湖区北部运动，模拟期内污染物可到达湖口。8～9 月，可见少部分污染物会向东部迁移，但污染物影响范围极其有限，不会迁移至中部湖区。赣江中支入湖污染物（R2），在水流相对平缓的洪泛洲滩缓冲作用下，首先沿着湖区西部向北逐步迁移，在都昌附近进入主河道，进而汇入湖区北部入江通道。在整个模拟期内，入湖污染物大部分集中在靠近湖区西部的中游水域，只有少部分污染物可以到达湖区北部。赣江南支入湖的污染物（R3），在到达康山附近湖区后，绝大部分污染物沿着贯穿整个湖区的主河道由南向北迁移，但模拟期内污染物难以到达湖口。对于抚河和信江入湖污染物（R4 和 R5），我们同样可以观察到相似的空间分布及其迁移路径。也就是说，进入湖区的大量污染物仍是集中在鄱阳湖深而窄的主河道内，污染物的迁移路径大致是由入湖口沿着湖泊主河道向下游运动，但洪水期内入湖污染物仍难以到达湖口。饶河入湖的污染物（R6）却与其他入湖污染物的空间分布和迁移路径有所不同。值得注意的是，大量的入湖污染物聚集在东北部湖湾区，而且这些污染物还能够进入临近湖岸的一些湖汊，导致相当一部分入湖污染物在该区域不易扩散和消失，表明该湖区容易受到入湖污染物的严重威胁。此外，污染物的空间分布和迁移路径与鄱阳湖空间水流运动特征几乎完全一致，也再次表明了基于粒子示踪的污染物模拟充分再现了鄱阳湖水流及其运动路径的影响作用。总的来说，在鄱阳湖高洪水位季节，流域五河入湖的大量污染物在湖区内部的大致迁移路径是：沿着五河入湖口进入湖泊主河道，顺着主河道逐渐向北部湖区迁移直至排出湖泊，但东北部湖湾区存在大量污染物滞留和富集。需要强调的是，鄱阳湖洪水期的污染物分布和迁移路径与枯水期的水流−污染物传输特性较为相似。

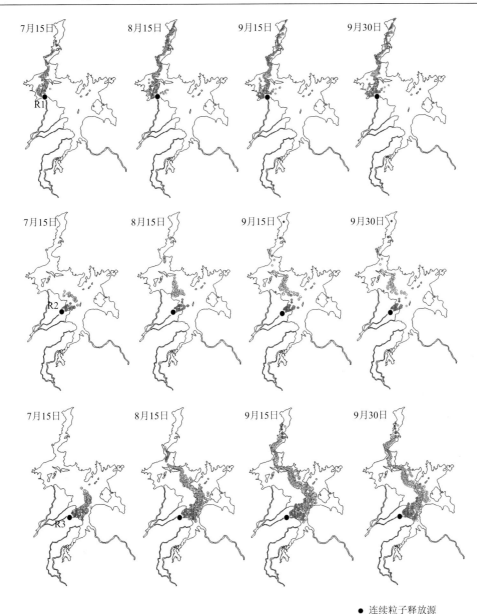

● 连续粒子释放源

图 4-41　赣江三口入湖污染物空间分布和迁移路径

　　为了进一步分析鄱阳湖不同湖区污染物的空间分布与迁移，图 4-45 给出了空间均匀分布的污染物随时间变化过程图。不难看出，湖区污染物在上游流域来水的驱动下，迅速向中下游湖区迁移，沿主河道迁移的污染物逐渐在湖区北部聚集，这也与上文粒子模拟结果一致（R1～R6）。同时，可以观察到部分污染物在一些湖湾区滞留，滞留现象较为明显的是东北部湖湾区（例如，第 89 d 后），表明该区域的水体换水时间较长。按照换水周期的定义，一定数目的湖区粒子，如果剩余粒子数目减少到初始粒子数目的 37%（也就是 63% 的粒子离开湖区），将此时间节点定义为该湖泊的平均换水周期。由图 4-46可以看出，约经过 80 d 的换水周期，湖泊剩余粒子数目为初始投放粒子数目（共 100 个）

的 37%，说明鄱阳湖可能需要近三个月的时间（整个洪水期）才能彻底完成一次换水。

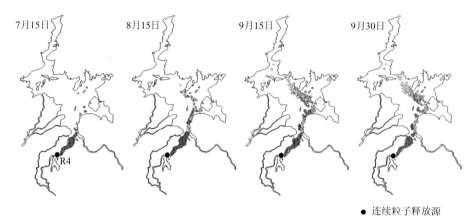

图 4-42　抚河入湖污染物空间分布和迁移路径

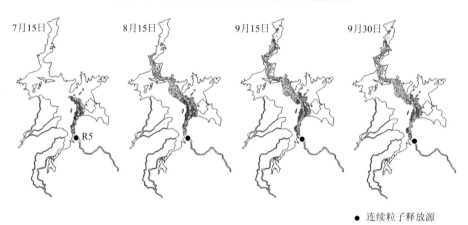

图 4-43　信江入湖污染物空间分布和迁移路径

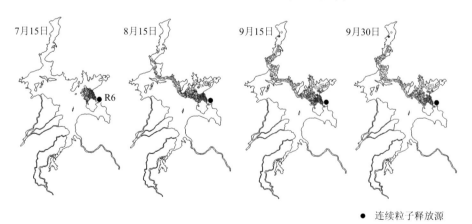

图 4-44　饶河入湖污染物空间分布和迁移路径

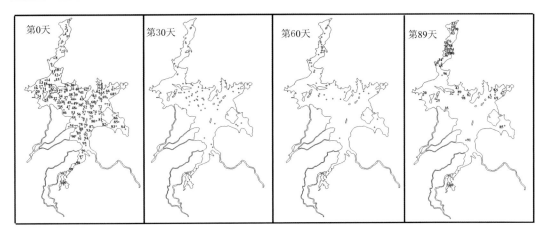

图 4-45　湖区污染物空间分布与迁移

数字代表粒子编号

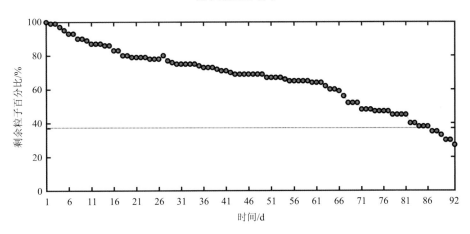

图 4-46　基于粒子示踪的鄱阳湖换水周期模拟结果

虚线表示粒子剩余 37%

　　通过图 4-47 典型湖区的现场粒子示踪实验可以发现，东北部湖湾区的粒子迁移路径随着该湖区的水流运动表现得较为复杂，粒子 NP4 和 NP5 的运动方向是多变的。除了可以明显观察到顺时针方向的粒子运动（NP5），还可以发现粒子向湖岸边界和湖汊迁移，最终滞留在东北部湖湾区（NP4 和 NP5）。此外，NP4 和 NP5 的粒子示踪监测结果与水动力模型模拟结果几乎一致，均表明了东北部湖湾区会有相当一部分粒子或污染物在此富集和滞留。尽管 NP6、NP7 和 NP8 的初始投放点不同，加上这三个粒子在康山湖区的迁移路径也有所差异，但总体而言，三个粒子在快速水流的推动下主要沿着主河道向北迁移，未发现粒子进入东北部湖湾区的迹象。当粒子迁移至东北部湖湾区附近时，NP6 和 NP8 均有一个明显的西北转向，由此表明粒子受到东北部湖湾区部分水流的推进作用，即饶河入流有一部分向主湖区方向运动。在粒子示踪实验期间，鄱阳湖的风场变化并不是很显著，该湖区的昼夜风速基本小于 3.5 m/s（依据康山气象站），尽管风场变化对粒子迁移路径存在一定的影响，但主要原因归结于湖区自身水流的运动格局。

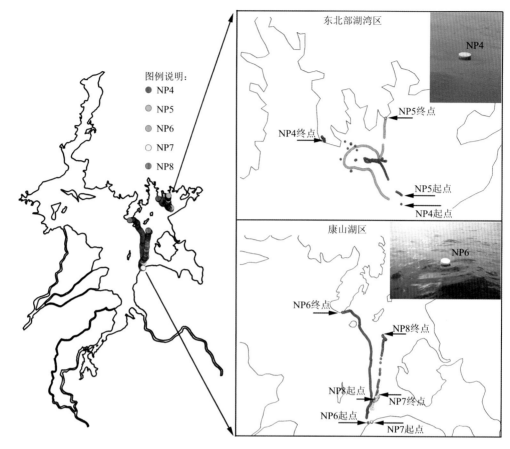

图 4-47　鄱阳湖典型湖区的粒子示踪实验结果

插图为现场投放时照片

4.6　小　　结

　　在长江中下游地区，鄱阳湖是一个受流域来水和长江来水复合作用而极为典型的洪泛系统，叠加气候变化和人类活动影响，湖泊水文水动力过程呈现出时间动态性、空间异质性、过程复杂性的总体特征。

　　本章在对鄱阳湖水位、水面积、流速和水温等关键水动力要素清晰认识的基础上，通过结合多种技术方法和手段，从过程和机制方面来系统认识该湖泊洪泛系统。从湖泊水量上，鄱阳湖年水量的 79.0%和 12.2%分别来自上游五河流域和无站点未控区的入湖径流。降水对湖泊贡献分量约为 3.0%，其余 1.2%来自洪泛区径流（0.5%）和湖泊倒灌（0.7%）。约 86.9%的湖泊水量排入长江，而 1.5%遭受湖泊水面蒸发而损失。总体上，流域河流和周边地下水输入是鄱阳湖水量的重要组成部分。从物质输移方面，80%的鄱阳湖区换水周期小于 30 d，其余湖区的换水周期变化为几个月至几百天，湖泊水力传输时间变化范围基本介于 4～32 d，夏秋季节的传输时间约为春冬季节的 4 倍。此外，鄱阳湖洪水季节水流运动和污染物迁移路径与枯水期水流-污染物传输特性较为相似。在湖泊热力学方面，在夏季和初秋，湖泊部分区域通常是存在分层的，冬季和春季主要为部分混合和完全混合。气温、太阳辐射和蒸发对鄱阳湖的热稳定性有明显影响，湖水深度和相关水文动态是维持鄱阳湖季节性热稳定的主要因素。鄱阳湖洪泛系统水文水动力过程的系统认知，为后续加深对湖泊洪泛水文生态系统的演变及其保护等提供重要科学依据。

第 5 章　鄱阳湖洪泛系统地表水文水动力对关键要素的响应与模拟

5.1　引　　言

随着长江经济带高质量发展战略、鄱阳湖生态经济区建设的不断推进和实施，与鄱阳湖水资源和生态安全方面有关的诸多问题被提升到一个新的高度。鄱阳湖水文水动力过程外受长江和流域来水的控制，内受湖盆地形的作用，呈现出明显的年周期变化。因社会经济的快速发展等，鄱阳湖与周围水系的水量交换变得更为复杂，叠加气候变化与其他一些人类活动的影响，例如受流域及湖区强人类活动的干扰和长江上游大型水利工程的影响等，区域水资源的时空分布发生改变，导致鄱阳湖水文水动力对内外诸多环境压力的响应和动态平衡关系处于不断调整和演变之中。湖泊水文水动力要素的变化、格局和过程及其预测等，均面临着很大的挑战。

鄱阳湖水文水动力情势变化，进一步引起河湖水文节律、水文连通、水生态环境及洲滩湿地生境的变化。鉴于此，本章在先前对鄱阳湖水文水动力系统认识的基础上，主要依托水动力模型开展方案情景模拟，从鄱阳湖流域来水、长江干流来水、湖区下垫面变化等几个方面，重点围绕湖泊水文水动力对这些关键驱动要素的响应变化开展分析研究，旨在为鄱阳湖水资源的优化调控、湖区水生态保护以及湿地健康发展等提供管理对策与建议。

5.2　流域和长江来水的影响

5.2.1　情景方案设置

2000 年以来鄱阳湖水文情势已然发生改变，为区分长江和鄱阳湖流域对 2000 年以来湖泊水文情势变化的不同作用机制，本书应用水动力模型结合方案模拟开展湖泊响应分析（李梦凡，2017）。共设以下 3 种情景。

基准条件 S0：采用 2000～2012 年流域五河多年平均日流量过程作为模型上游边界，2000～2012 年湖口多年平均日水位过程作为模型下游边界。

长江作用 S1：保持上游边界条件与方案 S0 相同，以 1953～1999 年湖口多年平均日水位过程作为下游边界，模型中其他参数设置及初始条件与 S0 一致。

流域作用 S2：保持下游边界条件与方案 S0 相同，以 1953～1999 年鄱阳湖流域五河多年平均日流量过程作为上游边界，模型中其他参数设置及初始条件与 S0 一致。

通过对比情景 S1 与 S0 模拟结果，即可分析 2000 年之后长江来水变化对鄱阳湖水文情势的时空影响，对比情景 S2 与 S0，即可分析流域来水变化对湖泊水文情势的影响。

5.2.2　影响模拟分析

长江来水变化条件下（S1～S0），2000 年以来 1～3 月长江流量的增加对 1 月和 2 月鄱阳湖月平均水位影响程度甚小。4～11 月长江流量的减少使得鄱阳湖月平均水位明显下降，降幅约为 0.5 m（4 月）～3.6 m（10 月），且影响范围时空变化呈现出规律性特征。长江来水在 12 月略有增加，但对 54%的湖区范围水位没有影响，仅 16%的湖区范围内水位略有上升（增幅小于 0.5 m），而有 29.5%的湖区水位下降，其中北部入江河道水位降幅相对较为明显（图 5-1）。

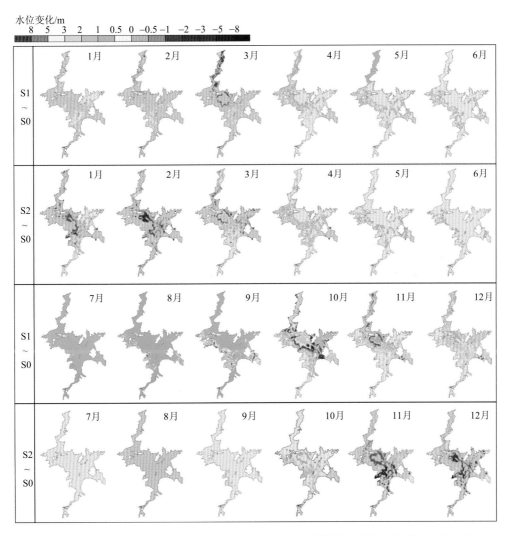

图 5-1　长江作用（S1～S0）和流域作用（S2～S0）下鄱阳湖月平均水位差异的时空分布

正值表示湖水位下降，负值表示湖水位上升

流域来水变化条件下（S2～S0），总的来说，流域入湖水量在低枯水位时段（1～3 月和 11～12 月）的小幅增加，使得湖区中部和南部的靠近主河道的洪泛区水位增幅超过

0.5 m，4～6 月流域入湖量的减少不利于鄱阳湖洪泛区水位在此期间稳定上涨，对丰水期和退水期湖泊水位的影响程度较小（图 5-1）。

　　图 5-2 呈现出不同情景下鄱阳湖全年、涨水时段和退水时段淹水历时空间分布特征及长江来水和流域来水变化分别引起的淹水历时空间差异。长江作用下（S1～S0），全湖平均淹水历时缩短 13 d，而流域作用下（S2～S0）鄱阳湖全湖平均淹水历时基本无差异（差异小于 1 d）。长江来水变化使得约 55% 的湖区范围淹水历时减少，且约 46% 的湖区淹水历时减少半个月以上，主要分布在鄱阳湖中部和北部洪泛区。而流域来水变化使得鄱阳湖约 29% 的湖区范围淹水历时减少，淹水历时减少半个月以内的区域占鄱阳湖总面积的 28.0%，主要分布于鄱阳湖中部洪泛区。总体来看，2000 年以来长江来水变化对鄱阳湖全年淹水历时的影响程度明显高于流域。

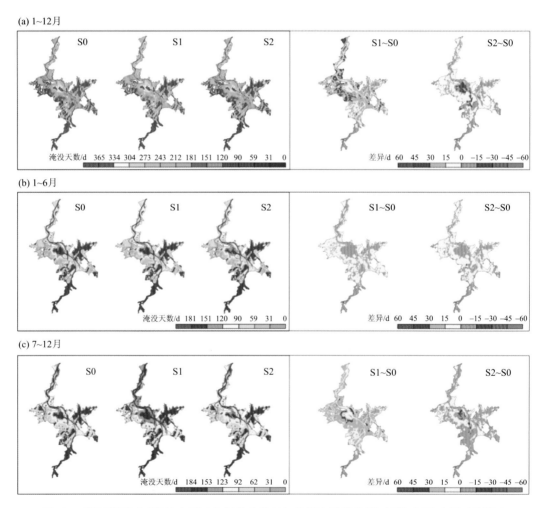

图 5-2　鄱阳湖不同时段淹水历时空间分布及长江作用和流域作用对鄱阳湖淹水历时的影响

正值代表淹水历时减少，负值代表淹水历时增加

5.3　流域水库群联合调度影响

鄱阳湖流域共建有大中型水库 200 余座,水库的调蓄作用对流域径流产生重要影响,进而影响湖泊水情。本书围绕鄱阳湖低枯水位变化,通过改变入湖径流来探究其对湖泊水位的影响程度,而这种径流的改变主要是根据已获取的流域大型水库基本调度资料(表 5-1)。这里不考虑流域中小型水库的较小径流调节影响,仅将这 24 座大型水库作为流域水库群视为主要研究对象,根据其兴利库容和最大泄量等信息来设定水库群枯水期对河道径流排泄方案。鉴于流域尺度较大且水库分布广泛,难以获取实际的水库调度信息,据了解,针对目前枯水期现状尚无确切的流域水库调度方案。此外,每个独立的水库实际上都是以不同的方式运行,且运行方式也在根据实际情况随时发生调整,因而采用合理的情景假定为可行的方法来描述水库群联合调度方案的潜在影响。考虑到水库不可能进行长时间段的枯水调节,故选取 12 月至次年 2 月最枯月份(按 90 d 计算)作为低枯水位模拟期(李云良,2013)。

表 5-1　江西省重点大型水库(库容大于 1 亿 m^3)基本情况表

序号	名称	子流域	集水面积/km^2	总库容/亿 m^3	兴利库容/亿 m^3	防洪库容/亿 m^3	调洪库容/亿 m^3	最大泄量/(m^3/s)
1	万安水库	赣江	36900	22.16	10.19	5.33	—	—
2	江口水库	赣江	3900	8.9	3.4	—	3.66	216
3	上犹江水库	赣江	2750	8.22	4.71	—	1.01	152.8
4	长冈水库	赣江	4845	3.57	1.58	0.11	1.06	205
5	上游水库	赣江	140	1.83	1.16	0.67	0.49	20
6	社上水库	赣江	427	1.71	1.41	0.28	0.6	27.2
7	南车水库	赣江	—	1.53	0.95	0.3		
8	潘桥水库	赣江	90	1.51	0.72	0.78	0.84	8.6
9	团结水库	赣江	412	1.46	0.59	0.47	0.66	
10	紫云山水库	赣江	82	1.44	0.69	0.61	0.54	43
11	油罗口水库	赣江	557	1.4	0.74	0.54	0.3	26
12	龙潭水库	赣江	150	1.38	0.69	0.66	—	—
13	白云山水库	赣江	464	1.16	1.01	0	0.24	
14	老营盘水库	赣江	172	1.14	0.77	0.12	0.31	130.4
15	飞剑潭水库	赣江	79	1.11	0.74	0.32	0.34	63.1
16	洪门水库	抚河	2376	12.2	3.74	6.72	—	500
17	大坳水库	信江	—	2.76	1.43	—		
18	七一水库	信江	324	1.89	1.41	—	0.51	51.8
19	军民水库	饶河	133	1.89	1.4	0.73	0.73	23
20	共产主义水库	饶河	155	1.46	0.59	0.47	0.81	47.4
21	滨田水库	饶河	73	1.15	0.73	0.15	0.36	34
22	柘林水库	修水	9340	79.2	34.4	15.7	32	1548
23	东津水库	修水	1080	7.95	3.86	2.34	—	—
24	大塅水库	修水	610	1.16	0.54	0.12	0.15	—

5.3.1 情景方案设置

基于鄱阳湖水动力模型，将所有水库的兴利库容按照所属子流域的不同，按枯水期平均分配，并叠加枯水期（12 月～次年 2 月）五河的入湖径流量，作为水库调度情景的设计原则（该枯水期赣江平均径流量 1106 m³/s，抚河平均径流量 259 m³/s，信江平均径流量 380 m³/s，饶河平均径流量 269 m³/s，修水平均径流量 134 m³/s）。具体情景模拟方案设定如下。

A0：不考虑水库群的调度，将多年五河观测平均值作为入湖径流条件（12 月～次年 2 月），同时湖口也采用相应时段（12 月～次年 2 月）的均值。模拟湖泊这种多年平均状态意义下的水文响应过程，将其作为水库调度方案的分析参照和基础。

B：考虑水库群的联合调度，将水库全部兴利库容的 50%用于枯水期的径流调节，采用按日平均分配的方法（定量下泄），并满足计算下泄流量低于设计最大泄量的要求，若不满足，则按最大泄量放水（经计算，赣江流域水库群的日平均下泄流量为 188.7 m³/s、抚河 24.1 m³/s、信江 18.3 m³/s、饶河 17.5 m³/s、修水 249.5 m³/s，以上数据均为每个子流域所有水库泄流累积值）。在此基础上，叠加枯水期五河入湖径流，模拟分析水库群最低可能程度的调度作用对湖泊水文水动力的影响。

C：考虑水库群的联合调度，将水库全部兴利库容的 75%用于枯水期的径流调节，采用按日平均分配的方法（定量下泄），并满足计算下泄流量低于设计最大泄量的要求，若不满足，则按最大泄量放水（经计算，赣江流域水库群的日平均下泄流量为 283.1 m³/s、抚河 36.1 m³/s、信江 27.4 m³/s、饶河 26.2 m³/s、修水 374.2 m³/s，以上数据均为每个子流域所有水库泄流累积值）。在此基础上，叠加枯水期五河入湖径流，模拟分析水库群中等可能程度的调度作用对湖泊水文水动力的影响。

D：考虑水库群的联合调度，将水库全部兴利库容的 100%用于枯水期的径流调节，采用按日平均分配的方法（定量下泄），并满足每个水库计算下泄流量低于设计最大泄量的要求，若不满足，则按该水库最大泄量放水（经计算，赣江流域水库群的日平均下泄流量为 376.8 m³/s、抚河 48.1 m³/s、信江 36.5 m³/s、饶河 35.0 m³/s、修水 499 m³/s，以上数据均为每个子流域所有水库泄流累积值）。在此基础上，叠加枯水期五河入湖径流，模拟分析水库群最大可能程度的调度作用对湖泊水文水动力的影响。

上述假定的流域水库群联合调度方案，主要目的就是调查水库群发挥这种最大或最小能力的调度作用对鄱阳湖水位的可能影响。尽管基于情景模拟方案并不是实际发生的真实情形，但情景模拟分析使我们能够深入了解流域水库群不同程度的径流调蓄作用对湖泊水位的潜在影响。

5.3.2 影响模拟分析

图 5-3 将流域水库群不同程度的径流调蓄方案对枯水期湖泊水位变化的影响结果进行汇总。随着流域水库下泄流量的增加（由 A0 到 D 方案），各站点水位明显增加且水位变幅越来越小，表明水位波动随着流域来水的增加趋于稳定而变得更加集中，星子站表现得最为明显，其次是康山站，而都昌和棠荫站水位仍旧波动变化较大。从站点水位平

均意义而言，各个站点的平均水位随着流域水库径流调蓄强度的增加而明显提高，星子站水位最多能提高 0.6 m，都昌站水位最多能提高 0.6 m，而棠荫和康山站水位最大提高幅度分别约 0.4 m 和 0.2 m。

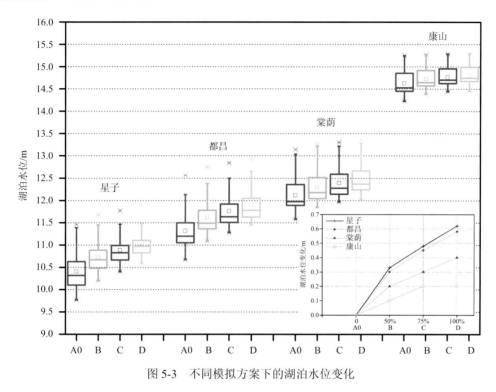

图 5-3　不同模拟方案下的湖泊水位变化

　　通过表 5-2 可见，在基准期 A0，湖区的平均水位为 9.63 m，随着流域水库群调节下的入湖径流增加，湖泊水位有着不同程度的提高。当流域水库群的 50%兴利库容（B 方案）用于增加下泄河道径流时，湖泊水位增至 10.01 m，这种最低可能的影响使得湖泊平均水位提高约 0.38 m；当 75%的兴利库容（C 方案）进行径流调节时，在这种中等可能水库群调节下，湖泊水位增加至 10.22 m 并较基准期水位抬高约 0.59 m；当 100%兴利库容（D 方案）用于调节径流时，水库发挥这种最大可能的影响时，湖泊水位提高 0.81 m并增至 10.44 m。换句话说，如果考虑水库群的联合调度对湖泊低枯水位的影响程度，最低可能提高湖泊平均水位 0.38 m（B 方案），而最大可能提高湖泊平均水位为 0.81 m（D 方案）。因湖泊的兴利库容需要满足不同需求，所开展的研究方案和情景设计虽然基于一定的假定，但这种合理的假定提供了流域水库群对湖泊平均水位的影响范围约为0.38～0.81 m。再则，从整个湖区水位的平均意义上而言，流域水库群增加的河道径流量对湖泊水位提高的平均贡献比率约为 6.3%～6.8%，大部分水量主要以湖口出流方式排入长江，结果表明如果仅仅依赖于流域水库群的联合调度来缓解当前的低枯水位可能并不是最有效的解决途径，长江对鄱阳湖的水量排泄作用必须给予高度重视。换句话说，低枯水位期，需考虑流域五河来水与长江对鄱阳湖水位抬高的共同影响。

表 5-2 流域水库群径流调控方案对湖泊平均水位的影响和贡献

模拟方案	VQ/m	ΔQ/m	H/m	ΔH/m	$\Delta H/\Delta Q$/%
A0	25.6	—	9.63	—	—
B	31.6	6.0	10.01	0.38	6.3
C	34.5	8.9	10.22	0.59	6.6
D	37.6	12	10.44	0.81	6.8

注：这里采用枯水期平均意义的湖泊水面积参与计算。VQ 为五河径流计算的流域总入流量；ΔQ、ΔH 为设计情景方案相对于基准期 A0 的径流和水位变化；H 为模拟期内水动力模型所有网格单元的水位时间序列统计结果，以均值来表示；$\Delta H/\Delta Q$ 表示流域径流增加对湖泊水位提高的相对贡献量。

以鄱阳湖都昌水位 H 作为判别标准来划分枯水事件的程度（闵骞和占腊生，2012），其将枯水划分 5 个标准为：①一般枯水：11.8 m<H≤12.8 m；②中度枯水：10.8 m<H≤11.8 m；③较重枯水：9.8 m<H≤10.8 m；④严重枯水：8.8 m<H≤9.8 m；⑤极度枯水：H≤8.8 m。基准期（A0 方案）都昌水位 11.31 m，50%的水库群径流调蓄下（B 方案）都昌水位为 11.61 m，75%的水库群径流调蓄下（C 方案）都昌水位为 11.76 m，100%的水库群径流调蓄下（D 方案）都昌水位为 11.90 m。可见，只有当流域水库群的兴利库容100%用于径流调节时（D 方案），才能够使湖泊由中度枯水（11.31 m）达到一般枯水的等级水平（11.90 m）。上述结果表明，尽管鄱阳湖流域大型水库群数目较多、调蓄能力较强，但针对目前鄱阳湖较为严重的枯水事件，在某种程度上，水库群的联合调度还是难以完全缓解湖区干旱问题。

5.4 长江倒灌的影响

5.4.1 倒灌发生的指示与影响因素分析

倒灌是发生在湖泊与周围水体交汇处的一个重要物理过程，对湖泊水文水动力与水环境状况产生严重影响或干扰，进而对湖泊水质问题起着重要的影响或控制作用（李云良等，2017c；Li et al., 2017b）。图 5-4 为基于历史观测数据的有倒灌和无倒灌条件下流量比（定义为流域五河入湖与长江干流流量的比值）以及相应的概率分布函数变化图。1960~2010 年观测数据的统计分析表明，流量比在无倒灌发生条件下变化幅度较大，为1%~147%，50%中位数对应的流量比为 13%；而倒灌条件下流量比的变化幅度相对较小，为 0.9%~30%，50%中位数对应的流量比为 3%。换句话说，倒灌发生时的流量比要明显小于无倒灌发生时的流量比。概率统计结果表明，有倒灌和无倒灌发生条件下的流量比分布函数差异明显。当流量比低于约 5%时，倒灌可能发生且最大发生概率可达25%；当流量比高于 10%时，倒灌发生概率则低于 2%。上述结果表明，强烈的长江作用（高流量）或者较弱的流域作用（低流量）极有可能增强倒灌发生概率。尽管如此，越低的流量比并不是完全对应越高的倒灌发生概率，主要是因为前期湖泊水位与蓄量等其他因素影响了鄱阳湖倒灌发生。总的来说，流量比大小是判别倒灌发生的必要条件，可用来作为倒灌发生与否的一个重要指示。实际上，倒灌发生与否直接取决于湖口和近邻湖口的长江干流水位高低，即两者水位差。

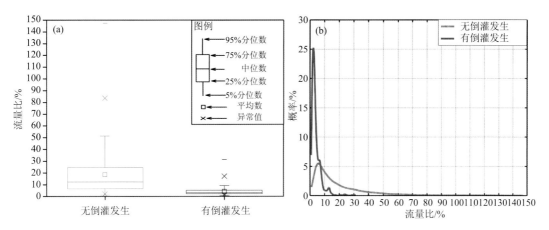

图 5-4　有无倒灌发生条件下的流量比变化（a）以及相应的概率分布函数（b）

　　影响倒灌的主要因素可归结为流域五河入湖径流、长江干流径流情势以及流域-长江的共同作用。为了消除变量数值大小和量纲影响，图 5-5 为通过标准化处理后的年倒灌天数与倒灌量同上述各影响因素之间的统计分析，不难得出，年倒灌天数和年倒灌量均与长江和流域五河流量差之间具有密切的线性相关（蓝色实线），数据拟合的确定性系数 R^2 分别为 0.96 和 0.81，表明了倒灌受长江和流域来水变化的叠加影响。还可以发现，年倒灌天数和倒灌量均与长江干流流量有着更为密切的相关关系（R^2 分别为 0.95 和 0.78；红色实线），而与流域五河入湖流量之间存在弱相关关系（R^2 分别为 0.39 和 0.18；黑色实线），表明长江干流径流情势变化对倒灌的影响要明显强于流域入湖流量。因此，长江干流径流情势是影响或者控制倒灌频次与倒灌量的主要因素，而不是流域五河入湖径流。

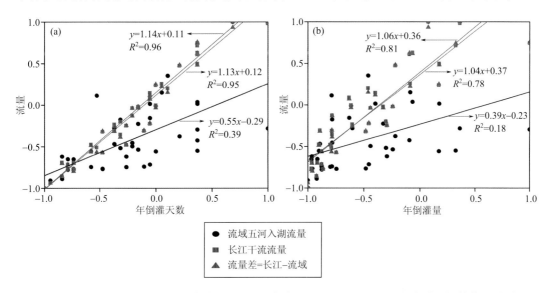

图 5-5　年倒灌天数（a）和年倒灌量（b）与流域五河和长江以及两者径流差之间的统计关系

5.4.2　倒灌的水文水动力影响

基于上述关于倒灌的基础分析,本节进一步采用水动力-粒子示踪耦合模型来分析倒灌对鄱阳湖水文水动力的时空影响。根据 1960~2010 年数据资料,选取 1964 年和 1991年的 7~10 月来分别表征鄱阳湖倒灌频次最多的年份(27 d)和倒灌量最大的年份($1.2×10^{10}$ m³)。通过平均化湖口水位过程来构建 1964 年和 1991 年无倒灌发生的模拟情景,借助不同情景下水动力模拟结果的比较(S1 与 S3 比较,S2 与 S4 比较)来评估典型倒灌事件对鄱阳湖水文水动力特征的影响(表 5-3)。此外,在整个湖区均匀投放 100个虚拟的保守性粒子(投放时间 7 月 1 日),通过耦合粒子示踪模型来进一步分析倒灌对湖区空间水流路径与物质输移的影响。

表 5-3　鄱阳湖水动力对长江倒灌的响应模拟方案

模拟方案	模型边界条件		目的与用途
	流域入流边界	湖口水位边界	
S1	1964 年 7~10 月观测数据	1964 年 7~10 月观测数据	真实条件,表征最多倒灌天数
S2	1991 年 7~10 月观测数据	1991 年 7~10 月观测数据	真实条件,表征最大倒灌量与强度
S3	1964 年 7~10 月观测数据	1960~2010 年 7~10 月平均日数据	情景设计,表征无倒灌发生
S4	1991 年 7~10 月观测数据	1960~2010 年 7~10 月平均日数据	情景设计,表征无倒灌发生

图 5-6 为水动力模拟计算的典型倒灌事件(1964 年和 1991 年)对鄱阳湖整个湖区水位和流速的影响。不难发现,倒灌导致了鄱阳湖全湖区水位的整体抬高,表明了倒灌可能造成鄱阳湖更严重的洪水事件与灾害。对比两次典型倒灌事件可以得出,湖泊水位受影响最为显著的区域主要分布在贯穿整个湖区的主河道,而浅水洪泛区的水位则受倒灌影响相对较小。总体而言,倒灌使得湖泊空间水位提高幅度变化范围约 0.2~1.5 m,倒灌影响程度由湖口逐渐向湖区中上游以及湖岸边界等区域衰减。倒灌对湖区流速影响与水位呈现相似的空间分布格局,而且倒灌对流速的影响也向湖区中上游逐渐减弱,但流速的空间变化表现出更为复杂的特征。也就是说,倒灌趋向于增加湖泊主河道的流速达 0.3 m/s,但影响范围最远可至棠荫等中部湖区。因为洪泛区的水流相对较缓,在地形和倒灌的复合影响下,倒灌影响使得流速变化既有增加(正值)又有减小(负值),但总体上洪泛区流速受倒灌影响表现得相对较弱。从湖区水量平衡角度出发,倒灌对空间水位和流速的影响主要取决于长江来水进入鄱阳湖的倒灌量。数据资料显示,在 7~10 月的倒灌期间,长江倒灌量约为流域五河来水总和的四倍,从而可以合理解释倒灌对湖区水位的整体抬高以及流速复杂的空间响应。

图 5-7 选取了空间四个主要水文站点来分析 1964 年和 1991 年典型倒灌对湖区流向的影响。对比无倒灌条件下的流向变化(S3 和 S4)可以发现,星子、都昌和棠荫等湖区水流均对倒灌表现出较为一致的响应变化(S1 和 S2),流向变化约 90°~180°,但上游康山湖区的流向变化相对较小,甚至没有变化。由此得出,在湖区南北方向上,虽然流向转变角度可达 180°,但倒灌对流向的影响似乎也呈现出向湖区上游逐渐减弱的趋

势。水流流向变化将会使得湖区中不同类型物质排泄不畅以及长时间滞留湖区，进而对湖泊水环境状况造成严重影响。

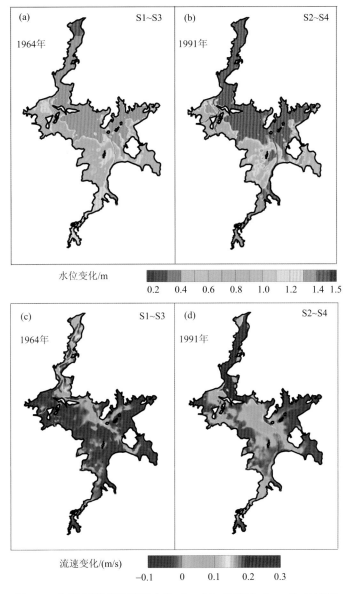

图 5-6　典型倒灌对鄱阳湖水位（a、b）和流速（c、d）的影响

　　粒子示踪结果清晰呈现了倒灌期间，粒子或物质在倒灌改变水流作用下整体向湖区上游迁移，但是倒灌对不同湖区粒子的迁移距离影响却差异较大，表明了水动力场的空间变异性（图 5-8 和图 5-9）。总体上，倒灌导致的水流流向变化能够使得湖区绝大部分粒子向上游迁移几千米至大约 20 km，且倒灌使得粒子在下游主河道的迁移距离要明显大于中上游等洪泛区。如上分析，原因主要归结为倒灌对流速和流向的影响随着距湖口

距离的增加而逐步减弱。本书结果充分证实了先前研究过程中的一些认识，即倒灌会阻止湖水的正常排泄而增加了湖区的换水周期，进而导致湖区水环境状况恶化等。

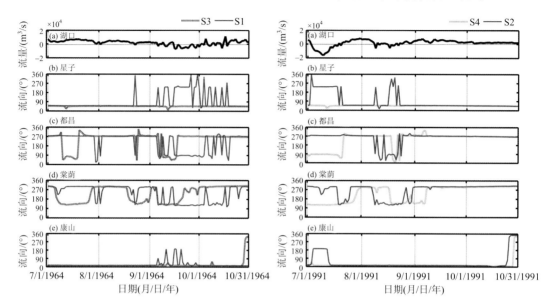

图 5-7　典型倒灌对鄱阳湖空间四个站点流向的影响

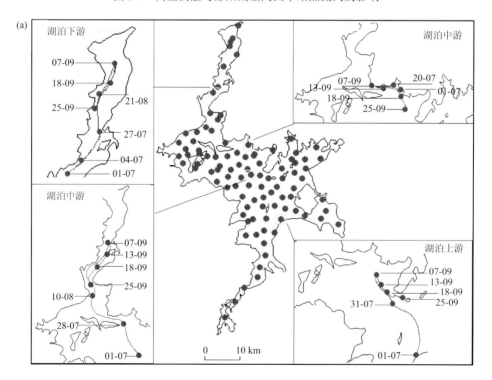

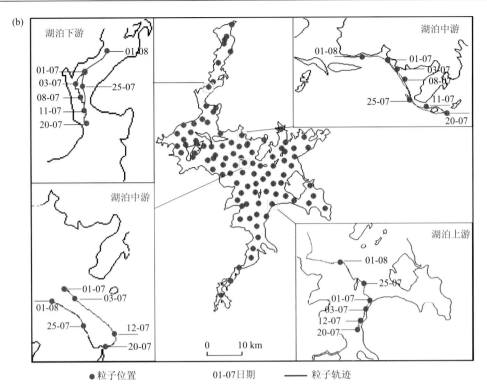

图 5-8　典型倒灌事件对鄱阳湖局部湖区粒子运动轨迹的影响

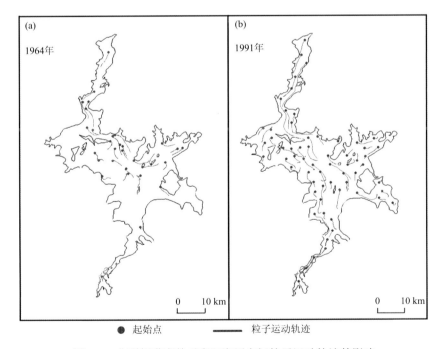

图 5-9　典型倒灌事件对鄱阳湖区空间粒子运动轨迹的影响

5.5　主湖区地形（河道）变化的影响

5.5.1　情景方案设置

2000 年以来，鄱阳湖河道存在大规模采砂活动，对主河道地形产生了重塑作用，进而影响了湖泊水文水动力条件。根据资料情况，获取鄱阳湖 1998 年和 2010 年两期湖盆地形高程数据（图 5-10）。通过对比可以发现，1998 年和 2010 年地形高程的差别主要在湖区北部入江通道段，即 2010 年地形相比 1998 年，入江通道段湖床下切严重，其他区域差异相对不是很明显，其主要原因是入江通道的持续采砂。地形下切主要影响枯水期水位，从水位低枯程度及枯水持续时间来看，2006 年均为典型的枯水年，因此选用 2006年进行地形变化影响评估。通过先前构建的鄱阳湖洪泛系统水动力模型，仅将两期湖盆地形数据重新更新至水动力模型，其他所有计算条件保持不变，进一步结合 2006 年流域来水和长江水位情况，分别计算两期地形条件下水文水动力过程，对比水位、流量等关键变量对地形变化的响应差异（姚静等，2017）。

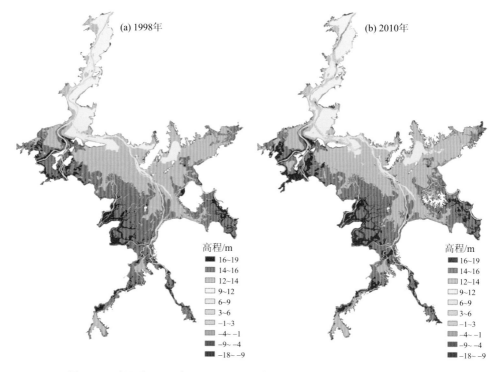

图 5-10　鄱阳湖 1998 年（a）和 2010 年（b）湖盆地形图（吴淞高程）

5.5.2　主河道地形变化的水文水动力影响

从鄱阳湖水位变化过程来看（图 5-11），与 1998 年地形相比，2010 年地形导致各站点、各阶段水位存在不同程度的降低。星子、都昌在低水位时最为明显，而高水位时变化微弱，棠荫、康山水位降低值较小，且全年变化较为均一。从平均水位降低值来看（表 5-4），受地形下切影响，低水期水位最大可降低 1～2 m，涨、退水过程水位降低值也均在 0.6 m 以上，而高水期水位平均降幅最大不超过 0.4 m。各站点中，都昌受地形变化影响最大，低水位平均降幅可达 2 m，高水位降幅可达 0.36 m，均超过同时期其他站点。其次为星子，水位平均降幅约为 0.2～1.4 m。至棠荫，水位降幅明显降低，全年水位降幅约为 0.33 m，康山为 0.1～0.2 m。通过表 5-4 总体可知，地形变化影响下，星子和都昌站点的水位降幅较大，表明星子-都昌周边水域受到地形变化的影响最为显著。

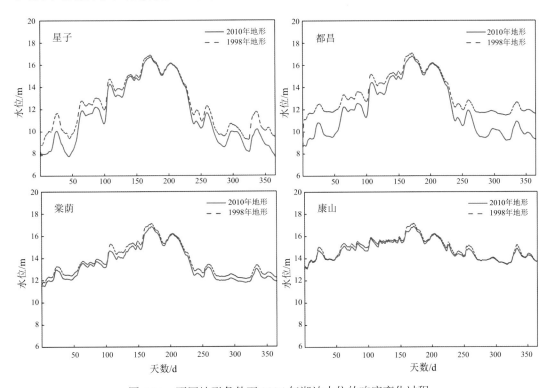

图 5-11　不同地形条件下 2006 年湖泊水位的响应变化过程

表 5-4　地形变化下湖泊站点平均水位降低值　　　　　　　　（单位：m）

	涨水（3～5 月）	高水（6～8 月）	退水（9～10 月）	枯水（11 月～次年 2 月）
星子	0.67	0.23	0.78	1.37
都昌	0.88	0.36	1.65	2.03
棠荫	0.34	0.26	0.36	0.35
康山	0.21	0.20	0.11	0.09

图 5-12 呈现了地形变化对水位的空间影响。由图可见，涨水期，湖区中部、东部及北部 13～16 m 水位分布范围发生明显变化；与 1998 年地形相比，2010 年地形条件下，13～15 m 水位分布向南部上游区偏移，而 15～16 m 水位分布范围大为减少。高水期，只在北部入江通道处 15～16 m 水位分布有小范围的差异。退水期，相比 1998 年地形，

2010 年地形条件下棠荫以北的河道区 10～11 m 的水位范围扩大，11～12 m 的范围减小。低水期，主要影响范围同样是棠荫以北的河道区，其中 8～10 m 的水位范围扩大，10～12 m 的水位范围减小。同时发现，退水期、低水期，局部水体与主河道脱离之后形成的碟形湖或子湖水面积也存在一定差异，这主要是局部地形的冲淤变化引起的。以赣江中支、南支入湖三角洲带为例，退水期、低水期水位 16 m 以上的范围在 2010 年地形条件下比在 1998 年更大。

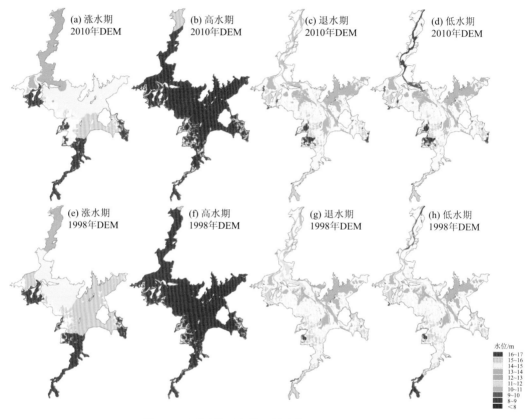

图 5-12　不同地形条件下枯水年的水位空间分布

5.6　洪泛区地形（碟形湖群）变化的影响

5.6.1　情景方案设置

由于人类活动的增加，鄱阳湖洪泛区内的碟形湖极易受到改变，这些碟形湖会遭受明显的泥沙沉积影响。尽管不同碟形湖之间存在一定的水力联系，但它们的空间分布较为分散且相对独立，因此，研究这些碟形湖的耦合作用效应要比研究单个碟形湖要更加具有实际意义。这些碟形湖的最小面积小于 1 km^2，最大面积约为 80 km^2。

基于上述原因，本书基于湖泊高程和 GIS 支持的地理空间数据模型（Arc Hydro），对鄱阳湖洪泛区 77 个碟形湖的功能进行了概化（图 5-13）。Arc Hydro 是一种用于水资源应用的水文数据建模工具，其开发目的是构建水文信息系统，以综合支持建模和分析的地理空间和时间数据。在本书中，碟形湖被视为地形下垫面上的洼陷单元。也就是说，水体被认为滞留在碟形湖中，在低水位期间无法正常流动。因此，本书采用 Arc Hydro 模型中的水深调整方法和填洼工具。本研究过程中，基于 250 m×250 m 的栅格数据，通过在洼地及其相邻高程之间保持较小的坡度（<0.001°），应用 Arc Hydro 完全或部分修改 77 个碟形湖的高程值。也就是说，所有碟形湖均经过地形填充，修正后洪泛区几乎成为相对平坦的区域。由此可知，鄱阳湖原始地形数据和校正后地形分别表示自然条件（存在碟形湖）和假设条件（不考虑碟形湖），将两个不同条件下的地形高程数据更新至水动力模型，其他所有条件保持不变，通过不同地形条件下湖泊水动力过程之间的差异，进而基于地形修改来表征洪泛区碟形湖群（即是否考虑）对鄱阳湖水文水动力的影响（Li et al., 2019b）。

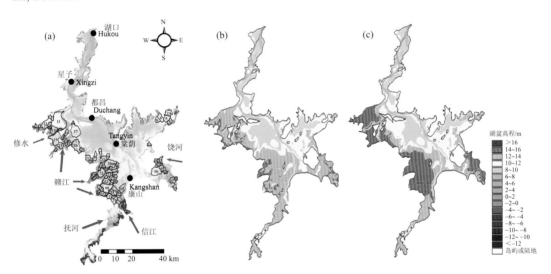

图 5-13 鄱阳湖洪泛区碟形湖群空间分布（a）及原始湖盆地形（b）与修正后湖盆地形分布（c）

5.6.2 碟形湖群的水文水动力影响

根据上述基于湖泊地形自然条件和假设条件，模拟枯水和丰水年份的湖泊水位变化如图 5-14 和图 5-15 所示。对于主湖区和洪泛区，模拟结果表明，不管是 2006 年还是 2010 年，碟形湖群对洪水月份（如 6 月至 8 月）水位的耦合效应明显弱于冬季干旱月份（如 12 月至次年 2 月）。也就是说，如果不考虑碟形湖群的存在，地形发生改变后，将会导致枯季水位比自然条件高，主要体现在枯水年（2006 年）和丰水年（2010 年）的主湖水位分别增加 0.6 m 和 0.4 m。此外，洪泛区的相应水位可增加到 0.9 m。在高洪水位时期，碟形湖群对主湖区和洪泛区的水位变化影响往往有限，总体上小于 0.2 m，尤其是在典型的丰水年份几乎没有影响（如 2010 年）。总的来说，碟形湖群对水位的影响在枯水年（2006 年）要比丰水年（2010 年）更加显著，在旱季要比雨季更加显著，即枯水年的旱季最易遭受影响。

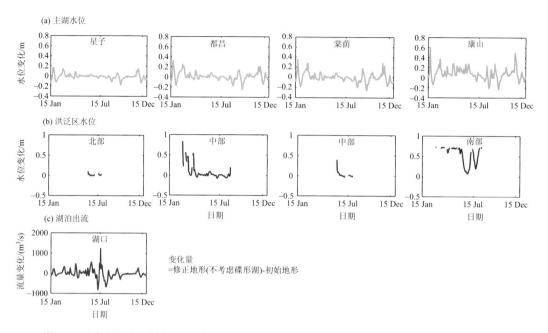

图 5-14　碟形湖群对枯水 2006 年主湖水位（a）、洪泛区水位（b）和湖泊出流（c）的影响
图（b）缺失数据表示干湿条件的转化

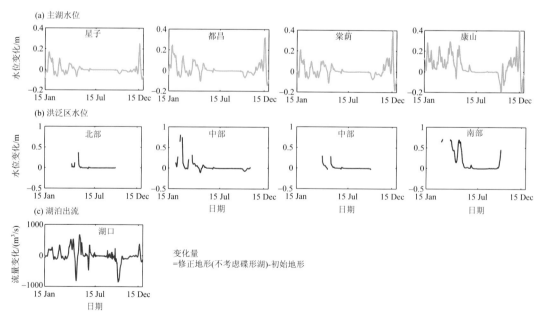

图 5-15　碟形湖群对丰水 2010 年主湖水位（a）、洪泛区水位（b）和湖泊出流（c）的影响
图（b）缺失数据表示干湿条件的转化

对于鄱阳湖出流量，本次模拟结果表明，在不考虑碟形湖群的情况下，湖口出流量可能表现出复杂的响应（即存在正负差异）。此外，在枯水 2006 年和丰水 2010 年的旱季，可以看到更明显且更加动态的湖泊出流量变化（图 5-14 和图 5-15）。一般来说，碟形湖群在影响湖泊出流等方面发挥作用有限，主要是因为累积的湖泊出流量在假设地形条件和自然地形条件之间似乎并没有明显变化（图 5-16）。

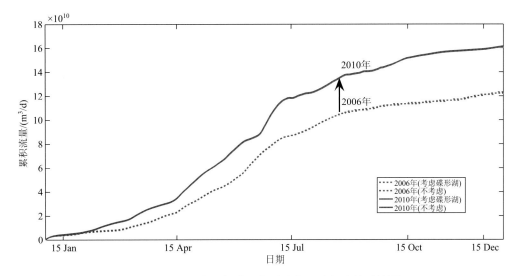

图 5-16　不同水文年碟形湖群对湖口累积流量对比图

图 5-17 绘制了 2006 年和 2010 年洪旱时期湖泊水位的空间响应变化。结果表明，在碟形湖群影响下，洪水期的水位分布格局与枯水期的分布非常相似。然而，正如预期的那样，枯水期的空间水位变化（即高达 1.6 m）比洪水期（即高达 0.6 m）更为显著。虽然在洪泛区一些区域观察到水位下降现象，但洪泛区大部分区域的水位变化总体上呈增

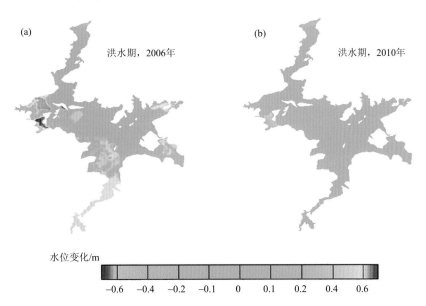

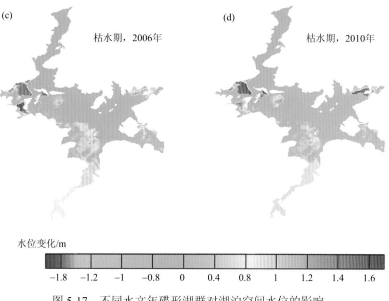

图 5-17　不同水文年碟形湖群对湖泊空间水位的影响

加态势。在本书的两个水文年，洪泛区水位变化幅度（约大于 0.6 m）明显高于鄱阳湖主湖区水位变化（约小于 0.2 m）。这是因为局部水深变化和相关的水流结构可能会对整个洪泛区的水位动态过程产生明显影响。例如，图 5-18 呈现了不同地形条件下的水动力场格局及其变化。在这两个年份中，主湖水流的南北方向相对比较稳定，但碟形湖群的影响和作用主要聚集在洪泛区，即从自然地形变化到假定地形条件，明显可见洪泛区的水流轨迹发生变化。这里，仅是借助水位和水流的空间变化，以说明碟形湖群对洪泛区水文过程所带来的明显作用，对湖泊主河道的影响作用相对较小。

5.7　洪泛区植被分布的影响

5.7.1　情景方案设置

低水位时期，因湖泊水体归槽，洪泛区植被大部分出露，因此洪泛区植被的影响主要发生在高洪水位期间。基于水动力模型，主要模拟涨水、洪水和退水阶段洪泛区植被对水文水动力的影响（图 5-19）。洪泛区面积大约 2000 km^2，植被分布相对广泛，研究不同植被类型的耦合作用要比单一植被类型的影响作用更具有实际意义。

为了通过水动力模型开展植被影响评估，本书主要通过模型中的糙率系数来刻画不同下垫面土地利用类型（即水体、芦苇、苔草、茵陈蒿、泥滩、草地）对水动力条件的影响（表 5-5）。本书主要基于系统的思路，通过苔草、芦苇、茵陈蒿等几种典型植被与泥滩的转化来辨析植被的总体影响，进而评估整个洪泛系统的水动力响应（即水位、流量和流速），具体可参考 Li 等（2020b）。

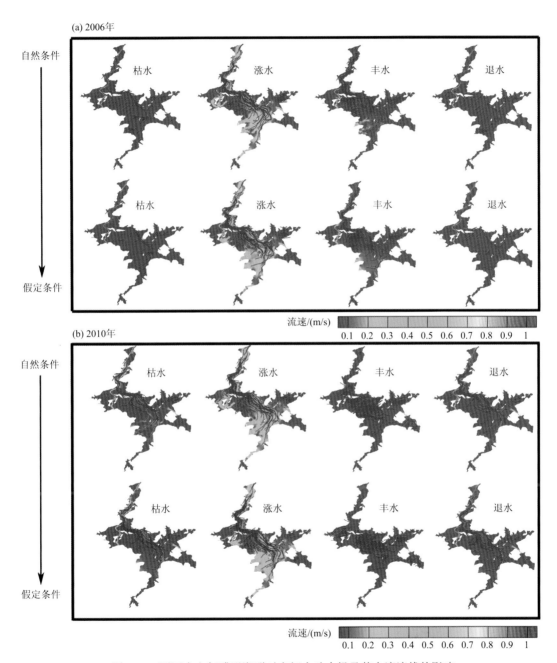

图 5-18   不同水文年碟形湖群对空间水动力场及其水流流线的影响

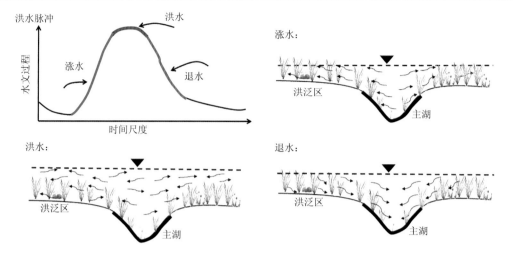

图 5-19 典型水文期植被与水动力之间的作用关系示意图

表 5-5 鄱阳湖洪泛区主要土地利用类型及相应的糙率系数

土地覆盖类型	曼宁系数取值范围 [a]	曼宁系数均值 [b]	曼宁数 [c]（$m^{1/3}/s$）
水体	0.015～0.019	0.017	59
泥滩	0.016～0.020	0.018	56
芦苇	0.080～0.120	0.100	10
苔草	0.035～0.070	0.050	20
茵陈蒿	0.025～0.050	0.035	29
草地	0.025～0.035	0.030	33

a. 数据来源于 Chow（1959）；b. 数据来源于 Kiss 等（2019）；c. 水动力模型的曼宁数这里定义为曼宁系数的倒数（DHI, 2012）。

5.7.2 洪泛植被的水文水动力影响

两种模拟方案之间的水位差用于量化鄱阳湖洪水脉冲系统中植被的影响，如图 5-20 所示。由于洪泛区植被的联合作用，洪泛区水位响应在不同情景之间表现出显著的时间差异。模拟结果表明，在涨水阶段（例如 5～6 月），洪泛区植被对水位的耦合效应明显强于洪水和退水阶段（例如 7～9 月）。原因为植被和水文之间复杂的相互作用，这些相互作用随洪泛区水深、水面梯度和地表水连通性等要素的季节变化而变化。换句话说，洪泛区植被更有可能在涨水阶段导致比假设情景更高的水位，这反映在主湖（即高达 0.3 m）和洪泛区（即高达 0.2 m）的水位增加幅度上。而洪泛区植被变化对洪水阶段的水位过程影响几乎可以忽略，例如水位差异在模拟的误差范围内（即图中黄色虚线）。此外，在洪水消退期间，洪泛区植被通常在影响水位变化上发挥微弱作用，即水位差小于 0.1m。总体而言，鄱阳湖洪泛系统上游区域的植被影响最大，即影响程度从星子到康山逐渐加强。可见，洪泛区植被可能导致洪水输移量下降，从而导致水位升高。

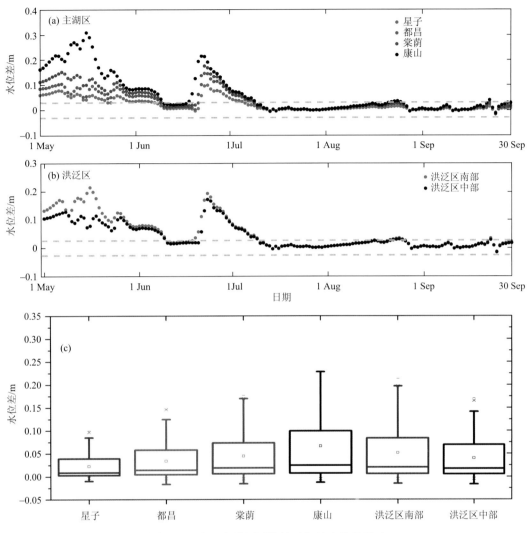

图 5-20　鄱阳湖洪泛区植被对湖泊水位的影响
水位差表示考虑植被条件和不考虑植被条件的结果差异

　　图 5-21 进一步显示了涨水、洪水和退水阶段，洪泛区植被对湖泊空间水位的影响。模拟结果表明，尽管湖泊水位空间格局在不同阶段表现出相似的分布特征，但涨水和退水时期（即 5～6 月和 9 月）的空间水位变化（即–0.2～0.4 m 之间变化）比洪水期（即 0～0.1 m 之间变化；7～8 月）的变化更为显著（即–0.2～0.4 m 之间变化）。在本研究期间，虽然在洪泛系统的大多区域观察到水位上升现象，但同时可见水位下降现象，最大可至 0.2 m 左右。此外，模拟结果表明，对于每个水位阶段，上游区域的水位增长略高于下游区域，这可能是由植被粗糙率的空间变异性以及复杂湖盆形态和水深特征共同导致。总的来说，洪泛区现有植被一般在水位上升和下降期间起着重要作用，尤其是对湖泊上游广大区域。

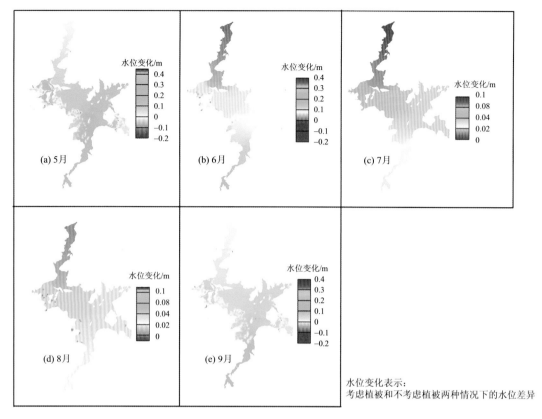

图 5-21　鄱阳湖洪泛区植被对湖泊空间月平均水位的影响

对于湖泊流速的分析（图 5-22），在涨水阶段，主湖和洪泛区的流速变化显著，高达 0.2 m/s，而在其他阶段，变化幅度约小于 0.05 m/s，尤其是在洪水期，流速变化相对较小，即在模型误差范围内。尽管洪泛区植被可能会增加湖泊洪泛的局部流速，如棠荫站流速变化为正值，但大部分区域都观察到流速降低现象。简而言之，洪泛区植被的作用相当于大量障碍物，会导致流速有所降低。总的来说，在水位上升和下降阶段，洪泛区现有植被覆盖很有可能导致流速减小，其影响作用不可忽视。对于对流速的空间影响，图 5-23 表明了不同水文阶段其流速响应变化的空间分布极为相似。在主要湖泊主河道和洪泛区发现流速降低现象，大约 0.2 m/s，而在下游区域发现流速增加现象，可以达到约 0.1 m/s。此外，可以看出涨水和退水阶段的空间流速变化（即–0.3～0.1 m/s）比洪水期（即–0.05～0.04 m/s）更为显著。总体而言，洪泛区植被对流速的分布影响存在相对复杂的模式，主要是由于水流的快速和敏感响应。

图 5-24 反映了鄱阳湖洪泛区植被对湖泊出口流量过程线的影响。模拟结果显示，流量似乎对不考虑植被的假设情景表现出复杂的响应变化，差异变化介于–2000 m³/s 和 1000 m³/s 范围之间。在水位上升和水位下降期间，湖泊出流量要比洪水阶段的变化更为显著，这表明植被的影响主要集中在涨水和退水阶段。平均意义上，与不考虑植被影响的情况相比，目前洪泛区植被可能对湖泊蓄水量的维持具有一定的作用。

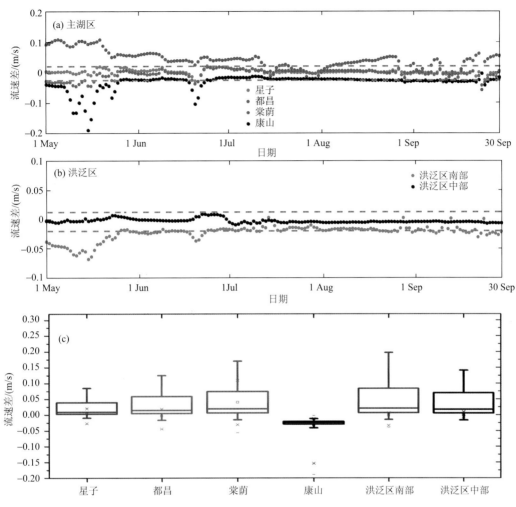

图 5-22　鄱阳湖洪泛区植被对湖泊流速的影响

流速差表示考虑植被条件和不考虑植被条件的结果差异

　　尽管当前模拟采用了基于文献资料获取的植被糙率值，但实际值和文献值之间的差异仍然未知且难以评估。因此，敏感性分析表明（图 5-25），糙率系数变化对洪泛区大部分水位（小于 0.1 m）和流速（小于 0.1 m/s）的影响相当有限，尤其是在鄱阳湖的洪水时期。这意味着，相对于本研究洪泛区植被的耦合效应（即植被全部转化为泥滩或无植被存在），其他不同植被覆盖类型之间的转化（例如，芦苇转化为草地）可能不会对水动力条件产生显著影响。

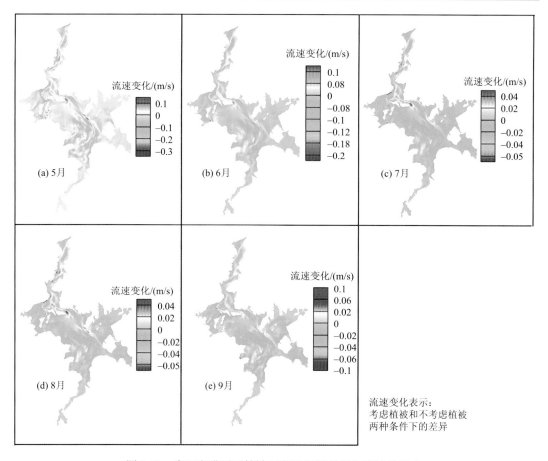

图 5-23　鄱阳湖洪泛区植被对湖泊空间月平均流速的影响

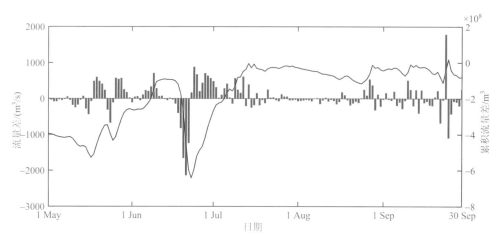

图 5-24　鄱阳湖洪泛区植被对湖泊出流的影响

流量差表示考虑植被条件和不考虑植被条件的结果差异

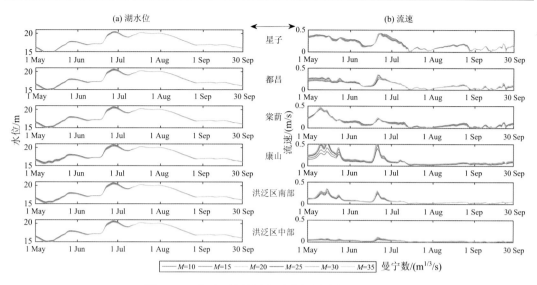

图 5-25　洪泛区植被糙率系数的敏感性分析结果

5.8　小　　结

　　由于社会经济的快速发展、土地利用方式的转变、流域及长江上游水利工程的大规模建设，加之气候异常等因素的进一步影响，鄱阳湖周边的水文情势愈发复杂，鄱阳湖水文水动力过程受到了很大程度的改变，但其对系统内部和外部环境压力的响应方式与程度亟须深入理解。

　　本章主要侧重于鄱阳湖洪泛系统水动力模型的具体应用，以解决一些区域热点关切问题和实际需求。自 2000 年以来，长江来水变化对鄱阳湖全年淹水历时的影响程度明显高于流域。长江和流域对鄱阳湖水文情势的影响范围和程度呈现出明显的时空差异，总体上长江来水对鄱阳湖退水期影响突出，流域对鄱阳湖涨水期影响相对较为明显。长江干流水文情势是影响倒灌频次与倒灌量的主要因素，长江倒灌总体上干扰了湖区的水动力场，其影响程度随着远离湖口而逐步减小，但可影响至最上游康山湖区。湖盆下垫面特征是影响湖泊水动力场格局的关键因素，研究认为湖泊主河道地形变化对水动力场的影响要明显强于洪泛区地形的变化，洪泛区植被对水动力场的影响主要体现在涨水和退水阶段。碟形湖群是鄱阳湖洪泛区的典型地理地貌单元，尽管其生态意义极为突出，但其对湖区总体水情的影响与贡献仍较为有限。

第6章　鄱阳湖洪泛系统地表水文连通演变及其潜在生态环境影响

6.1　引　　言

受气候变化与下垫面人类活动的频繁影响，洪泛背景下的水文连通性问题被提升到新的研究高度。水文连通性伴随着水循环过程的发展与演替，表现出动态性、多维性、系统性、阈值性和异质性等主要特征，也直接参与了洪泛区一系列物理、化学和生物过程。水文连通性在河湖洪泛生态系统中担当重要角色，同样具有极其重要的环境意义，对河流、湖泊和湿地生态环境造成联动影响并触发反馈作用。在频繁水动力扰动下，水文连通与生态环境因子的相互作用以及功能调节会更加复杂，深层次的认知可为生态环境的科学保护和修复提供有力支撑。

从现阶段鄱阳湖低枯水位频繁出现、长江倒灌鄱阳湖频次有所减弱以及极端水文事件发生等诸多问题来看，鄱阳湖独特的水文节律和偏天然的水动力过程实际上已遭受系统内部和外部不同类型和频率的干扰，直接导致湖泊水深分布、流速场和温度场的响应变化。鄱阳湖水文连通性的时空分布格局与连接程度已然发生改变，将会导致水资源、水质及生态环境等也面临着严峻的变化态势。水文连通性作为水文和生态环境等学科交叉的重要纽带，在鄱阳湖洪泛系统中彰显了极高的研究价值和意义，不仅可丰富大湖洪泛系统生态评估理论与方法，拓展和延伸水文连通性在学科交叉中的研究内涵，也可提升大湖洪泛区水量平衡、水资源调配和生态环境保护等相关研究，进而服务于国家重大需求。鉴于此，本章侧重于水文连通内涵的理解与提升，通过洪泛区水文连通模型的研发与构建，主要开展洪泛系统水文连通时空演化特征及影响要素、阈值行为的研究，最终评估水文连通对鄱阳湖关键生态环境因子的潜在影响，以深入理解洪泛区水文连通与生态环境的耦联关系。

6.2　洪泛水文连通的内涵与定义

6.2.1　水文连通与水文水动力的关系

同水文、水动力过程相比，水文连通性虽属目前热点研究方向，但实为一个较为狭义的概念，作者认为水文连通性更加侧重于从系统角度来识别水流的空间联系与多维度转化。水文连通性通过建立河流、湖泊与湿地等水体之间的水力联系，优化调整河湖水系格局，以提高水资源统筹调配能力，改善河湖生态环境，增强抵御水旱灾害的能力，目标是基于水文连通来改变或调节河湖湿地等水文水动力过程。然而，对于一些原本已经连通的不同水体或河湖水文水动力情势高度动态的洪泛系统，水文水动力条件的改变将会直接影响水文连通的功能和质量，水文连通则会进一步调节和改善水动力环境。由此可知，水文连通性虽作为水文水动力过程的固有属性，但两者之间既表现出一定的因果关系，又表现出一种伴生和相互作用关系。

从水文连通的影响来说，其发生时机、程度及持续时间与水深、流速和水温变化等密切相关。总体而言，水深、流速和水温共同决定了水流中泥沙再悬浮和絮凝沉降速率，流速快慢则影响了富营养化水体的滞留时间和藻类的生长繁殖时间，而水温是浮游藻类进行光合作用的必要条件。水深、流速和水温等水动力条件的改变，除了直接影响大型底栖动物的迁移、觅食和繁殖特征，还可以通过改变水环境来间接影响生态系统食物链和食物网结构（Reckendorfer et al., 2006; Bennion and Manny, 2014）。与此同时，生态因子适宜栖息地的时空动态对水深、流速和水温等关键水动力参数的变化遵循特定的阈值效应（图 6-1）。

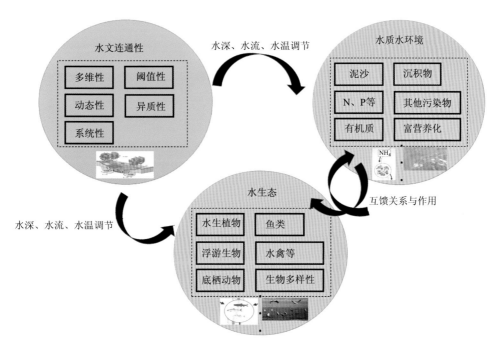

图 6-1   水文连通对水文水动力条件的影响及生态环境效应的概念性示意图

6.2.2   水文连通的新定义及其内涵

虽然水文连通性的概念已经发展并取得广泛应用，但对其定义和度量方法几乎没有达成一致意见。近些年来，采用两个相关且互补的概念，即结构和功能连通性，来表示时空尺度上水文连通性的程度和动态。

水深和流速通常被视为影响洪泛区连通的两个最重要因素，尤其是对各种生态指标的进一步影响。一般而言，大多数洪泛系统的不规则性和偏远性形成独立的局部水文单元，如地表洼地、河道和地形屏障等，从而产生直接影响水文连通的不均匀水深和流速分布。如前所述，水深动态可能在影响鱼类、软体动物群落和水鸟方面发挥重要作用，流速容易影响沉积物输移、有机质和水质趋势，而两者的共同作用有望控制最具生态性的目标。尽管之前的研究强调了连通在分析洪泛环境以及作为规划和管理策略的潜在工具方面的重要性和影响，但从系统角度来看，并没有说明水深和流速、水温等条件对水文连通性的单独或联合影响。研究初期，大多数工作只是从纯水文学角度开展了水文连通的定义和基本信息获取，随着研究的逐步深入，通过考虑水深和流速等影响的水文连通对生态和环境领域的实际意义要更为重要。但水文连通的概念和定义应被细化或进一步发展，以提高其在生态和环境研究中的内涵诠释及实用性。图 6-2 呈现了水深、流速等要素对水文连通和生态环境指标的影响，旨在强调水文水动力过程与水文连通之间的密切联系及其生态环境响应的重要意义。

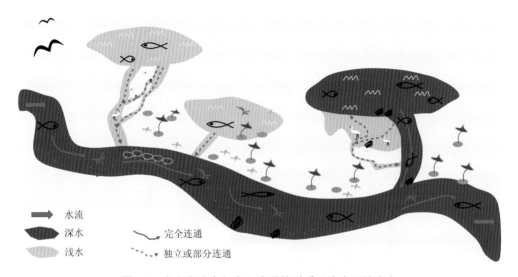

图 6-2　水文水动力与水文连通的联系及生态环境意义

　　基于上述背景，考虑到水文连通的功能和质量，结合水文水动力要素的影响，对水文连通进行重新定义，并定义为 3 种主要类型（表 6-1）：①总体连通性（total connectivity，TC），基于水位或水面分布数据，仅考虑水体的时空淹没状况，不考虑水深和流速，该定义可用来分析洪泛区的总体连通情况，只是一个简单的连通度量方法。②一般连通性（general connectivity，GC），基于水深、流速、水温等某一变量数据，通过设定不同的单一变量阈值，考虑其变化对连通的影响，例如考虑了水深变化对连通的影响，该定义可满足大多数生态环境指标的连通，即表征一般意义上的连通性状况。③有效连通性（effective connectivity，EC），结合水深、流速和水温等数据，通过设定不同的水深、流速、水温等阈值，综合考虑这些水动力要素的联合影响，该定义能够最为合理地解释水文连通性的生态环境意义，定义为有效连通性。

　　根据如上所述，将 3 种水文连通的定义用图 6-3 进行示意，可知水深和流速等变量对水文连通状况的影响，表明了不同水动力环境下不同水体之间的连通程度及其功能。实际上，从总体连通、一般连通到有效连通，其水文连通的刻画程度由粗到细，致使对生态环境的指示作用与意义也在逐步增强（图 6-4）。即，越是简单的水文连通分析，其生态环境意义越不足，越是精细的水文连通考量，其生态环境意义越合理和充分。

表 6-1　水文连通的新定义和生态环境意义（Li et al., 2021a）

类型	定义	阈值行为	实际意义
总体连通性（TC）	该连通基于水面积和空间拓展分析，仅考虑有水和没水的影响，不考虑其他水文水动力要素	不考虑阈值	该定义广泛用于先前研究，对连通状况的总体或者简单评价，对生态环境因子的指示意义不足
一般连通性（GC）	该连通考虑了水深或流速等要素的影响，相对于水面积而言，内涵和意义较为明确	设定单一阈值	一般来说，水深或流速往往对生态环境因子起关键影响作用，该指标对大多数生态环境因子具有指示意义
有效连通性（EC）	该连通综合考虑了水深、流速和水温等，将多要素作用进行充分考虑，内涵和意义明确	设定多个阈值	该定义反映了多个变量对生态环境因子的综合影响，因此能够最为有效、最为合理地满足大多数生态环境因子的响应

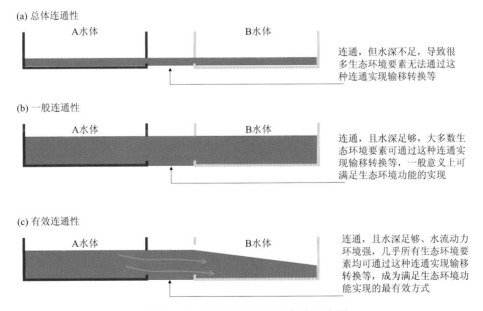

图 6-3　水文连通 3 种定义的概念示意图

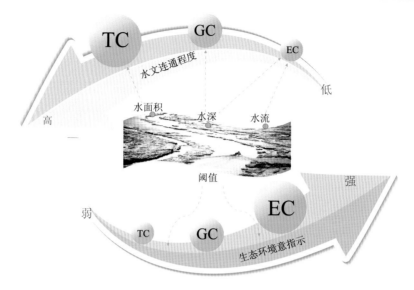

图 6-4　水文连通 3 种定义的连通程度和生态环境指示作用示意图

6.3　洪泛水文连通模型发展

6.3.1　基本原理和计算方法

国内外定量评价水文连通性的方法主要包括连通性函数、下渗理论、水力功能的连通性、量突破指数等。这些方法的一个共同假设是水文过程和连通性是相互作用的。其中连通性函数的应用较为普遍。连通性函数刻画某个方向上若干个点连接在一起的概率，空间熵值越大，目标地物内部异质性越强，随着点数的增加则连通性函数快速递减为零。本书主要采用 Trigg 等（2013）提出的连通性函数计算方法，其比较详细地阐述了连通性函数应用的原则：①连通性函数值是在给定距离上的湿单元对的数目中连通的湿单元对的数目的比例。比如在 100 m 距离上的连通性函数值为 0.5，表明在 100 m 距离上的湿单元对中有一半是连通的。随着距离的增加，连通性函数值一般是减少的。②连通性函数值在起始处（距离为零）为 1，因为单个湿单元与自己总是连通的，连通性函数值为零对应的距离是该方向上连通性的最大距离。③连通性函数值一般会逐渐减少的，当然也存在增加的情况，增加意味着在更远的距离尺度上有更多的湿单元连通，但并不一定是在更远的距离处有更多的湿单元。综上，基于创建的二值化文件（例如 1 和 0），计算任何方向（D8）、不同距离上，多个点位区域 n 的水文连通性 Pr 超过阈值 z_c 的概率值 CF，通过如下公式进行描述：

$$\mathrm{CF}(n; z_c) = \Pr\left\{ \prod_{j=1}^{n} I(u_j; z_c) = 1 \right\} \tag{6-1}$$

式中，$I(u_j; z_c)$ 代表变量 $Z(u_j)$ 在位置 u_j 处超过阈值 z_c 的指示因子，定义为如果 $Z(u_j) > z_c$，$I(u_j; z_c) = 1$，否则，$I(u_j; z_c) = 0$；$\prod$ 表示乘积算子。

连通性函数计算的一般过程为：①获取二值图像并标记连通区。②给定距离尺度下在给定方向（沿东-西或沿南-北）湿单元对的数量。③结合连通区标记信息，在计算湿单元对的数量过程中，进行同一个连通区的单元识别。④计算连通性函数值，不同距离下的连通值取决于该距离内湿单元的连通比例，按此顺序逐一计算不同距离尺度下的函数值，最终得到连通性函数曲线。为基于上述方法的连通性函数计算说明，总体而言，在 x 方向上，随着距离增加，连通性函数减弱，当距离尺度为 4 m 时，连通性函数值为 0，此时研究区不存在湿单元对，表明研究区最大的连通区在 x 方向上延伸的最长距离为 4 m。不同距离尺度下的连通性函数值实际为该距离尺度下连通的湿单元对与湿单元对的比值。比如，距离为 1 m 时，研究区有 6 对湿单元，而且 6 对湿单元均是连通的湿单元，因此该距离尺度下连通性函数值为 1（图 6-5）。同理，可依次计算各距离尺度下的连通性函数值（Liu et al., 2020）。

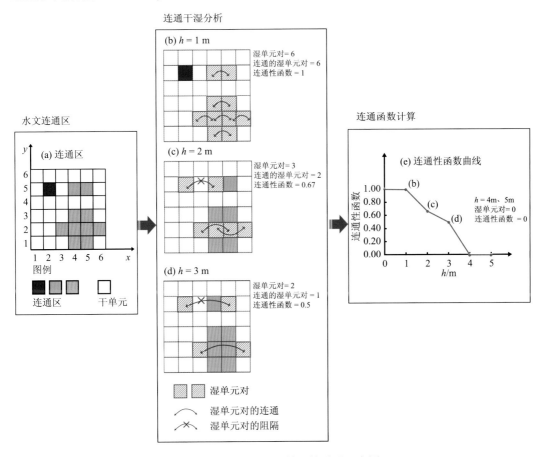

图 6-5　水文连通性函数计算说明示意图

6.3.2　模型研发和软件介绍

地表水文连通性包括沿河道流向的纵向连通以及河道与周边洪泛区之间的横向连通，连通过程对河湖洪泛湿地的水量平衡，泥沙冲淤，水鸟、鱼类、浮游藻类和大型底栖动物的生物量及生物多样性维护等至关重要。基于上述连通性函数的计算方法，本次研发的水文连通模型旨在提供一个以参数及阈值推荐、数据预处理、连通性分析和结果展示为主要功能，同时考虑干湿、水深、流速和水温分布的地表水文连通性计算分析工具。根据上文计算原理，模型基本设计思路如图6-6所示。

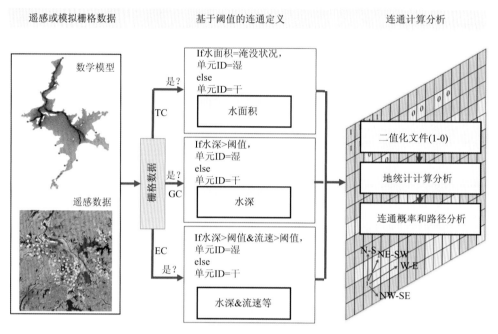

图6-6　水文连通模型的基本计算思路和流程（Li et al., 2021a）

本模型命名为"连通性评价工具（connectivity assessment tool，简称CAST）"。模型主要包括"生态因子（ecological indicator）""用户参数（user parameters）""输入条件（input options）""输出条件（output options）""结果预览（result preview）"5个主要功能模块。其中，生态因子模块推荐了水文（hydrology）、水鸟（waterbirds）、鱼类（fishes）、悬浮泥沙（suspend sediment）、浮游藻类（phytoplankton）、大型底栖动物（macroinvertebrates）6个生态因子，用户也可以自定义选项并加入其他评估因子。用户参数模块提供了干湿二值（wet/dry）、淹没深度（inundation depth）、流速（flow velocity）和水温（water temperature）4个参数供用户选择，也可以根据实际情况灵活定义为其他水文参数。除干湿二值之外其他参数的阈值（最小值和最大值）均可依据研究需要进行设置。

水文连通模型的输入数据通常来源于遥感栅格数据和水动力模型等模拟数据。为方便处理，输入条件模块提供了两种数据类型供选择：带坐标的空间栅格文件（geotiff image）和包含经纬度信息的表格数据（*XYZ* data）。用户可以通过导入投影文件定义坐标、投影类型及感兴趣区，通过设置四至（感兴趣区的四个顶点坐标）和像元尺寸定义研究范围和插值（或重采样）栅格的空间分辨率。输出条件模块需要用户输入插值结果（interpolation result）、连通体文件（CONNOB file）和连通性函数文件（CF file）的存储路径。其中，插值结果的存储仅在输入数据包含"*XYZ* data"时是有效的。在正确选择和填写以上信息以及运行成功后，模型会将连通性函数存储路径及文件列表自动写入右侧的结果预览模块。结果预览模块目前仅提供了对连通性函数值的预览功能。用户选择要比较和展示的连通性函数文件后，通过更新（update）按钮可以在成图区以曲线的形式显示连通性函数值随距离的变化。用户可以根据研究需要选择连通方向（E-W、N-S、NW-SE 和 NE-SW）以及对图片进行编辑（edit）和下载（download）。关于该水文连通模型的详细介绍请参见 Tan 等（2021）。

该模型基于 MATLAB R2016a 构建为 Windows 系统可执行的 EXE 文件，如果系统中已经安装了 MATLAB R2016a 或更高版本，可以直接运行软件。用户也可以通过运行"MCRInstaller.exe"文件构建 MATLAB 环境同样可以运行该软件。该模型已公开发布并免费提供给广大科研工作者使用，进而实现一些复杂河湖地区的水文连通计算和分析（http://doi.org/10.5281/zenodo.4744927），软件界面如图 6-7 所示。

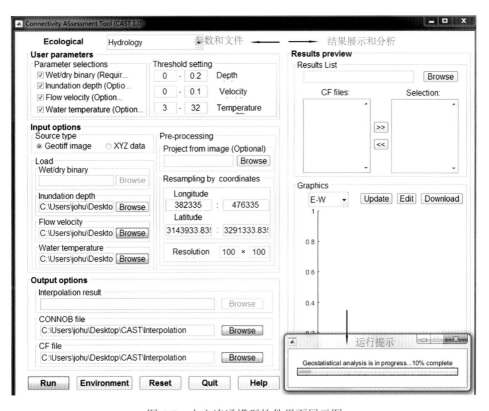

图 6-7　水文连通模型软件界面展示图

6.4　不同水文连通定义的时空特征

6.4.1　3 种连通定义的差异分析

由于本书旨在深入了解不同水文连通定义的影响，因此总体思路是基于鄱阳湖洪泛系统的代表年份 2018 年，分析 3 种定义下连通性特征之间的差异。为了说明阈值作用的重要性，水深阈值（例如 h=20 cm）和流速阈值（例如 v=0.1 m/s）基于鄱阳湖和其他类似地区的文献值。也就是说，20 cm 水深和 0.1m/s 流速的环境更有可能创造更好的水文连通条件，这对大多数生态和环境目标（例如，沉积物、有机物、鱼类、浮游植物）具有明显影响（图 6-8）。为了研究不同阈值（水深和流速）的变化对水文连通性的影响，本书通过设置一定的水深和流速阈值，设计了一系列数值试验场景（其中，Δh=10 cm，Δv=0.05 m/s）。基于此，产生的干湿二值数据被用于水文连通模型，且进一步计算南北、东西、西北-东南和东北-西南方向上的地表水文连通性。

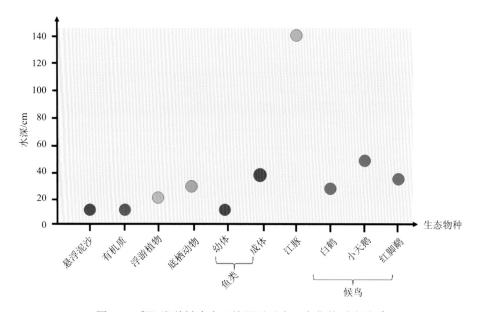

图 6-8　鄱阳湖关键生态环境因子对水深变化的适应关系

鄱阳湖水动力特征的时空动态与地表水文连通性密不可分。对于水深和流速，时间序列变化趋势表明，总体而言，这两种作用力全年呈明显的负相关关系，主要是由于动态水力梯度对流速的影响[图 6-9（a）]。平均而言，在枯水期（例如 2 月；平均连通值 CF=0.3）可以观察到较低的水文连通性，在涨水和退水期（例如 5 月和 10 月；平均 CF=0.4~0.5）可以观察到中等连通性，而在洪水期（例如 8 月；平均 CF=0.7）可以发现较高的连通性。空间分布上，鄱阳湖水深和流速显示出高度的空间异质性，并在湖泊空间上变化非常明显。然而，洪泛区的水动力行为在空间格局上表现出相似特征。从地形地貌上看，湖泊主河道的水深超过 10 m 左右，但洪泛区的水深通常小于 2 m [图 6-9（b）]。在空间上，水流速度从洪泛区的小于 0.1 m/s 到主河道的大于 0.9 m/s 不等[图 6-9（c）]。图 6-9（d）所示的结果揭示了主河道和洪泛区之间水文连通体的变化（一个颜色表示一个连通体），表明整个湖泊洪泛系统的连通状况较为复杂。空间变化的地形特征可能对连通条件产生显著影响，尤其是洪水脉冲系统的枯水、涨水和退水阶段[图 6-9（d）]。

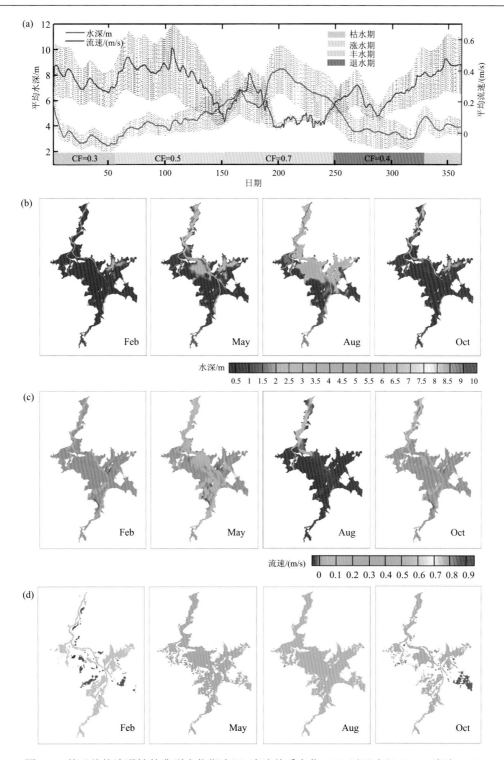

图 6-9　基于总体连通性的典型水位期水深-流速关系变化（a）以及水深（b）、流速（c）
和连通体的空间分布（d）

　　在 TC、GC 和 EC 不同水文连通定义的条件下，图 6-10 绘制了鄱阳湖洪泛系统连通性逐月 N-S、W-E、NW-SE 和 NE-SW 变化曲线。对于所有 3 种连通性定义，时间序列趋势显示连通值 CF 在 4 个方向的距离尺度（x 轴）上呈现高度动态变化。然而，枯季的水文连通性总体较低，涨水期和退水期的连通性相对保持中等程度，而洪水期的连通性整体上较高。在一年中的大部分时间里，TC 的连通条件明显高于 GC 和 EC。水深和流速阈值对水文连通性（GC 和 EC）的影响可能与基准条件（TC）产生较大的差异。同样可知，水深和流速的组合效应可能对连通性（EC）产生比单独水深（GC）更为复杂的作用。从水文连通变化的平均意义上而言（图 6-10），在 EC 连通定义下，连通值 CF 曲线更可能产生突变现象。此外，应注意的是，特别是在 EC 连通条件下，CF 曲线在距离变化下以更快的速率降至零值（图 6-11）。

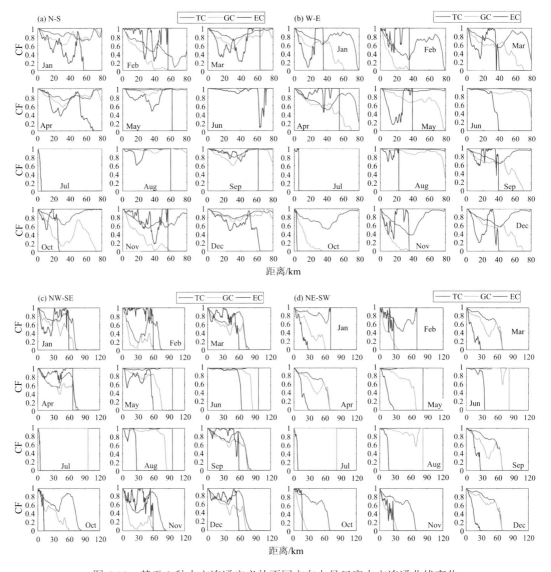

图 6-10　基于 3 种水文连通定义的不同方向上月尺度水文连通曲线变化

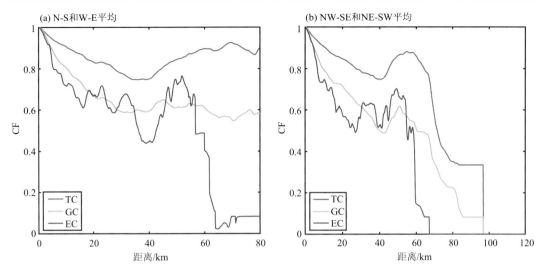

图 6-11　基于 3 种水文连通定义的两个方向上的平均水文连通变化

　　为了探求 TC、GC 和 EC 连通定义对水文连通的实际影响，选择了鄱阳湖的枯、涨、丰、退 4 个典型水位时期，以反映连通区面积和相应的连通体空间分布特征（图 6-12）。不难看出，GC 和 EC 定义下的连通区面积小于 TC 定义下的面积，主要是由于水深和流

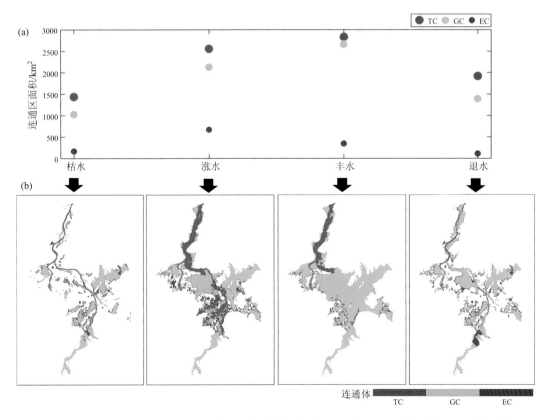

图 6-12　基于 3 种水文连通定义的鄱阳湖典型水位期连通区面积（a）和连通体（b）空间分布

速对水文连通分布的约束作用。如图 6-12 所示，对于 3 种连通定义，连接体的空间变化显示出与连通区面积相似的规律和趋势。最显著的变化主要发生在洪泛区和一些地势较高的地区。此外，有效连通对象主要分布在从南到北贯穿湖泊的主河道中。简言之，本书得出水深和流速的单独或联合效应很可能在控制连通体的空间动态路径和空间格局方面发挥着主要作用。另外，与 TC 和 GC 连通定义相比，有效连通 EC 所形成的连通体面积最小。这里的结果再次表明，从总体连通（TC）、一般连通（GC）到有效连通（EC），其水文连通范围和程度由高变低。

6.4.2　水文连通阈值行为分析

当河流和湖泊的水深、流速等水动力变量变化幅度超过某一阈值时，会导致水文连通发生明显的时空变化，即体现出连通的阈值行为特征。分析水文连通的阈值行为特征，对生态系统的保护和管理具有重要现实意义。

当水文连通 CF 曲线随时间呈现细微变化时，意味着系统处于稳态阶段，如果稳态被打破并且 CF 出现剧烈变化时可能会影响水文系统。为了进一步研究地表水文连通性的阈值行为，从设计的模拟试验中获得了一系列日平均的连通值 CF，如图 6-13 所示。结果表明，水深阈值的变化似乎对枯水、涨水和退水阶段的 CF 值有很大影响，与洪水阶段恰恰相反[图 6-13（a）黑色虚线]，而流速影响往往对水文连通变化存在相反的阈值行为特征[图 6-13（b）黑色虚线]，可归因于鄱阳湖洪泛系统中水深和流速之间的负相关关系。这些结果表明，水深和流速阈值对连通性的综合影响可能是动态和复杂的。

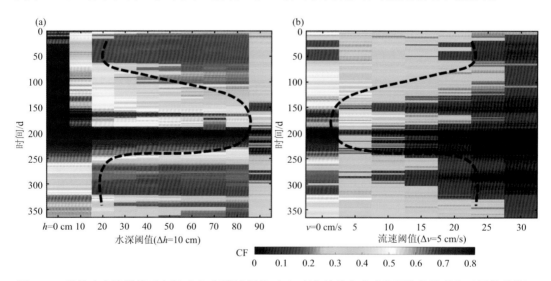

图 6-13　平均水文连通值对水深（a）和流速阈值（b）变化的动态响应及阈值曲线变化（黑色虚线）

尽管难以定量水深和流速的阈值，但本研究结果表明，鄱阳湖水文连通的阈值行为可能表现出时间上的动态性（图 6-14）。也就是说，水深和流速阈值对连通性的影响随着枯水（h=10～20 cm，v=20～25 cm/s）、涨水（h=50～60 cm，v=25 cm/s）、丰水（h>80 cm，v=5～10 cm/s）和退水（h=50～60 cm，v=20 cm/s）4 个典型时期而相应变化。

平均而言，鄱阳湖洪泛系统的水文连通状态似乎呈现出一定的突变趋势，相应水深和流速阈值分别约为 20 cm 和 5 cm/s（图中黄色阴影部分）。此外，因为空间变化的地形特征（如河道和洼地）和不同洪水脉冲输入（如河流入湖和湖泊淹水）的联合影响，南北（N-S）、东西（W-E）、西北-东南（NW-SE）和东北-西南（NE-SW）方向表现出不同连通变化特点。

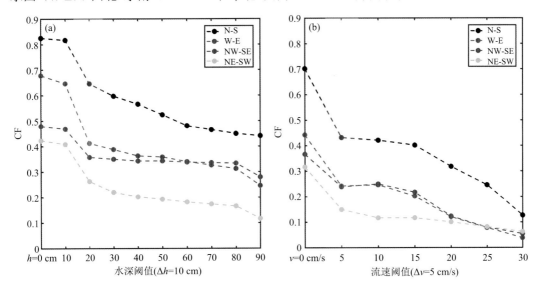

图 6-14 平均水文连通函数对水深（a）和流速阈值（b）变化的响应关系

黄色阴影部分表示突变位置

鄱阳湖关键水动力变量对水文连通影响的阈值分析结果，如图 6-15 所示。在枯水期，水深阈值对水文连通性的影响比在丰水期更大。在枯水期，当水深阈值从 0 m 变为 0.5 m 时，南部子湖和东部湖湾大部分与主湖脱节，最大连通体从 1422.88 km² 减小到 213.60 km²。随着水深阈值的增加，相当一部分有效单元转变为无效单元，主航道不再连续。从水文连通曲线可以看出，当水深阈值从 0 m 变化到 0.5 m 时，水文连通性有可能发生突变。丰水期淹没深度对水文连通性影响不大。在洪水过程中，当水深阈值从 3.0 m 到 4.0 m 时，水文连通性可能会发生突变。由于西部碟形湖、东部相对封闭的湖湾和南部子湖水体流动性不足，流速阈值对水文连通性的影响主要表现在对中北部河道的影响上。对南部子湖的影响大于对北部河道的影响。无论是在枯水期还是丰水期，当流速阈值大 0.2 m/s 时，北部河道都与中部河道断开连接。当阈值大于 0.3 m/s 时，北部河道也失去了空间连续性，最大连通体减小了 75%（枯水期）和 85%（丰水期）。从连通曲线来看，丰水期流速阈值从 0.1 m/s 增大到 0.2 m/s 时，鄱阳湖的水文连通性发生了剧烈变化。丰水期水温阈值对鄱阳湖水文连通性的影响大于枯水期。在枯水期，大型连通体主要分布在主航道。当水温达到 6℃ 时，东北部湖湾成为最大的连通体，北部和中部航道保持上下游连通。在丰水期，水温对水文连通性有明显的影响。当水温大于 29℃ 时，每升高 1℃，最大连通体面积平均减少 76%。同时，鄱阳湖被划分为几个主要连通体，如西北入湖三角洲、西南入湖三角洲、东北湖湾、东南湖湾、南部子湖。丰水期，鄱阳湖水文连通性在水温达到 28～29℃时发生突变。

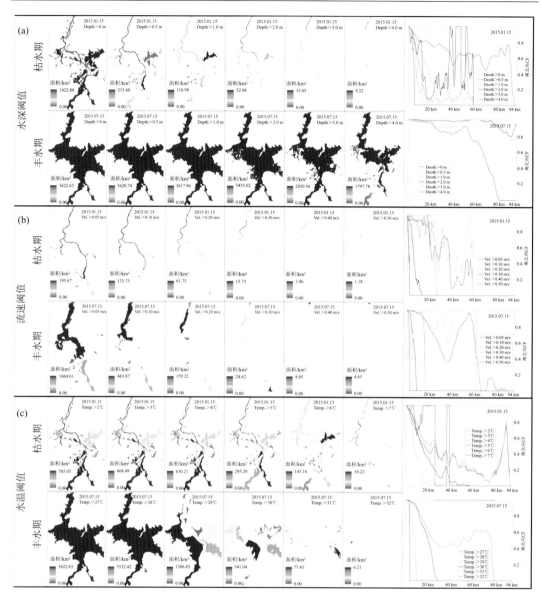

图 6-15　鄱阳湖洪泛系统水深（a）、流速（b）和水温阈值（c）影响下的连通体空间分布和纵向 N-S
水文连通变化

6.5　水文连通时空演化及响应特征

6.5.1　典型洪泛区水文连通变化特征

1. 南矶湿地保护区水文连通变化

南矶湿地国家级自然保护区位于鄱阳湖主湖区的南部，地处赣江南支、中支、北支汇入鄱阳湖中心的中继三角洲前沿，是典型的内陆河口三角洲湿地（图 6-16）。纵向连通表征沿河道方向的水文连通性，在鄱阳湖即为南北向的连通性。图 6-17 为南矶湿地保护区的纵向水文连通分析结果。由该图可知，纵向连通性的季节特征整体上与水位、淹没面积较为相似。相对而言，冬季枯水期（12 月～次年 2 月）水文连通性较低，春季涨水期（3～5 月）水文连通性逐渐增强，丰水期（6～8 月）水文连通性程度最佳，9 月开始随着湖泊水位下降、淹水面积萎缩，水文连通性程度锐减。

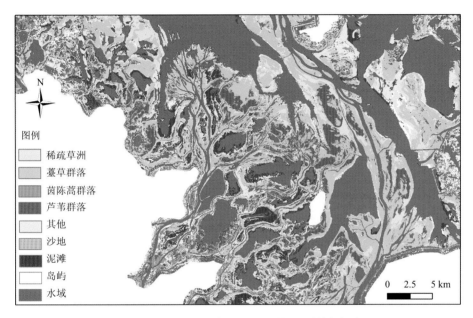

图 6-16　南矶自然保护区湿地的主要植被类型

　　按水文阶段，即枯水期、涨水期、丰水期、退水期，统计湖泊水位、淹没面积和纵向连通性（图 6-18）。就水文连通性的变化幅度而言，枯水期的纵向连通性变化范围较大，而涨水期的变化幅度最小，主要原因可能是枯水期湖泊水位较低，淹没水体的空间分布的异质性较强，即使是相似水位条件（或相似淹没面积条件），淹没水体的水文连通性特征受空间格局制约也可能呈现较大差异。涨水期沿主河道方向上湖泊淹没面积明显增加，因此纵向连通性维持在较高水平。

　　连通性函数曲线表征不同尺度下的水体连通概率，按 4 个典型水文阶段绘制了纵向连通性函数曲线图（图 6-19）。结果显示几乎所有距离尺度上，纵向连通特征均呈现枯水期<退水期<涨水期<丰水期的总体变化规律，而且小尺度上的水体连通程度较高、变异性小，而大尺度上的水体连通程度较低、变异性大。就不同水文阶段而言，枯水期各个尺度上的纵向连通性程度最低，但变异性最强，而涨水期的连通程度较高、变异性最小。涨水期与退水期也存在较大差异，涨水期各尺度上的纵向连通程度强于退水期，而且前者的变化幅度明显小于后者。这可能是因为一方面涨水期的水位普遍比退水期要高，其次涨水期不同地貌单元比如碟形湖、河道、高滩地、低滩地、主湖等逐渐恢复地表水文连接，而退水期由于主湖水位快速降低，主河道两侧水体快速萎缩，所以退水期纵向连通性弱于涨水期。

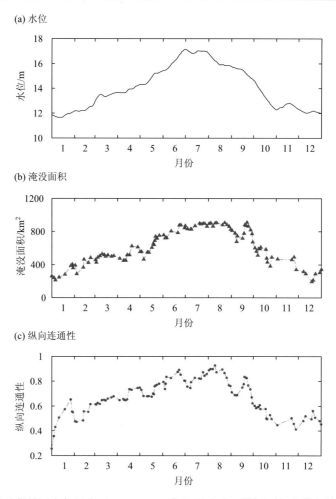

(a) 水位

(b) 淹没面积

(c) 纵向连通性

图 6-17 南矶湿地保护区多年平均（2000~2015年）的水位、淹没面积和纵向连通性月尺度变化

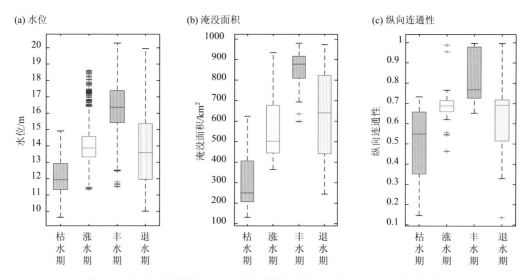

图 6-18 南矶湿地保护区不同水文时期的水位、淹没面积和纵向连通性

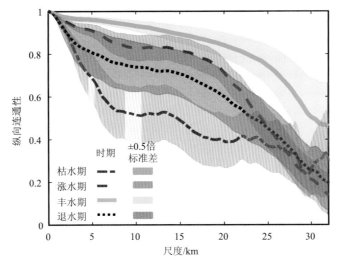

图 6-19　南矶湿地保护区不同水文时期的纵向连通性变化曲线

　　横向连通性表征与主河道方向垂直的连通特征,类似于湖泊主河道-洪泛区之间的连通,即为东西方向的连通。南矶湿地保护区的横向连通性的季节变化如图 6-20。随着鄱阳湖枯、涨、丰、退 4 个水位阶段的发展,横向连通性先增强后减弱,基本上与湖泊水情的季节变化规律一致。另外,横向连通性的季节差异尤其显著,比如枯水期横向连通性非常微弱,仅有低于 50% 的水体在垂直于主河道方向上可以相互连通;涨水期横向连通性迅速增强,得益于湖泊水位上涨引起的主河道与滩地水体在东西方向上的连通;退水期横向连通性减弱,但表现出较强的变异性。与纵向连通性对比,横向连通性在涨水期和退水期的变化速率更大,而且丰水期的横向连通性也比纵向连通性更高(图 6-21)。

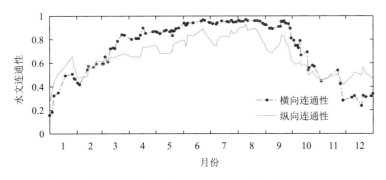

图 6-20　南矶湿地保护区多年平均(2000~2015 年)的水文连通性变化曲线

　　图 6-22 绘制了鄱阳湖 4 个典型水文阶段的连通性函数曲线图。由图可知,几乎所有距离尺度上的横向连通性均呈现枯水期<退水期<涨水期<丰水期的规律,与纵向连通性函数曲线的分布特征类似。在小尺度上,横向连通性很强,而大尺度上横向连通性较差。就不同水文时期而言,枯水期的各尺度上的横向连通性最差,其次为退水期,涨水期和丰水期的横向连通性较强。就变化幅度而言,枯水期和退水期各尺度上的横向连通性变异性较大,其次为涨水期,丰水期的变异性最小。因此,涨水期可能是横向连通性变化

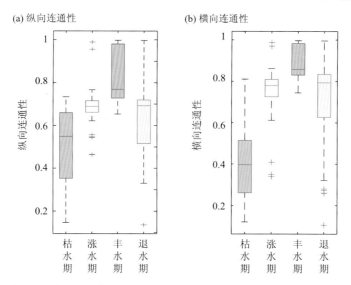

图 6-21　南矶湿地保护区不同水文时期的纵向连通性和横向连通性

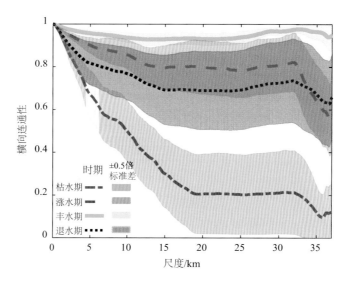

图 6-22　南矶湿地保护区不同水文时期的横向连通性函数曲线

的关键时期，湖泊入湖流量增加导致湖泊蓄水量和湖泊水位上涨，低洲滩湿地与主河道迅速恢复水文连接，从而显著改善横向连通性。空间分布上，通过图 6-23 可见，空间连通体主要可分为主河道附近区域和洪泛区洲滩两大部分，3 月至 9 月，随着湖泊水位的动态变化，空间连通的分布格局也呈现相应变化。同样可见，涨水初期和退水期末，水文连通的空间分布显示出异质性特征，除了湖泊主河道以外，其余大部分水体零散分布，与主湖区的横向连通逐渐减弱或消失。就南矶湿地保护区而言，水深阈值主要影响了洪泛滩地的连通体空间分布，而对主河道附近的连通体影响甚微。

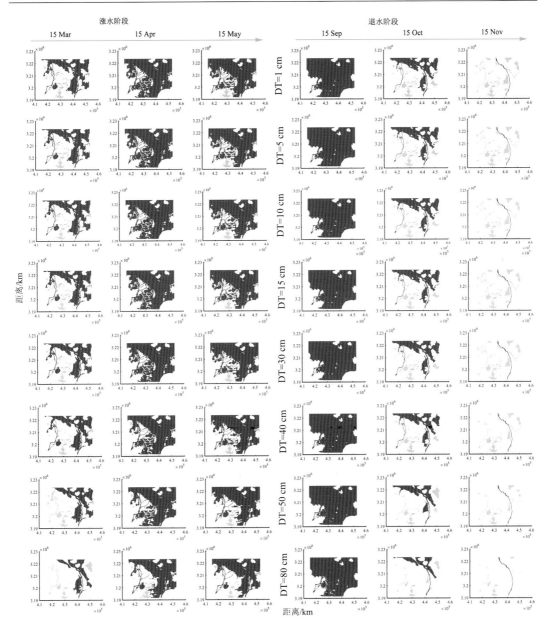

图 6-23　南矶湿地保护区涨水和退水阶段的水文连通空间变化特征

DT 表示不同的水深阈值

2. 吴城国家级保护区

　　鄱阳湖越冬候鸟种类多、数量大,是全球极其重要的湖泊湿地,也是世界上最大的越冬白鹤栖息地(图 6-24)。就鄱阳湖国家级自然保护区(以下简称吴城国家级保护区)的纵向连通性变化而言(图 6-25),结果显示研究区 50%的区域经历了季节性的洪泛过程,丰水期淹水面积达 700 km²,枯水期淹水面积仅 400 km²。相对而言,冬季枯水期(12

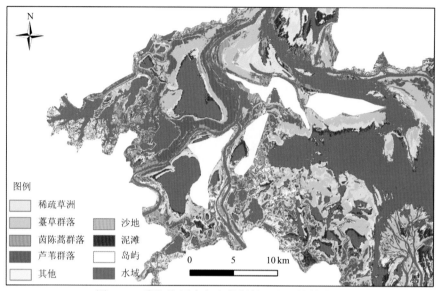

图 6-24　鄱阳湖国家级自然保护区主要植被类型

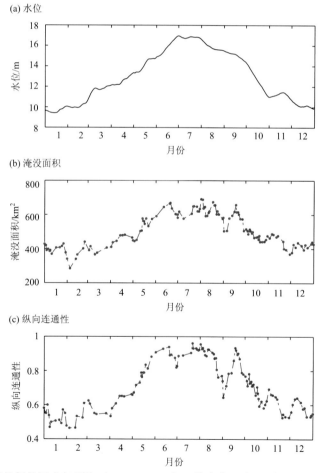

图 6-25　吴城国家级保护区多年平均（2000～2015 年）的水位、淹没面积和纵向连通性月尺度变化

月~次年 2 月）水文连通性较低，春季涨水期（3~5 月）水文连通性逐渐增强，丰水期（6~8 月）水文连通度最高，9~10 月随着湖泊水位下降、淹水面积萎缩，水文连通度锐减。丰水期各距离尺度上的水文连通性特征显著强于其他时期，其次为涨水期和退水期，枯水期的水文连通性最差；同时涨水期和退水期的水文连通性曲线差异较小，尤其是在长距离尺度下（<20 km），两者几乎重合（图 6-26）。

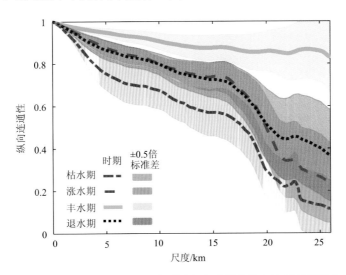

图 6-26　吴城国家级保护区湿地不同水文时期的纵向连通性函数曲线

吴城国家级保护区的横向连通性的季节变化如图 6-27 所示。总体上，枯水期（12 月~次年 2 月）、涨水早期和中期（3~4 月）、退水后期（11 月）水文连通性较弱，而其他时期水文连通性较强。水文连通性变化的关键时期是涨水后期（5 月）以及退水早期和中期（9~10 月），涨水后期的水文连通性的增长速率约为达到 0.01/d，退水早期的水文连通性的减小速率约为 0.01/d。纵向连通性和横向连通性的异同表现在，纵向连通始终比横向连通更强。枯水期纵向连通性约为 0.5~0.6，而横向连通性约为 0.3~0.4，其他时期横向连通性比纵向连通性偏弱约 30%。此外，通过图 6-28 可进一步发现，不同水文时期的纵向连通性均强于横向连通性，前者比后者的连通性增加约 0.2。纵向连通性在枯

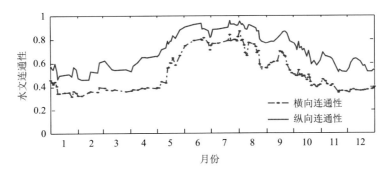

图 6-27　吴城国家级保护区湿地多年平均（2000~2015 年）横向和纵向水文连通性月变化

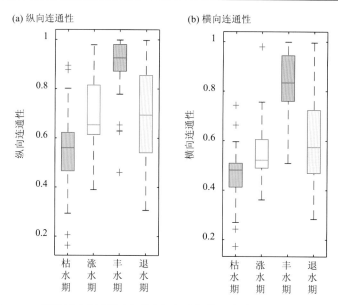

图 6-28　吴城国家级保护区不同水文时期的纵向连通性和横向连通性

水期的中位数为 0.56，涨水期时为 0.62，丰水期时达到 0.9，而退水期锐减为 0.66。横向连通性在枯水期、涨水期、退水期的中位数相差不大，依次为 0.48、0.50、0.56，而丰水期的中位数为 0.82，比其他时期增加约 60%。可见，对横向连通性而言，涨水期至丰水期可能是变化的关键时期，此期间的横向连通性的变化呈现显著的突变效应。

　　从 4 个典型水文阶段的连通性函数曲线来看，丰水期的横向连通性较强，而其他时期（枯水期、涨水期、退水期）的横向连通性均较弱，反映吴城国家级保护区湿地的横向连通性在涨水末期的显著增加，在退水早期的急剧减弱（图 6-29）。

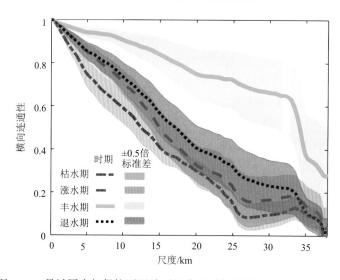

图 6-29　吴城国家级保护区湿地不同水文时期的横向连通性函数曲线

以典型枯水年为例（图 6-30），从连通体的空间变化来看，地势较低的大汉湖首先于 2 月 10 日通过漫滩流的方式与其他水体进行连通，此时主湖水位为 9.05 m（星子水位，下同）。与大汉湖不同，当星子水位达到 14.58 m 时，梅西湖于 5 月 25 日通过狭窄

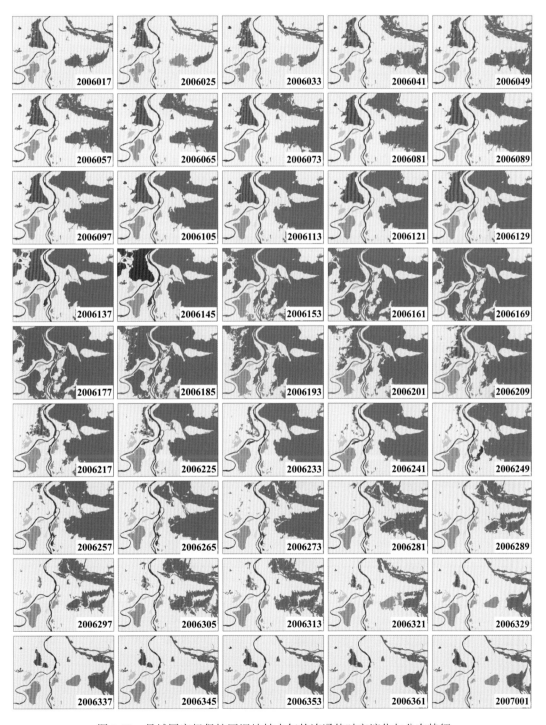

图 6-30　吴城国家级保护区湿地枯水年的连通体时空演化与分布特征

的深水河道与其他水体相连。蚌湖与赣江-修水干流之间的水力联系导致周边与沙湖更容易受到主湖洪水脉冲的影响。对于典型枯水年而言，洪峰发生在 6 月 18 日，此时除了地势较高的常湖，所有的碟形湖均被洪水淹没。与涨水期的连通顺序相反，退水期朱湖池首先与修水断开连通。大约半个月后的 7 月 12 日，大湖池和象湖因洪泛区的快速退水过程而相互分离。值得注意的是，梅西湖在退水时期通过另外一条路径进行排水，与补水路径不同。在大汊湖成为独立水体后，所有的碟形湖在 12 月 17 日均与其他水体断开地表连通，对应星子水位为 9.15 m。上述分析表明，吴城保护区湿地的水文连通过程高度动态，不同空间水体之间具有不同的连通路径，这里重在强调，本书基于连通体的概念可清晰识别空间不同水体的扩张和萎缩动态及连通的演化过程。

3. 鄱阳湖整个湖区

鄱阳湖整个系统的水文连通变化结果表明，从 1 月到 12 月，南北向纵向和东西向横向的水文连通性都呈现高度动态变化（图 6-31 和图 6-32）。虽然很难量化水文连通性的变化程度，但结果总体表明，夏季（6～8 月）观察到高水文连通性（即连通值接近 1.0），冬季（12 月～次年 2 月）出现低连通性（即连通值下降至约 0.3），而中等连通性则出现在其他季节。连通曲线还显示，由于不同水文状况下主要水流运动为南北方向，地表水流路径在南北方向的联系比东西方向的联系更为显著（约 130 km）。这是因为地形地貌在湖泊-洪泛区相互作用过程中起着重要影响作用。此外，东西方向的横向水文连通行为往往比南北方向的纵向水文连通更具有动态性，从而导致横向水文连通性发生较大变化，例如 1～2 月，连通值下降至 0.4 左右。上述分析结果表明，横向连通性在影响主湖区和洪泛区的相互作用中发挥关键作用。尤其值得注意的是，夏季（6～8 月）连通变化曲线聚集，连通值达到 1.0，这与整个鄱阳湖洪泛系统在高水位时期被水完全淹没这一事实相吻合。

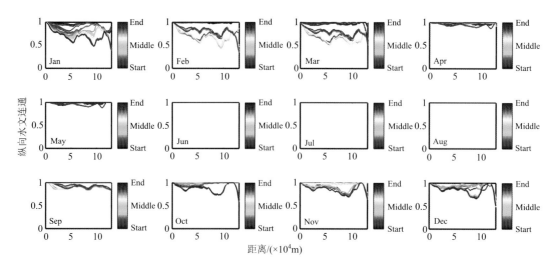

图 6-31　鄱阳湖整个湖区的纵向水文连通月尺度变化曲线

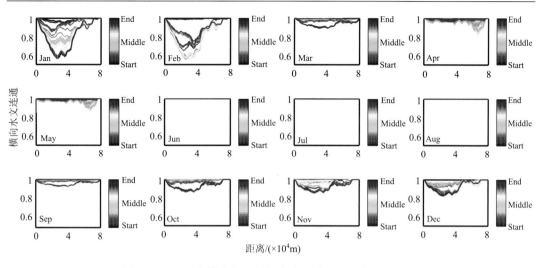

图 6-32　鄱阳湖整个湖区的横向水文连通月尺度变化曲线

6.5.2　水文连通与水动力的关系及影响因素

就鄱阳湖而言，湖泊水位的变化会导致水文连通的相应变化。基于 2000~2015 年鄱阳湖水文连通的计算结果，图 6-33 和图 6-34 分别呈现了水位-水文连通性以及水体淹没面积-水文连通性的关系曲线。各年涨水期的水位-水文连通性的关系复杂多变，尽管总体上两者是呈正相关的，但水文连通性对水位的响应特征在不同年份差异较为显著。部分年份（如 2002 年、2003 年和 2005 年）涨水期两者的关系主要以线性特征为主，水位对水文连通性的响应基本上属于单值关系。但多个年份中，涨水期的湖水位-水文连通性的关系仍以非线性特征为主，主要是同一水位条件下涨水过程的水文连通性强于该水位

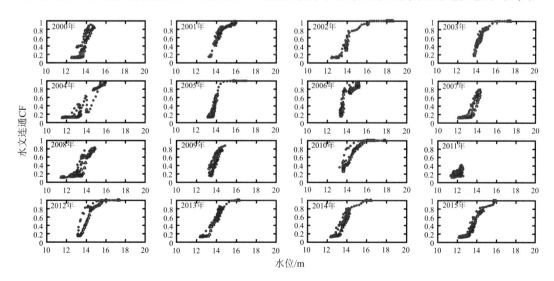

图 6-33　2000~2015 年鄱阳湖涨水期水位-水文连通性关系

蓝色表示水位上涨，红色表示水位下降

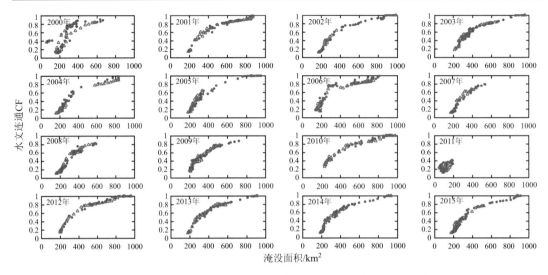

图 6-34　2000～2015 年鄱阳湖涨水期淹没面积-水文连通性关系

蓝色表示水位上涨，红色表示水位下降

条件下的退水过程，比如 2000 年、2007 年、2008 年和 2012 年等。从水位-水文连通性散点图的形状看，典型的枯水年如 2007 年、2008 年的水位-水文连通性的散点图为下凹型，即涨水初期水位增长并未导致水文连通性的快速增加，而典型丰水年如 2010 年、2012 年等，水位-水文连通性的散点图为上凸型，反映其水位上涨导致水文连通性的快速响应。总体而言，涨水期水位与水文连通性呈正相关，但两者的关系存在显著的非线性特征。水位和淹没面积都是水文连通性的主要影响因素，而且涨水期水位-淹没面积、水位-水文连通性的关系都表现出一定程度的非线性，因此，淹没面积可能是水位-水文连通性非线性特征的主要因素。不难发现，淹没面积与水文连通性存在较好的线性关系。可见涨水期水位、淹没面积、水文连通性三者是相互联系的，水位是后两者动态变化的主导因素，但这种主导作用受空间位置、洪泛湿地地形以及洪水传播等影响而呈现一定的非线性特征。

从退水期的水位-水文连通性散点图来看（图 6-35），水位与水文连通性以线性单值关系为主（2001 年、2008 年、2012 年除外），退水过程导致水文连通性降低，涨水过程则显著增强水文连通性，导致部分年份的水位-水文连通性表现为一定程度的非线性特征。淹没面积-水文连通性散点图显示（图 6-36），两者具有良好的线性单值关系，即水位涨退与水文连通性的强弱密切相关。因此，退水期的水位、淹没面积、水文连通性三者的相互联系表现为水位下降导致淹没面积萎缩、水文连通性减弱，而且由于大部分年份退水期的水位以下降为主，下降-上涨过程偏少，水位-面积-水文连通性三者的关系表现为线性单值关系。

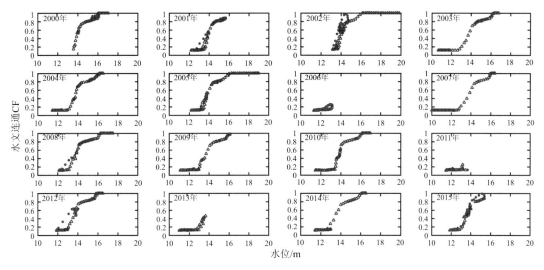

图 6-35　2000～2015 年鄱阳湖退水期水位-水文连通性关系

蓝色表示水位上涨，红色表示水位下降

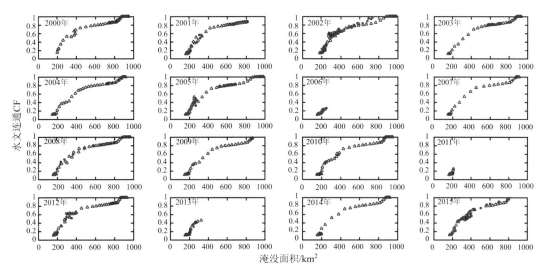

图 6-36　2000～2015 年鄱阳湖退水期淹没面积-水文连通性关系

蓝色表示水位上涨，红色表示水位下降

　　图 6-37 进一步描述了鄱阳湖水深和水文连通的变化关系。可见，水深和东西向的横向水文连通以及南北向的纵向水文连通存在着很好的正相关性，相关系数分别为 0.88 和 0.86。然而，在涨水和退水时期，可以明显观察到水深和水文连通之间的非线性关系，即迟滞关系。此外，当水深波动范围在 2.5～6.8 m 之间时，纵向水文连通的迟滞关系可能比横向水文连通的迟滞关系更为显著（图 6-37 阴影区域）。因此，上述的水深-水文连通的迟滞关系与以往研究所发现的水位-水面积迟滞关系存在着密切联系。

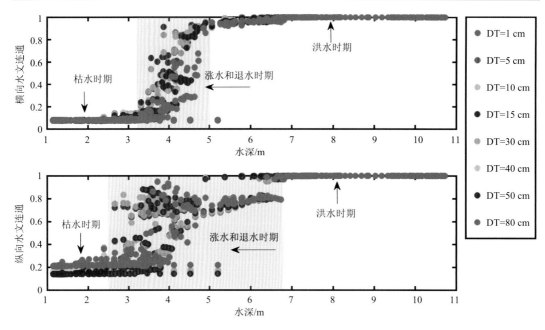

图6-37 鄱阳湖水深和水文连通性变化关系

DT表示水深阈值

本小节采用箱式图和相关统计参数（Std和C_v）来分析鄱阳湖蓄水量和地表水文连通性之间的联系（图6-38）。对于湖泊和洪泛区而言，容易得出，高水文连通条件下（即高水位期）蓄水量明显高于低水位和中水位的连通条件（即枯水期、涨水期和退水期）。然而，在高水文连通条件下的蓄水量变异系数较低，C_v约为0.23～0.29，而低连通和中等连通条件的变异系数较高，C_v约大于0.36。因为在低连通和中等连通条件下，地表水文连通比在高连通条件下更为敏感，因此导致蓄水量对水文连通的动态变化呈现不同的响应。在空间分布上（图6-39），在洪泛区可观察到较高的变异系数（即C_v大于1.0）和

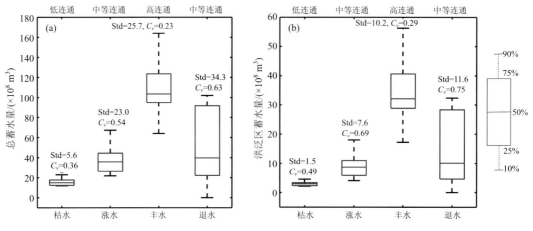

图6-38 水文连通变化对鄱阳湖（a）和洪泛区（b）蓄水量的影响

Std表示标准偏差，C_v表示变异性指数

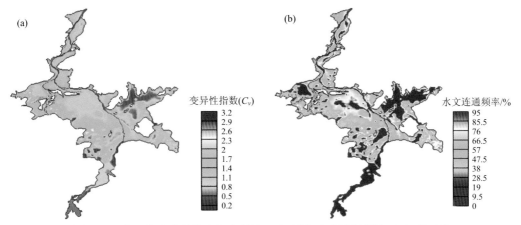

图 6-39　鄱阳湖水蓄量的空间变异性（a）及与水文连通频率（b）的对比

较低的水文连通频率（约小于 50%），而在主湖和其他区域发现较低的变异性（即 C_v 小于 1.0）和较高的频率（可达 95%）。总的来说，结果表明，地表水文连通性对漫滩蓄水量的变化有着不可分割的影响。

　　水文连通性与地形高程有直接的联系，地形地貌是水文连通发展与演替的最基本要素。图 6-40 显示了通过使用连通性频率指数来描述地形高程与水文连通性之间的关系，这里的连通频率表示鄱阳湖主湖区与周边洪泛区的连通状况。从系统角度来看，较高的地势往往会导致主湖区较低的连通频率（约小于 0.6），而较低的地势则会形成较高的连通频率（介于 0.6~1.0 之间）。另外，图 6-40 也展示了空间位置和水文连通频率的关系。总体而言，近距离-低地势区域的连通频率最高，主要是主河道两侧的低位滩地，而远距离-低地势的水文连通频率次之，主要是洪泛湿地的一些洼地单元（例如碟形湖），近距离-高地势区域为主河道两侧岸堤，远距离-高地形区域为洪泛湿地河道岸堤，两者的水文连通频率最低。总之，随着与主湖区距离的逐渐增加，水文连通频率也随之减小。

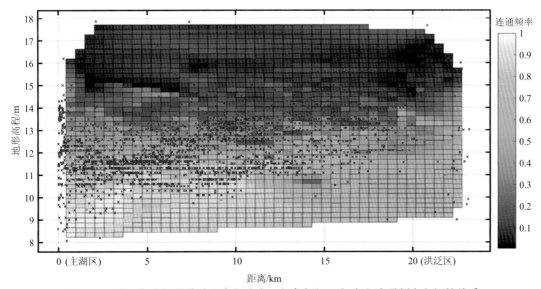

图 6-40　鄱阳湖空间湖盆地形高程分布（红色标记）与水文连通频率之间的关系

总体而言，鄱阳湖水文水动力条件是导致水文连通变化的关键驱动力，而地形，特别是高程是水文连通发展变化的主导因子或基本控制要素，同时空间位置也是水文连通分布格局的次要影响因素之一（刘星根，2020）。水文连通的变化，尤其是主湖区-洪泛区之间的近似东西向水文连通的发展与演替，会导致湖泊水面积和蓄水量的时空动态变化（Li et al., 2019c）。

6.6 水文连通对生态环境的潜在影响

6.6.1 水文连通对候鸟和鱼类分布的影响

不同水文连通性的碟形湖的候鸟数量和密度差异明显（图 6-41），阻隔的碟形湖候鸟数量和密度最小，其次为自由连通型，而部分连通的碟形湖平均候鸟数量和密度最大。部分连通的碟形湖的候鸟数量是其他类型碟形湖的 2～7 倍，候鸟密度是其他类型碟形湖的 5～10 倍。可见水文连通性是影响候鸟数量和密度及其空间分布的主要因素之一。这种影响在不同鹤类种类候鸟中也同样存在（图 6-42）。部分连通的碟形湖的 4 种鹤类候鸟（白鹤、白头鹤、白枕鹤、灰鹤）的数量和密度均最大，其次为自由连通的碟形湖，最小的为阻隔的碟形湖。部分连通的碟形湖的 4 种鹤类候鸟数量是自由连通的碟形湖的 1～9 倍，而阻隔的碟形湖的 4 种鹤类候鸟的数量仅有部分连通的 3%～40%。因此，水文连通性对鹤类候鸟数量和密度的影响是广泛存在的，而且中等程度的水文连通性

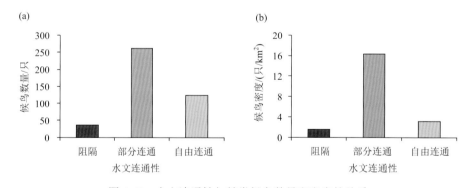

图 6-41　水文连通性与鹤类候鸟数量和密度的关系

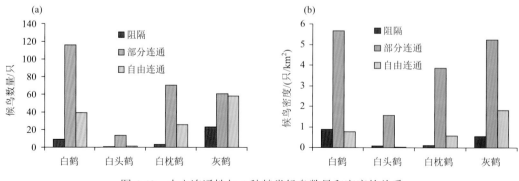

图 6-42　水文连通性与 4 种鹤类候鸟数量和密度的关系

最有利于候鸟种群栖息，水文连通性过低或过强均不利于鹤类候鸟栖息。结合南矶湿地保护区候鸟分布数据可知，鄱阳湖候鸟的空间分布不能仅通过水体分布来加以评估[图 6-43（a）]，结合水深阈值的水文连通分析（如连通体）与候鸟潜在栖息地的分布更加趋于一致[图 6-43（b）]。

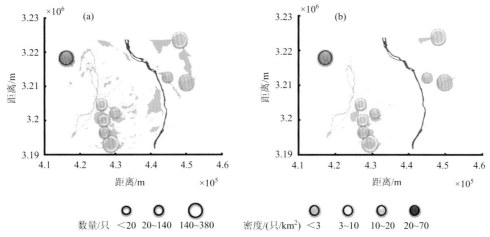

图 6-43　鄱阳湖南矶湿地保护区候鸟空间分布（a）和基于水深阈值的连通体分布对候鸟的影响（b）

　　根据文献调研，这里通过设置水深阈值（Threshold$_h$）为 20 cm，分析一般水文连通性（GC）在鄱阳湖洪泛系统的变化特征，即考虑了水深阈值以后，鄱阳湖连通体主要分布在主河道以及与主河道相通的一些湖湾水体等区域。对比鄱阳湖鱼类空间分布场所数据可见，鱼的空间分布主要集中在从南到北的主河道、湖湾处和一些碟形湖当中。可以推断，水文连通与鱼类分布场所在空间上可能具有较为密切的相关性（图 6-44）。

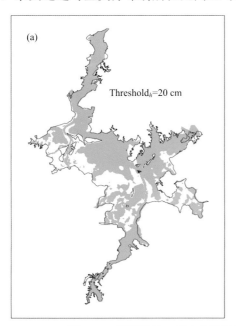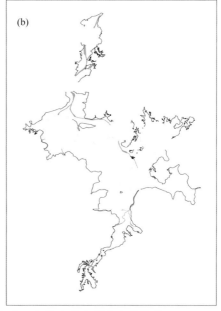

图 6-44　鄱阳湖的一般水文连通性（GC）和鱼类空间分布的关系

6.6.2　水文连通对水质的影响

如前文所述，鄱阳湖洪泛系统的水深和流速的阈值变化对该系统的水文连通性评估至关重要。因此，通过阈值来分析鄱阳湖有效连通性（EC）的空间连通体分布[图 6-45（a）]。由此可见，基于有效连通性的连通体分布范围较为有限，其分布格局与湖泊富营养化指数 TSI 存在很高的空间一致性，尤其是在湖泊的主河道中[图 6-45（b）和图 6-45（c）]。这是因为，水深和流速总体上决定了有效水文连通的空间状态，而水深和流速又与水质参数有密切关系，有效水文连通正是从内涵和意义上合理再现了水质的空间分布特征。统计分析表明，有效连通性 EC 与湖区水质指标密切相关，两者之间的相关性系数达到 0.92[$P<0.05$；图 6-45（d）]。

针对鄱阳湖水文连通对 9 个代表性碟形湖群的水质影响（图 6-46），结果可见在 2014 年的水质监测中，发现了以下参数具有较高的空间变异性：低连通条件下的 NH_4^+-N、TN、NO_3^--N、TP 和 Chl a，以及高连通条件下的 NO_3^--N 和 NO_2^--N。还可以发现，低连通条件下 COD_{Mn}（即 C_v=38%）的空间变异性略高于 TP 或 TN（即 C_v=24%～26%）的空间变异性。在其他变量和连通性条件下，空间变异性通常较小。TN、TP、COD_{Mn} 和 Chl a 在低连通条件下通常比在高连通条件下表现出更高的平均值，尽管在 TP 情况下差异很小。尽管在某些情况下差异仍然很小（$P<0.05$），但在高连通条件下，水温、NH_4^+-N、NO_3^--N、NO_2^--N 和 PO_4^{3-} 的平均值仍然相对较高，在旱季和雨季之间，NO_2^--N 和 PO_4^{3-} 没有统计意义上的明显差异。为了进一步研究水文连通性与水质之间的可能联系，采用变异系数（C_v）区分 9 个碟形湖在高连通性和低连通性条件下的水质空间变异性。统计结果显示，与低连通性条件（C_v=24%～65%）相比，在高连通性条件下几乎所有参数（NO_2^--N 除外）变异系数较低（C_v=7%～53%）。

图 6-47 比较了高连通性和低连通性条件下主湖区和碟形湖的水质差异与变化。结果表明，高连通性条件下的水质变异性通常低于低连通性条件下的水质变异性。在高连通性条件下，几乎所有水质参数在主湖和碟形湖之间没有显著差异（TN 除外）。相比之下，在低连通性条件下，主湖和碟形湖的绝大多数参数存在显著差异（$P<0.05$）。此外，碟形湖在高连通性条件下的一些水质参数（如 TP、COD_{Mn} 和 Chl a）略低于低连通性条件下的水质参数（9 个碟形湖的均值）。综上，在高水文连通条件下，主湖和碟形湖基本融为一体，完全连通，水质的空间差异和变异性较小；相反，低水文连通期，主湖区和碟形湖逐渐分离甚至完全失去水力连通关系，且 9 个碟形湖之间也保持相对独立，几乎形成了 9 个独立的水质子系统，水文连通的丧失导致了其明显的水质空间差异性。

在主成分分析中，第一和第二主成分分别解释了 65.7%和 26.7%的水质参数变化（图 6-48）。PCA 结果表明，高水文连通条件下，水质参数的相关性明显高于低连通条件下的相关性，表现为高连通条件下的水质点较为密集分布（红色符号标记），而低连通条件下的水质点更为分散（蓝色符号标记）。连通性、水位和水温显示了正相关关系，而其他水质参数显示了负相关关系。此外，PCA 分析表明连通性与水质参数之间的相关性达到了 0.8 左右。由此表明，水文连通性可能在影响鄱阳湖洪泛区水质方面发挥着重要作用。

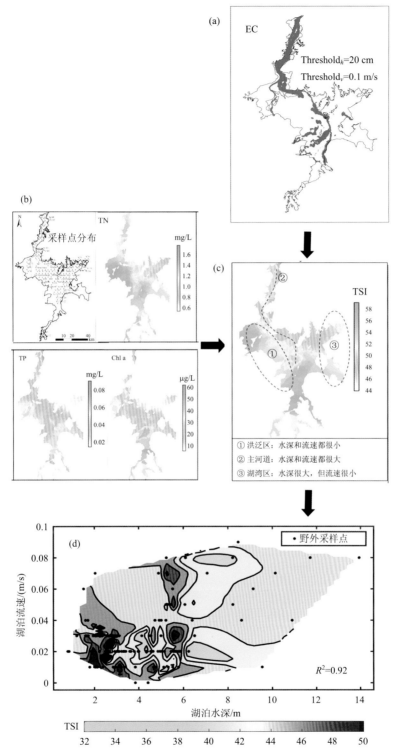

图 6-45　鄱阳湖有效水文连通性（EC）和基于水质参数的湖泊富营养化指数分布的关系

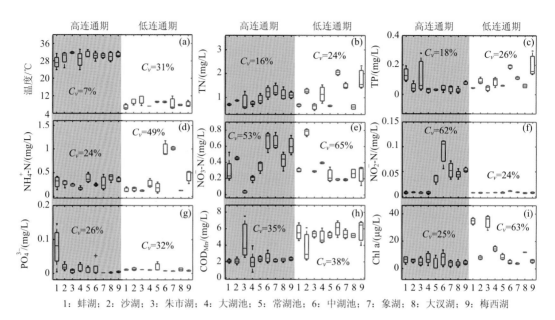

图 6-46   不同水文连通影响下鄱阳湖洪泛区 9 个典型碟形湖的水质参数比较分析

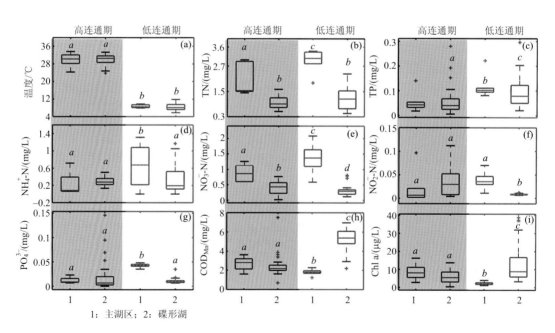

图 6-47   不同水文连通影响下鄱阳湖主湖区与洪泛区碟形湖（合成数据）水质参数比较分析

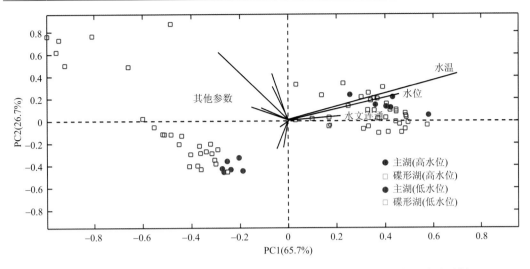

图 6-48　不同水文连通影响下鄱阳湖主湖区与洪泛区碟形湖水质的主成分分析

6.7　小　　结

　　水文连通性是水文学、生态学和环境学等诸多学科交叉的桥梁和纽带，是目前国内外河湖洪泛区生态水文研究热点问题之一。鄱阳湖具有高变幅的水位波动情势，造就了独特的湿地生消过程，水文水动力与水质、水生态、生境状况之间的联动关系尤为显著。

　　本章主要通过对水文连通性内涵与定义的深入理解，侧重于鄱阳湖洪泛系统地表水文连通性计算分析，并结合生态环境数据评估水文连通的潜在影响。本章研究基于湖泊洪泛水文水动力模拟和遥感资料，根据水面积、水深、流速、水温等阈值，揭示水文连通与生态环境指标之间的耦联关系，对水文连通进行了重新定义，即定义为总体连通性（total connectivity，TC）、一般连通性（general connectivity，GC）和有效连通性（effective connectivity，EC），并以此成功研发构建基于生态环境因子的水文连通评估模型。研究发现，鄱阳湖涨水期，洪泛湿地淹没范围增加、水文连通性增强，退水期洪泛湿地淹没范围缩减、水文连通性减弱。不管是涨水期还是退水期，水位、淹没面积、水文连通性三者均是相互联系的，且存在着较为复杂的非线性迟滞关系。总的来说，水位变化是影响水文连通的关键外部驱动力，地形地貌是决定水文连通演化格局与分布特征的主控因素。就鄱阳湖洪泛系统水文连通对生态环境因子的潜在影响而言，水文连通性以影响栖息地环境质量和食物来源间接影响越冬候鸟动态，水文连通过高或过低均不利于越冬候鸟栖息，基于有效水文连通能够更加客观评估鱼类空间分布特征。此外，水文连通对主湖区和碟形湖水质有一定的影响，尤其是对于枯水时期，主湖-洪泛区之间的水文连通性较差，主湖与碟形湖两者的空间水质差异性可能更为明显，表明水文连通可能在影响鄱阳湖洪泛区水质方面发挥着重要作用。

第7章 鄱阳湖地下水文过程及与地表河湖水体的交互转化分析

7.1 引　　言

同其他水源类型相比,地下水是一种隐藏资源,在中国地下水占主要饮水源的 70%,其储存量要远大于地表淡水河流和湖泊。地下水已经成为干旱-半干旱以及高海拔地区广大河流与湖泊的主要补给来源,地下水对河湖系统的贡献直接影响着该地区河湖生态环境甚至民生。从水循环角度而言,地下水对河湖系统的水量平衡有直接贡献,进而对水质变化有着不可忽视的影响。然而,在河流与湖泊分布相对广泛的湿润区,由于充沛的降雨及丰富的地表水资源,研究视角更多集中于地表水资源量和水质方面,地下水的影响作用与贡献却极易被忽视。地下水文作用与动力学过程一直是水资源管理、水文地球化学、生物地球化学和生态水文学等领域的研究重点问题之一。

在鄱阳湖目前的已有研究工作中,或多或少已经提到了鄱阳湖地下水的重要作用,但在实际工作中并没有对地下水相关问题给予过多关注。尽管已有学者意识到地下水及其季节性动态变化在鄱阳湖湿地水循环和生态环境中所扮演的重要角色,但鄱阳湖地下水文过程及其与地表水之间的转化关系分析,仍停留在定性认识阶段。在全球气候变化和人类活动频繁干扰的背景下,对水资源重要性的深入认识以及对生态环境保护意识正在逐步增强,使得地下水在江西省河湖湿地生态保护和水环境治理中作用凸显,因而加强区域地下水文过程分析以及地表-地下水转化关系的研究,具有重要理论和实际价值。鉴于此,本章在前期大量围绕鄱阳湖洪泛系统地表水文过程研究的基础上,重点以空间尺度上的地下水系统为研究对象,主要开展地下水文的时空动态特征、地下水与地表水的转化关系和转化通量分析,深入揭示地下水在水循环中的地位与贡献。

7.2　流域地下水动力场

本章所采用的降雨数据,主要来源于江西地区的 14 个国家站数据。湖泊水位数据,主要来源于江西省水文监测中心的 5 个常规水位观测站。流域河道流量数据,来源于江西省水文监测中心的 7 个常规径流观测站。流域地下水位数据,来源于江西省水文监测中心,共获取 118 个地下水监测井的水位数据,有些点位分布在流域边界外(行政边界范围内)。湖区地下水位数据,主要来源于压力传感器(加拿大 Solinst 3001)的自行观测资料。这些气象水文数据均为逐日观测资料,空间位置分布见图 7-1。

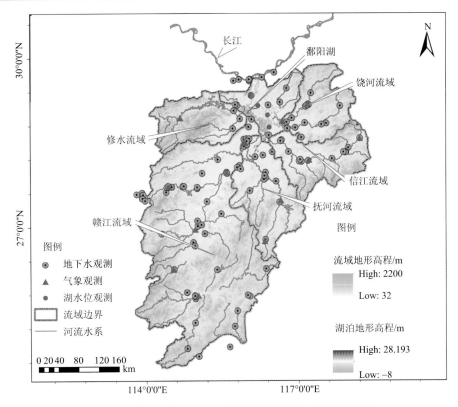

图 7-1　鄱阳湖地下水位、湖水位和气象站点的空间分布

7.2.1　地下水位时空变化特征

　　根据上述 118 个地下水位站点数据，采用 Surfer 的克里金方法进行空间插值，绘制了鄱阳湖流域的逐月地下水位等值线图（图 7-2）。由图可见，整个鄱阳湖流域的地下水流总体上由上游向下游鄱阳湖主湖区运动，上游山区的地下水位明显高于下游地区，上游山区的地下水位高达几百米（紫色或粉色等值线），尤其是最南部地区，而下游地下水位大概为几十米（淡绿色等值线），尤其是鄱阳湖主湖区周边区域。地下水位总体上与地形高程变化较为一致，呈现出从上游山区逐渐向下游减小的变化趋势。通过 1~12 月的流场空间格局上来看，逐月的地下水流场格局几乎一致。尽管如此，如前所述，因地下水位的分布差异，其地下水流速的年内动态会存在明显的季节差异性。总的来说，鄱阳湖流域的地下水流场受地形地貌主导作用影响显著，地下水从周边高海拔山区向下游湖区汇集，流场空间格局基本不变，但流速存在明显的季节性动态。

　　根据上述分析，这里选取鄱阳湖上游山区流域地下水位、流域河流水位、鄱阳湖水位以及洪泛区地下水位进行比较（图 7-3）。从水位高程分布上来看，山区的地下水位高于流域河流水位，河流水位要总体上高于湖泊水位，而湖泊水位和洪泛区地下水位的高低存在季节性的差异。由此可以推断，山区地下水向河流排泄，进而向鄱阳湖进行排泄，湖水和洪泛区地下水之间存在着季节性相互转化的水力联系，进而为整个鄱阳湖地下水的分区计算和概念模型建立提供基础知识。

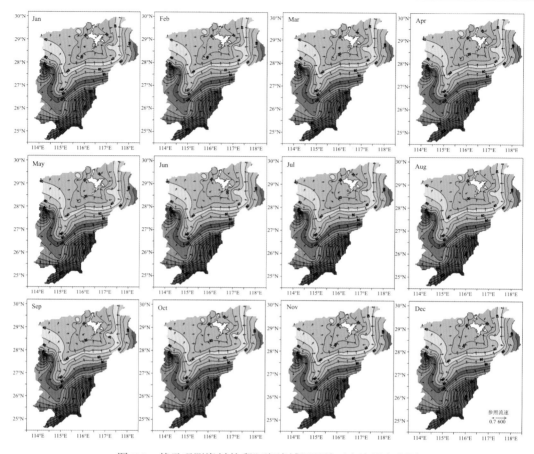

图 7-2　基于观测资料的鄱阳湖流域逐月地下水流场变化图

7.2.2　地下水位空间变异性分析

图 7-4 进一步呈现了流域降水变化对所有观测点地下水位的相关性分析结果。统计结果表明，大部分地区的地下水位与当地降水量具有密切相关性，相关系数基本介于 0.5～0.9 之间，相关系数的平均值为 0.78。在空间尺度上，北部地区的地下水位和降水之间的相关性明显高于南部地区，尤其是流域下游且靠近湖区的未控区。上述结果表明，大气降水是浅层地下水系统的重要输入条件，随着外部气象条件的变化，地下水的动态性也随之呈现。然而，相对于降水影响而言，湖泊水位变化很有可能影响周边邻近流域的地下水位，例如星子和昌邑等靠近湖区的观测站[图 7-4（a）]。不难发现，鄱阳湖由于存在季节性变化的湖水位动态，加上浅层地下水和地表水之间频繁的相互作用，下游地区的地下水位变化幅度明显大于上游山区，下游地区的变异性系数 C_v 约大于 0.1，而上游地区的变异性系数基本小于 0.01，空间上存在明显差异。就鄱阳湖而言，下游地区的农业灌溉和其他人类活动方式的干扰作用，将会影响地下水位波动规律和变化动态。

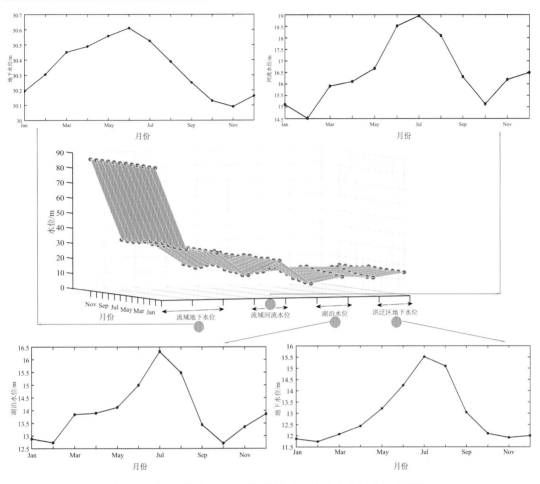

图 7-3　鄱阳湖湖泊流域观测的地表和地下水位年内动态变化

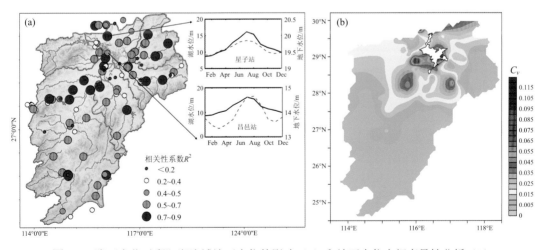

图 7-4　降雨变化对鄱阳湖流域地下水位的影响（a）和地下水位空间变异性分析（b）

7.3 地下水分区计算的基本思路

7.3.1 分区计算概念模型

普遍认为，地下水流动及其与地表水体的强烈作用依赖于地形地貌变化。由于地下水-地表水交换是一个复杂的动态过程，本书基于地下水分区计算的概念模型，旨在根据地形特征和相应的地下水流动路径开展整个鄱阳湖地区的地下水完整分析，即将全流域主要划分为山区流域、未控区和湖泊洪泛区 3 个部分。本书采用基流分割的方法估算山区地下水对河道流量的贡献；采用解析解模型来计算分析未控区地下水对湖泊的侧向入流；采用能量守恒（达西定律）来分析湖泊-地下水之间的垂向交换。基于鄱阳湖全流域的地下水分区计算概念模型如图 7-5 所示。

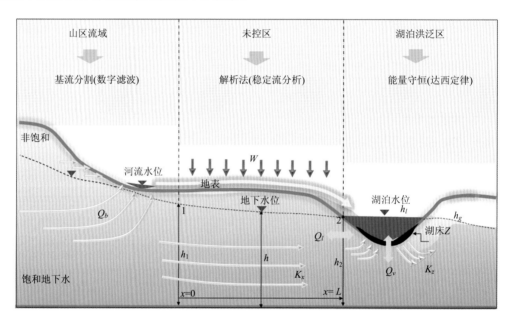

图 7-5 地下水分区计算的概念模型示意图

图中变量见下文定义

7.3.2 分区计算具体方法

1. 基流分割

本书将山区流域的地下水对地表河流的贡献以基流的形式来表示。结合流域河道径流观测数据，采用数字滤波方法开展鄱阳湖流域 5 条主要入湖河流的基流分析（Li and Zhang，2018）。基流分割方法较多，其中数字滤波模型在基流分割研究中的应用最广泛。数字滤波模型基本原理是，河道总流量包括直接径流和基流两个组成部分。模型中的数字滤波方程用如下公式表示：

$$Q_b^t = aQ_b^{t-1} + \frac{1-a}{2}\left(Q^t + Q^{t-1}\right) \tag{7-1}$$

$$Q_b^t \leqslant Q^t \tag{7-2}$$

式中，Q_b 表示基流量；Q 表示河道总径流量；a 表示退水系数；t 表示时间步长数。

根据上述原理和方程，研发了以 Fortran 90 语言为基础的数字滤波模型（https://www.researchgate.net/publication/334587919_Digital_filtering_program_exe）。本书中数字滤波模型采用 3 次滤波方式，在流量数据上以过滤器的形式来进行基流分割计算。在计算过程中，每一次滤波都会导致基流比重有所减少。此外，用于基流分割的数字滤波器方法，采用一个合理取值 0.925 作为衰退常数。先前研究已经验证，一般情况下，经过 1 次滤波所得到的基流量与手动和其他自动滤波技术所得结果基本一致，误差通常在±11%范围内。另外，在本书中，采用单次滤波产生的基流量和河道流量的比值作为基流指数 BFI（即基流/河流量），其也可用来表征地下水的贡献作用。

2. 稳定流假设

地下水流动的一个常见假设是地下水和地表水之间的关系可以描述为一系列稳态条件。考虑鄱阳湖未控区的复杂性，本书考虑了未控区的浅层地下水运动和降雨入渗补给作用。在该前提条件下，认为未控区地下水流只有一个方向，即 x 轴与地下水流平行。基于稳定流的假设和近似，地下水流量可表示为如下形式：

$$\frac{\mathrm{d}}{\mathrm{d}x}\left(K_x h \frac{\mathrm{d}h}{\mathrm{d}x}\right) = -W \tag{7-3}$$

或

$$\frac{\mathrm{d}^2\left(h^2\right)}{\mathrm{d}x^2} = -\frac{2W}{K_x} \tag{7-4}$$

式中，K_x 表示水平方向上的渗透系数；x 表示水平方向上的距离；W 表示补给量；h 表示地下水位。由公式（7-4）可得

$$h^2 = \frac{Wx^2}{K_x} + c_1 x + c_2 \tag{7-5}$$

式中，c_1 和 c_2 表示积分常量。根据边界条件（在 $x=0$ 处，$h=h_1$；在 $x=L$ 处，$h=h_2$）可进一步得出：

$$h^2 = h_1^2 - \frac{\left(h_1^2 - h_2^2\right)x}{L} + \frac{W}{K_x}(L-x)x \tag{7-6}$$

根据地下水流的裘布依假设，单宽流量可以表示为

$$Q_l = -K_x h \frac{\mathrm{d}h}{\mathrm{d}x} \tag{7-7}$$

结合公式（7-7）和差分方程（7-6）计算的 $\mathrm{d}h/\mathrm{d}x$ 可进一步得到单宽流量 Q_l 为

$$Q_l = \frac{K_x\left(h_1^2 - h_2^2\right)}{2L} - W\left(\frac{L}{2} - x\right) \qquad (7\text{-}8)$$

在当前研究中，未控区被划分为 6 个子区域（图 7-6），用于计算地下水与湖泊的侧向入流作用。根据未控区的地形特征和河流流向，流向被概念化为东-西和南-北两个大概方向。根据 ArcGIS 软件生成的逐月地下水位等值线图，进一步采用该软件工具获得边界水位（h_1 和 h_2）和水平运动距离（L）。此外，根据现场试验结果和先前研究，获得了研究区渗透系数（$K_x=2\times10^{-4}$ m/s）和降水入渗补给率（$W=0.1$）。

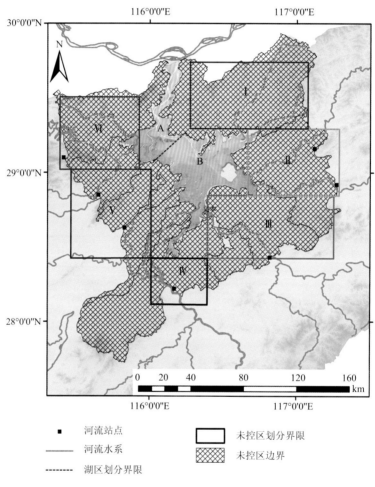

图 7-6　鄱阳湖未控区地下水计算划分区域示意图

3. 达西定律

达西定律常用于根据地下水位和地表水位之间的水力梯度，以及含水层和沉积物的水力渗透系数，估算地表水-地下水界面的转化通量。本书基于达西定律估算湖水和地下水之间的流量，其可写成如下表达形式：

$$Q_v = -K_z \frac{h_1 - h_g}{Z} \tag{7-9}$$

式中，Q_v 代表垂向交换通量；K_z 代表垂向渗透系数；Z 代表底部沉积物的厚度；h_1 和 h_g 分别代表湖水和地下水的水位。

为了反映地下水-湖泊相互作用的空间差异，根据鄱阳湖湖盆地形特征和地下水位动态，以鄱阳湖松门山为界，将鄱阳湖湖区划分了两个主要区域 A（北部地区）和 B（南部地区）（图 7-6）。区域 A 的地势整体较低，地下水埋深较深，而区域 B 的地势相对较高，地下水埋深较浅。应用 ArcGIS 10.2 工具，根据动态变化的湖泊水位，计算 A 和 B 相应的湖泊水面积。根据江西省地质局调查资料，湖床（潜流带）的厚度假定为空间均匀，并设定厚度 Z 约为 10 m。湖底的垂直渗透系数基于实验室分析给定，并分别给定北部和南部的平均值，即 K_z 分别为 2.5×10^{-6} m/s 和 4×10^{-7} m/s（见下文相关章节分析）。湖泊和地下水水位（h_1 和 h_g）由观测数据分析得出。

4. 热力学方法

如果获取地表水和地下水的温度相关数据，可采用热力学方法开展地表-地下水的转化关系分析，其主要原理是基于温度时间序列的波动振幅衰减法。本书采用 VFLUX 2 一维垂向饱和水流交换通量计算模型，该模型是采用 MATLAB 计算语言编写的软件程序，根据温度时间序列数据计算地表水-地下水之间的交换通量。VFLUX 2 模型的垂向交换通量计算共分为 6 个主要步骤，依次对数据序列进行同步处理、重采样、信息分离及振幅、相位提取、分析传感器对数与匹配以及解析解通量计算，并根据 Hatch 和 Keery 等发展的一维热传输模型进行交换通量的计算。VFLUX 2 模型已在国内外不同地区地表水-地下水的相互作用方面取得较多成功应用。

一维热传输模型存在以下几个假定条件：①水流认为是垂直方向运动；②介质和水流的热特征在时间和空间上均保持不变；③热传导过程只在垂直方向上发生；④水体温度与接触的介质温度保持一致。本次研究采用 VFLUX 2 中 Keery 方法来计算交换通量，通常认为该方法能够获得更为确切的研究结果。模型具体形式与求解方法如下：

$$\frac{\lambda_e}{\rho c} \frac{\partial T^2}{\partial z^2} - q \frac{\rho_w c_w}{\rho c} \frac{\partial T}{\partial z} = \frac{\partial T}{\partial t} \tag{7-10}$$

$$\left(\frac{H^3 D}{4z}\right) q^3 - \left(\frac{5H^2 D^2}{4z^2}\right) q^2 + \left(\frac{2HD^3}{z^3}\right) q + \left(\frac{\pi c \rho}{\lambda_e \tau}\right) - \frac{D^4}{z^4} = 0 \tag{7-11}$$

$$D = \ln\left(\frac{A_{z+\Delta z, t+\Delta t}}{A_{z,t}}\right) \tag{7-12}$$

$$H = \frac{c_w \rho_w}{\lambda_e} \tag{7-13}$$

式中，T 为水温；t 为时间；z 为湖床沉积物的深度；q 为水流在孔隙介质中的速度（向下为正）；ρ_w 和 ρ 分别为水和介质的密度；c_w 和 c 分别为水和介质的比热容；λ_e 为含水介质的热传导系数；$A_{z+\Delta z, t+\Delta t}$ 和 $A_{z,t}$ 分别为 $z+\Delta z$ 深度和 $t+\Delta t$ 时刻以及 z 深度和 t 时刻的波动振幅，Δt 为深度 z 相对于深度 0 的温度滞后时间；τ 为波动周期（d）。上述公式联立求解，便可获得地下水交换通量的变化，并能够确定水流的总体方向（向下为正）。

7.4　流域地下水文

7.4.1　山区径流基流分割

由于流域地下水位差异较大，上游流域地下水可能对下游河流起着重要作用。基于数字滤波方法，鄱阳湖山区的地下水-河流相互作用如图 7-7 所示。正如预期的那样，日基流变化表现出与河流径流基本一致的变化趋势。较大河流（如赣江和信江）的基流分割结果较高，而小流域（如修水）的基流往往较弱，日基流介于 7.5～1420 m³/s 之间。因此，对于不同的河流流域，年总基流量 Q_b 大概在 1.2×10^9 m³（修水）和 2.69×10^{10} m³（赣江）之间变化。另外，上游山区地下水可能为河流提供了重要的水源，鄱阳湖流域五河 BFI 值在 23%～58% 之间。由此可得，流域河道流量中大约 40% 来自地下水的补给和贡献，约为 2.90×10^{10} m³/a。也就是说，40% 的河水由上游地下水进行补给，然后汇入到下游的鄱阳湖。

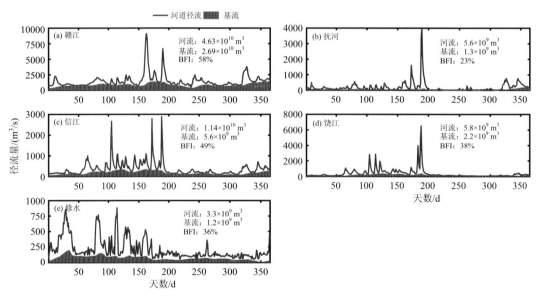

图 7-7　鄱阳湖山区河道流量 2018 年基流分割序列结果

为了研究地下水在调节河流水文中的动态作用，图 7-8 进一步说明了河流流量的时间变化以及鄱阳湖流域相应的基流贡献。一般来说，除赣江外，流域河流的月累计流量表现出较弱的时间变异性，而地下水基流指数 BFI 往往表现出相对较强的时间变异性。也就是说，地下水对河流的贡献在旱季（高达 90%；秋季和冬季）较强，而在雨季（约40%；夏季）相对较弱，主要取决于地下水和河水之间的水位差异或梯度。这是因为干旱时期，相对于河水位而言，更高的流域地下水位有利于基流的发生和补给。总体而言，流域山区地下水对河流的贡献具有明显的月尺度时间变化特征。

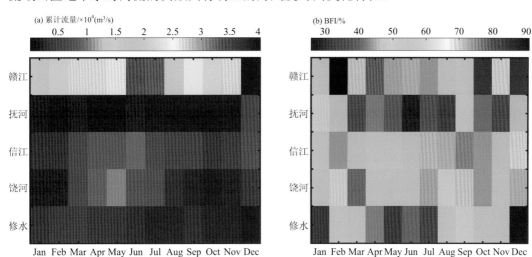

图 7-8　2018 年鄱阳湖流域月河道径流和基流指数 BFI 变化

　　近 60 年来，鄱阳湖流域五河的年基流量在时间上表现出很高的变异性（图 7-9），总体上，赣江、信江、饶河和修水的基流量略有增加，而抚河的基流量则呈下降趋势。BFI 的年际变化和相应趋势显示出与基流十分相似的规律。然而，BFI 的变化趋势似乎比基流更明显，尤其是赣江和修水。据统计，五条河流的 BFI 值范围为 0.44~0.79，平均值为 0.62，表明整个鄱阳湖流域的长期径流可能来自地下水补给作用。基流通常与地下水系统的排放和土壤渗透性有关。对于鄱阳湖流域，约 80%的流域土壤孔隙度高于 0.5，70%的土壤饱和渗透系数大于 120 mm/h，这表明流域的土壤性质可能会影响基流的时间变异性。

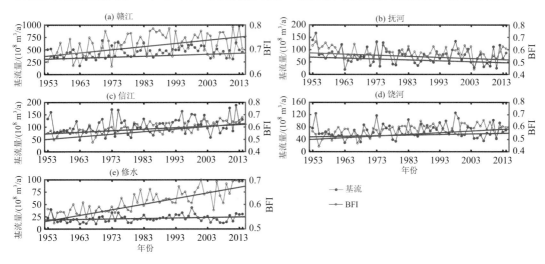

图 7-9　鄱阳湖流域五河的年基流量和基流指数变化趋势

　　表 7-1 汇总了不同年份的基流估算和相应的 BFI 变化结果。从 20 世纪 50 年代到 60 年代，赣江基流的下降幅度与 BFI 不成正比；从 20 世纪 60 年代到 70 年代，抚河基流

的增加幅度与 BFI 不成正比。鄱阳湖流域的其他河流也有类似的现象和规律。这是因为气候条件可能在基流变化幅度和 BFI 变化的关系中发挥作用。虽然从 20 世纪 50 年代到 21 世纪初,基流变化很大,但 BFI 变化却相对较小。总体而言,鄱阳湖流域的其他河流在过去几十年中,基流(信江除外)呈下降趋势,BFI(抚河除外)呈上升趋势。

表 7-1 鄱阳湖流域五河年基流和基流指数变化

河流	基流和 BFI	1953~1959 年	1960~1969 年	1970~1979 年	1980~1989 年	1990~1999 年	2000~2014 年
赣江	基流/($10^8 m^3$)	581	361	461	450	511	459
	BFI	0.68	0.69	0.73	0.74	0.74	0.74
抚河	基流/($10^8 m^3$)	101	69	75	72	79	65
	BFI	0.63	0.57	0.57	0.57	0.58	0.56
信江	基流/($10^8 m^3$)	100	88	104	101	122	113
	BFI	0.55	0.56	0.58	0.60	0.60	0.64
饶河	基流/($10^8 m^3$)	70	51	68	69	85	62
	BFI	0.52	0.55	0.56	0.60	0.57	0.60
修水	基流/($10^8 m^3$)	21	17	21	21	28	21
	BFI	0.56	0.58	0.58	0.63	0.63	0.66

为了分析气候变化对基流的影响,偏相关分析表明,年基流和 BFI 与气候因素密切相关(表 7-2)。赣江流域气温与降水量呈负相关,而其他几条河流,气温与降水量呈正相关。在鄱阳湖流域,降水与所有的河流流量都有显著的正相关性($P<0.01$),而气温与河道流量有负相关性。降水和气温对基流的影响与径流响应非常相似。就 BFI 而言,降

表 7-2 气候因子和河道径流、基流和基流指数之间的相关性分析表

变量	相关和偏相关	赣江	抚河	信江	饶河	修水
降雨	与温度的相关性	−0.08	0.38	0.31	0.29	0.35
河道径流	与降水的相关性	0.8**	0.74**	0.86**	0.70**	0.66**
	与温度的相关性	−0.07	−0.11	−0.09	−0.28	−0.15
	与降水的偏相关	−0.04	0.45**	0.15	0.22	0.24*
	与温度的偏相关	0.13	−0.35*	−0.02	−0.01	0.15
基流量	与降水的相关性	0.72**	0.69**	0.79**	0.66**	0.61**
	与温度的相关性	−0.01	−0.11	−0.11	−0.25	−0.17
	与降水的偏相关	0.52**	−0.31*	0.33*	0.18	0.34*
	与温度的偏相关	−0.13	0.24	−0.11	−0.07	−0.2
BFI	与降水的相关性	−0.44**	0.16	−0.29	−0.37**	−0.44**
	与温度的相关性	0.30	−0.11	−0.05	0.17	−0.07
	与降水的偏相关	−0.41*	0.47*	−0.43*	−0.30	−0.10
	与温度的偏相关	0.20	−0.09	0.19	0.17	0.22

* $P<0.05$ 的显著性水平;** $P<0.01$ 的显著性水平。

水对五条河流都有强烈的负面影响，但抚河除外，其相关系数为正。结果表明，在整个鄱阳湖流域，基流量和 BFI 对降水变化比气温变化更为敏感。据报道，降雨变化会促进流域的降雨径流过程，进一步会影响该地区的基流动态。总的来看，在流域尺度内，降水可能是基流变化的主要驱动因素之一。

对于鄱阳湖气候因子的影响，图 7-10 进一步呈现了年降水量和 BFI 之间的统计相关分析结果，两者之间的拟合 R^2 介于 0.44～0.68 之间（$P<0.01$）。随着大多数河流年降水量的减少，BFI 却呈增加趋势。这归因于强降水条件，其导致饱和过量的地表径流和较高比例的地表径流，导致地表径流成分比基流成分具有更快响应速度。研究发现，年 BFI 随着抚河降水量的增加而增加（即正相关系数），这表明了其他因素，如灌溉用水和地下井抽水等影响了该地区的基流变化。上述分析表明，年降水量的变化可以作为鄱阳湖流域基流变化动态的指示，这有助于预测气候变化对流域基流和地下水储量的影响。

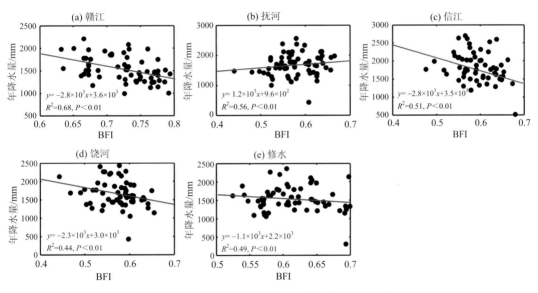

图 7-10　鄱阳湖流域基流量和降雨量的统计关系

为了分析流域土地利用类型对基流变化的影响，将鄱阳湖流域划分为农业用地和非农业用地两种类型。图 7-11 的分析结果表明，1980 年至 2015 年间，各子流域土地利用变化的总体趋势并不明显。然而，20 世纪 90 年代初，鄱阳湖流域的农业总覆盖率似乎大幅下降。对于鄱阳湖流域气候（降水）和土地利用变化（农业和非农业）的基流影响，基于弹性系数法（elasticity estimation）的分析表明，鄱阳湖流域基流对土地利用的敏感性似乎较低，而对气候变化的响应要更为敏感。相对于土地利用变化，降水对基流的影响非常显著，弹性系数大于 0.7。这可能与气候条件对土壤剖面的控制作用密切相关，从而影响土壤水分和蓄水能力。此外，农业用地将导致不同河流的基流减少（即负面影响）和增加（正面影响）。

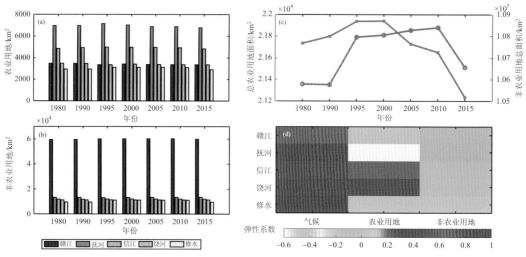

图 7-11　鄱阳湖流域气候因子和土地利用方式对基流的影响

7.4.2　典型未控区地下水观测与分析

选择鄱阳湖星子水文站以北约 20 km 的未控区，该研究区是一个面积约 25 km² 的狭长形区域（图 7-12）。研究区三面被丘陵环绕，最下游与湖区直接相连，坡度变化从上游丘陵山地向下游湖区逐渐倾斜，近邻湖区地势坡度变化相对较小，是一个分析地下水与湖水补排关系的典型研究区。根据地下水的赋存条件、水理性质与水力特征，松散岩类孔隙水是该典型未控区的主要供水水源，含水层富水性能良好，地下水埋藏深度整体上较浅（1.5～6.5 m），地下水类型为潜水。

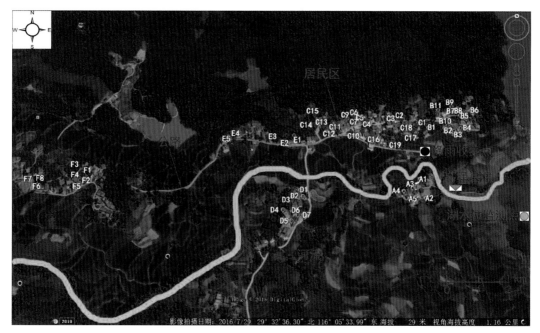

图 7-12　典型未控区地下水与湖水野外监测与采样工作示意图

　　于 2016 年 6～9 月在该典型区集中开展野外监测工作,该时期虽然已过鄱阳湖雨季,但正值鄱阳湖地区丰水期,未控区地下水和湖水均保持较高水位,不但野外监测工作易于开展,而且两者补排关系的调查研究更具有说服力和实际意义。利用全站仪对地形以及 55 个地下饮用水井的相对高程开展精确测量(定义近邻湖水面处为零点),结合当地居民饮用水井的地下水位统测资料,调查分析典型区地下水位的整体分布以及流场变化(李云良等,2017d)。由图 7-13 可以发现,该典型未控区地下水流向主要是由周边丘陵地区向下游地势相对平坦的湖区流动,地下水总体上向湖区方向流动,表明该地区潜水面为由补给区向排泄区倾斜的曲面。在河流附近由于河水与地下水的水力联系,地下水流向指向河道,符合地下水向河流排泄的水力特点。

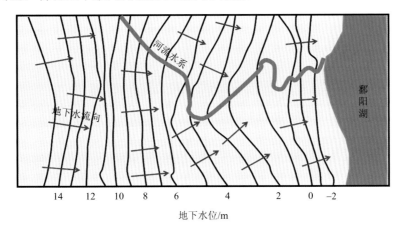

图 7-13　基于观测水位的典型未控区地下水动力场特征

箭头仅表示流向

　　通过图 7-14 可以看出,在监测时期内,地下水位由上游向下游地区总体上呈减小趋势,即上游地下水位要明显高于下游地下水位。研究期内典型未控区地下水的变化幅度

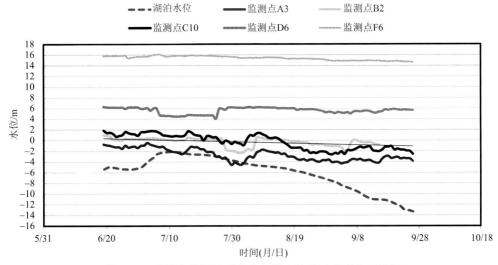

图 7-14　典型未控区地下水位与湖水位的时序变化对比图

基本小于 2 m，而湖泊水位变幅能够达到 8 m，如此剧烈的湖水位波动，表明湖水与湖岸带地下水之间很有可能存在较为明显的水力梯度。除了 7 月外，地下水和湖水之间始终保持着较大的水位梯度，尤其是在秋季鄱阳湖水位的快速下降时期（9 月），这在一定程度上表明未控区的地下水向鄱阳湖排泄强度具有季节性差异，或者说不同水位梯度下具有不同的地下水排泄通量。总体而言，未控区地下水位在整个监测期内均高于鄱阳湖水位，两者之间存在的动态水位梯度将导致地下水以不同的排泄速率流向湖泊，即地下水补给湖泊。

7.4.3　未控区地下水侧向入流的解析

根据 7.3.2 小节，对未控区共进行了 6 个子区域的划分，获取每个子流域的边界处水位值如表 7-3 所示。由表可见，6 个子区域的水位差（h_1-h_2）在一年中的大部分时间都可以接近或达到 10 m。

表 7-3　鄱阳湖未控区 6 个子区域的边界水位

月份	区域 I		区域 II		区域 III		区域 IV		区域 V		区域 VI	
	h_1	h_2	h_1	h_2	h_1	h_2	h_1	h_2	h_1	h_2	h_1	h_2
Jan	28.9	20.8	31.8	21.6	32.4	13.6	28.0	16.5	41.0	21.0	31.4	21.5
Feb	29.2	20.7	31.8	21.6	32.3	13.6	28.0	16.4	41.0	20.9	31.4	21.4
Mar	29.7	20.8	32.1	21.9	32.7	13.8	28.6	16.9	41.4	20.3	31.9	21.5
Apr	30.0	20.7	32.4	21.8	33.2	14.1	28.8	17.0	41.6	20.0	32.0	21.6
May	30.1	20.9	32.4	21.7	33.5	14.3	28.9	17.0	41.7	19.9	32.0	21.6
Jun	30.0	21.1	32.7	21.9	33.3	14.9	28.8	17.0	41.8	20.1	31.9	21.7
Jul	30.3	21.3	32.8	21.8	33.2	15.1	28.9	16.7	41.8	20.2	31.5	21.6
Aug	29.7	21.3	32.1	21.3	32.6	14.9	28.7	16.2	41.3	19.9	30.9	21.5
Sep	29.6	21.0	31.9	21.2	32.0	14.4	28.4	15.4	40.7	19.1	30.6	21.3
Oct	29.4	20.7	31.7	21.4	31.7	13.9	27.9	15.0	40.6	19.2	30.5	21.1
Nov	29.5	20.8	31.6	21.8	31.8	14.0	27.6	14.6	40.8	19.5	30.8	21.2
Dec	29.6	20.8	31.8	22.0	32.3	14.2	28.1	14.7	41.3	19.8	31.4	21.4

根据野外钻孔结果（图 7-15）可知约 20 m 深度范围内主要由细砂和粉质黏土组成。从现场岩芯照片来看，两种介质并没有太大差异。此外，抽水试验结果表明两种介质的渗透系数没有明显差异，进而确定该含水层的平均渗透系数可达 18 m/d（$\sim$2×10^{-4} m/s）。因此，采用该估算值来计算未控区的侧向地下水-湖泊交换通量。

基于地下水稳定流的计算方法，获取鄱阳湖未控区 6 个子区域的月平均地下水补给通量的变化结果（图 7-16）。该计算通量表征了当地降水和地下水运动对湖泊的贡献作用。平均意义上，春季和夏季（3~7 月），地下水大量汇集或补给鄱阳湖。从 3 月到 7 月，地下水侧向入湖通量变化范围介于 23~45 m³/s 之间。从 8 月到次年 2 月，未控区的地下水对湖泊的补给作用相对较弱，入湖通量变化范围介于 9~22 m³/s 之间。然而，可观察到较高的入湖地下水通量出现在 11 月，主要是由于当年观测到的强降雨事件。在

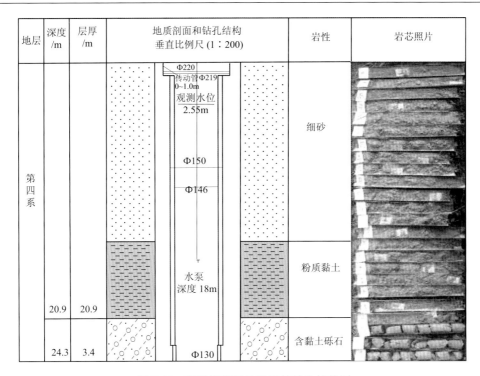

图 7-15　鄱阳湖都昌县附近的钻孔柱状图

钻孔数据来源于江西省地质局

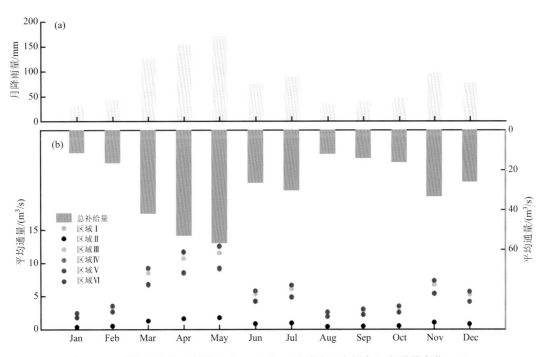

图 7-16　鄱阳湖未控区月降雨量（a）和子区域地下水侧向入湖通量变化（b）

研究期内，整个未控区地下水的年入湖总量 Q_l 可达约 $10×10^8 \text{ m}^3$。此外，所有 6 个分区的入湖通量显示出相似的季节变化格局，但子区域之间的明显差异可归因于地下水系统存在局部不同的水力梯度。通过对比降雨和地下水侧向入湖通量的季节变化趋势，可知降雨的动态变化几乎决定了地下水通量的变化。此外，通过上文所述的稳定流计算原理和方法，同样表明降雨是未控区地下水通量的关键影响因素之一。

7.5　湖区地下水文

7.5.1　湖泊水位-地下水位关系分析

图 7-17 直观给出了鄱阳湖五站水位、洪泛区地下水位和湖区周边的地下水埋深的日变化曲线图，充分表明了地下水位的年内动态特征及其对湖泊水位变化的响应。对比可得：①随着湖泊水位明显的季节性变化（8～18 m），洪泛区滩地不同典型区的地下水埋深在–8.1～0 m 之间变化。同蚌湖洪泛洲滩地下水埋深相比（–8.1～0 m），南矶和康山的洲滩地下水埋深较浅且年内变化要相对稳定（–1.0～0 m）。该结果除了表明鄱阳湖洪泛洲滩储藏着较为丰富的地下水，也体现了洲滩地下水储量空间分布的异质性。②枯水期埋藏较深的洲滩地下水随着湖水位的不断上涨，地下水埋深逐渐减小，直至高洪水位季节地下水接近洲滩地表（埋深为正值），且随着湖泊退水过程的持续，地下水埋深也逐渐增加。③对于洲滩不同典型区，枯水期的地下水埋深（可达–8.1 m）要明显大于洪水季节的埋深（接近地表）。此外，在鄱阳湖高水位季节，大部分洲滩被上涨湖水所淹没，洲滩地下水和湖水保持完全水力连通，连通期长达 4 个月之久（约 6～9 月），这也充分

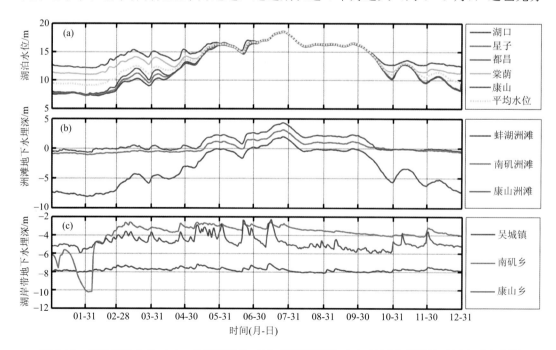

图 7-17　鄱阳湖泊水位（a）、洪泛区滩地（b）和湖区周边（c）地下水埋深的时间序列变化图

体现了鄱阳湖独特的洪泛水动力特征。总的来说，不同典型区的湖泊水位和地下水埋深变化呈现高度的相关性（r 在 0.91～0.99 之间，$P<0.05$），表明了鄱阳湖洲滩地下水位对湖泊水位变化有着极为显著的动态响应过程。

对于鄱阳湖湖区周边的地下水动态而言[图 7-17（c）]，不同典型区的地下水埋深在 –10～–2.2 m 之间变化，该变幅也与先前野外水文地质调查结果保持一致（埋深<10 m）。总的来看，湖区周边的地下水埋深呈明显季节性动态变化，即春夏季节的地下水位较高，秋冬季节的地下水位相对较低，尤其是南矶乡和康山乡两个地下水位监测点。而吴城镇地下水埋藏相对较深（约 8 m），其年内变化也较为稳定。上述结果说明了湖区周边不同典型区的富水性差异很大程度上影响了地下水位动态变化特征。尽管湖区周边地下水埋深与湖泊水位变化并不具有日时间尺度上的高度一致性，但两者却很好呈现了月尺度上的较好吻合度或相关性（r 在 0.59～0.74 之间，$P<0.05$），表明了湖区周边地下水位动态对湖泊水位变化具有一定的响应时间或滞后性（图 7-18），这种滞后响应很可能与水文地质条件和地下水运动路径有关，也可能与上游流域地下水的直接补给以及降雨入渗补给等诸多因素有关。另外，鄱阳湖洪泛洲滩地下水位和湖泊水位基本上呈现出实时、动态响应关系，湖泊水位和地下水位的月尺度变化几乎一致，即枯水期地下水位总体上高于湖泊水位，而洪水期湖泊水位总体上略高于地下水位（图 7-19）。

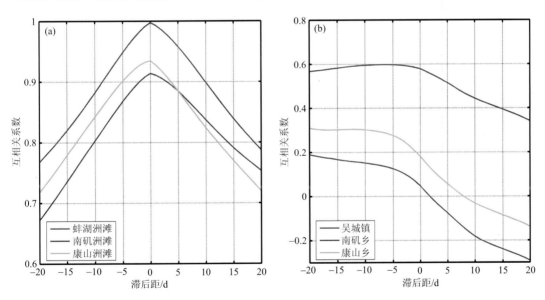

图 7-18　鄱阳湖泊水位与周边地下水埋深之间的互相关分析

互相关系数的最大值对应响应时间

图 7-20 反映了鄱阳湖泊水位（用五站平均水位表示）和洪泛洲滩 3 个典型区地下水位的交叉小波和小波相干的综合分析结果。小波分析表明，鄱阳湖水位和洲滩 3 个典型区的地下水位均在较长时间尺度上有共同的高能量信号，两者的相互影响主要集中在约 60 d 左右的主周期上，表明它们在 60 d 尺度的周期上显著性很高。但在短时间尺度上两者的共同信号较弱，说明在短时间尺度上湖水对地下水位变化具有一定的调节作用；从

小波相干图可以看出，湖泊水位与洲滩3个典型区的地下水位基本上都是呈正位相变化（箭头向右），平均水位要先于洲滩地下水位变化，且大多时间两者呈正相关关系，这说明湖水位变化是影响洲滩地下水位变化的主要因素，主要归因于鄱阳湖洪泛过程对洲滩地下水的影响。就不同典型区而言，湖泊水位与蚌湖洲滩地下水位的相互关系最为明显，基本上全年都具有相关关系且主要呈正相关性，这说明湖水对蚌湖洲滩地下水位的影响可能是持续的、稳定的。对于南矶和康山洲滩，在较长时间尺度上湖水和地下水之间的

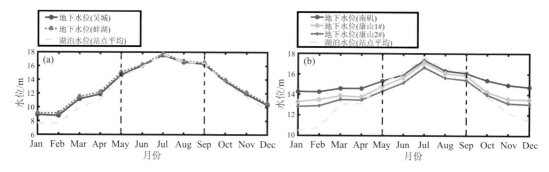

图 7-19　鄱阳湖泊水位和周边地下水位的月尺度比较

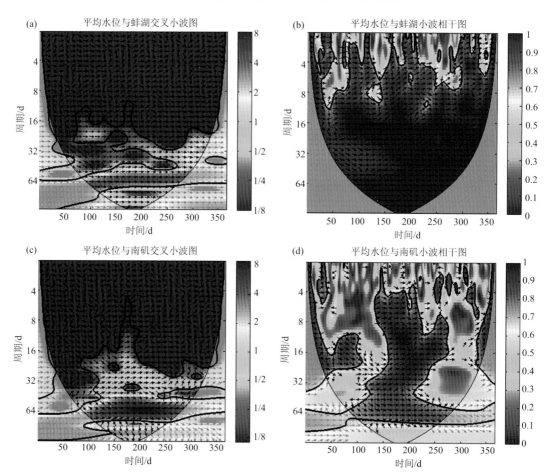

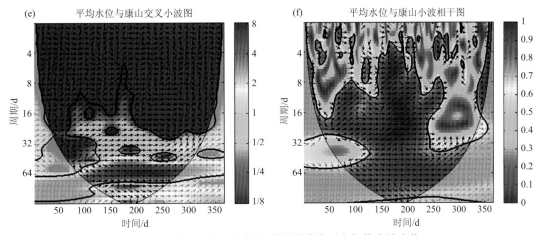

图 7-20　鄱阳湖湖泊水位和洪泛洲滩地下水位的小波变换

箭头表示相对位相差,向右箭头表示两者变化位相一致,向左箭头表示变化位相相反,细黑线为影响锥曲线 COI

正相关关系可以维持全年,在较短时间尺度上,两者仅在部分时间段内具有相互关系。这是因为南矶和康山洲滩处于湖盆地势相对较高的南部湖区,整体上由南向北的湖泊水流可能并没有在该区域形成稳定的地下水补给源。总体来看,湖泊水位和不同类型典型区地下水位的某些位相信号变化复杂,但湖泊水位与洲滩地下水位变化主要呈正相关关系,很大程度上表明了湖水和洲滩地下水之间具有密切的侧向水力联系。

图 7-21 给出了鄱阳湖平均水位和湖区周边地下水位的交叉小波和小波相干分析结果。结果可见,除了南矶乡地下水位,吴城镇和康山乡地下水位在两个月的时间尺度上(约 60 d)与湖泊水位有共同强烈的信号,由此表明它们在 60 d 尺度的周期上极有可能存在着显著的相关性;从小波相干结果可见,湖水和湖区周边地下水的显著区域分布较为分散,两者关系也比较复杂。主要表现为:就吴城镇和康山乡而言,在两个月的较长时间尺度上,一年中绝大部分时间(前 280 d 左右)湖泊水位都领先地下水一定位相的变化。对于南矶乡,较长时间尺度上的这种水位领先地下水关系仅在一年中的前 170 d 左右比较显著,而后半年在 30 d 左右的时间尺度上两者相关关系比较显著,表明湖水和湖区周边地下水之间具有一定的侧向水力联系,但两者之间密切的水力联系可能仅体现在个别典型时段。

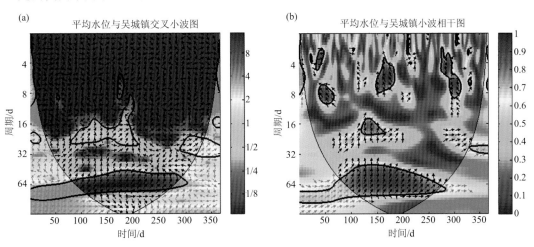

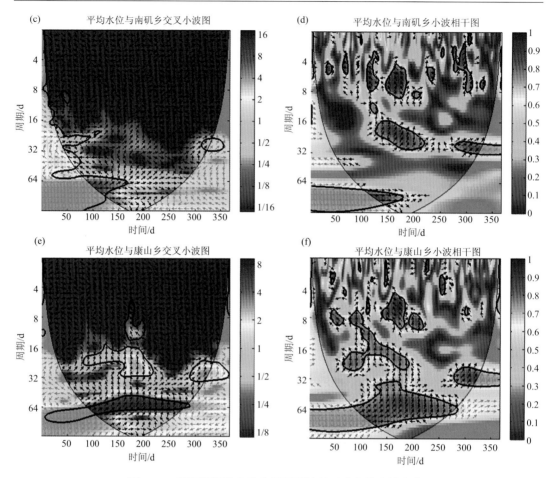

图 7-21 鄱阳湖湖泊水位和湖区周边地下水位的小波变换

箭头表示相对位相差，向右箭头表示两者变化位相一致，向左箭头表示变化位相相反，细黑线为影响锥曲线 COI

7.5.2 河湖水-地下水同位素特征与转化分析

1. 大气降水同位素变化特征

从鄱阳湖 2018 年 4～10 月降雨 $\delta^{18}O$、δD 组成随时间的变化可以看出，降水氢氧稳定同位素变化范围较大，δD 介于 –72.59‰～–3.02‰之间，均值为–31.48‰；$\delta^{18}O$ 介于 –10.22‰～–1.11‰之间，均值为–5.18‰。利用最小二乘法拟合出 4～10 月当地大气降水线方程：$\delta D = 7.63\delta^{18}O + 8.21$（$R^2 = 0.94$，$n = 31$）。国际原子能委员会求得的全球大气雨水线为 $\delta D = 8\delta^{18}O + 10$，1983 年郑淑惠等得出我国大气降水线为 $\delta D = 7.9\delta^{18}O + 8.2$。研究区大气降水线的斜率和截距与我国雨水线接近，略小于全球大气降水线，说明降雨过程水汽受到蒸发分馏的影响而出现同位素富集（图 7-22）。

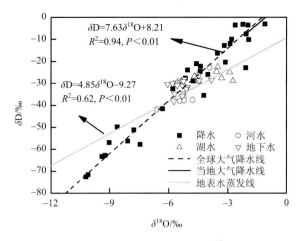

图 7-22　鄱阳湖降水、地下水与河湖水 $\delta^{18}O$ 与 δD 关系图

2. 河湖水和地下水稳定同位素特征

河水和湖水同位素点据均位于当地大气降水线右下方，对河水和湖水氢氧同位素进行回归拟合，得出研究区地表水蒸发线方程为：$\delta D= 4.85\delta^{18}O–9.27$（$R^2=0.62$，$P<0.01$）。蒸发线斜率小于当地大气降水线，表明研究区地表水体受蒸发分馏作用影响强烈，水分蒸发时轻同位素（H 和 ^{16}O）更易蒸发，导致河湖水中的重同位素（D 和 ^{18}O）更为富集。湿地地下水氢氧同位素多分布于当地大气降水线上方，说明受蒸发分馏影响较小，且部分点分布于河、湖水同位素点据之间，表明湿地地下水受降水、河水和湖水三者的共同影响（图 7-22）。

比较鄱阳湖降水、河水、湖水和湿地地下水氢氧同位素值的月变化（图 7-23），4 种水体中降水的氢氧同位素值最小，且季节性变化幅度最大，$\delta^{18}O$ 和 δD 的变化幅度分别为 5.29‰和 51.3‰。河水、湖水同位素与降水同位素的季节变化规律基本一致，均表现为夏季 6 月、7 月贫化，说明地表水体的初始来源均为大气降水。但是，河水同位素比湖水同位素更为贫化，季节性变化幅度更大，两者差异明显。河水 $\delta^{18}O$ 介于–6.60‰～–3.92‰之间，均值为–5.09‰；δD 变化范围在–42.0‰～–22.8‰之间，均值为–34.4‰。河水 $\delta^{18}O$ 和 δD 值变化幅度仅次于降水，分别为 2.69‰和 19.2‰。这主要是因为研究区为赣江冲积三角洲湿地，河水是来自赣江子流域的地表径流，受大气降水补给的影响最大，但可能还受流域周边地下水补给的影响，而地下水对河流的补给主要为相对稳定的基流。湖水氢氧同位素值最大，$\delta^{18}O$ 变化范围在–4.69‰～–2.74‰之间，均值为–3.6‰，δD 介于–29.2‰～–22.6‰之间，均值为–26.4‰，且 $\delta^{18}O$ 和 δD 季节性变化幅度较小，分别为 1.95‰和 6.57‰。主要原因是湖水为五河径流、长江水、地下水等多水源的混合体，且湖泊水域面积广阔，流速相对较缓，强烈蒸发分馏导致重同位素过度富集。综上，河水、湖水同位素组成的差异说明河流和湖水的水源构成、流动和更新过程不同，氢氧同位素技术能够很好地区分两种不同的水源。

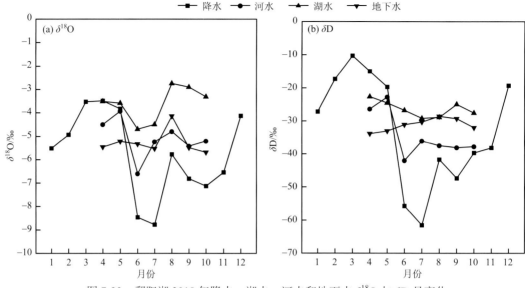

图 7-23　鄱阳湖 2018 年降水、湖水、河水和地下水 $\delta^{18}O$ 与 δD 月变化

洪泛湿地地下水氢氧同位素组成并无明显的季节性差异，$\delta^{18}O$ 和 δD 值仅在 8 月较大，其余月份则较为稳定（图 7-23）。$\delta^{18}O$ 和 δD 平均值分别为–5.26‰和–31.1‰，季节性变化幅度最小，分别为 1.5‰和 5‰。这可能是因为降水在由大气降落到土壤表层，再通过入渗补给到地下水的过程中，大大削弱了降水的季节性变化。而且湿地地下水埋深较大（年平均值 2.9～4.8 m），受蒸发作用的影响较小，仅在汛期地下水浅埋时存在蒸发分馏，说明湿地地下水同位素整体较为稳定。

总结上述分析可知，研究区降水、河水、地下水和湖水的 $\delta^{18}O$ 和 δD 同位素组成差异显著，各类水源的氢、氧同位素变化范围明显不同，且变化幅度（1.5‰～9.1‰，5‰～69.5‰）均远大于 $\delta^{18}O$、δD 的测试精度（±0.5‰，±2‰）。这种同位素特征差异能够满足氢氧同位素示踪技术应用的条件，为进一步探求鄱阳湖湿地降水–河湖水–地下水的转化关系提供了基础。此外，从均值变化来看，全年降水同位素均值（–6.32‰，–40.1‰）最小，河水（–5.09‰，–34.4‰）和湿地地下水（–5.26‰，–31.1‰）次之，湖水同位素均值（–3.60‰，–26.4‰）最大。湿地地下水 $\delta^{18}O$、δD 值与河水更为接近，说明相比其他水源，湿地地下水与河水之间的水力联系可能更强。

3. 不同时期河湖水–地下水转化关系

第一阶段，涨水期鄱阳湖湖水、河水、湿地地下水的 $\delta^{18}O$ 和 δD 均值分别为（–3.55‰，–23.6‰）、（–4.21‰，–24.6‰）、（–5.34‰，–33.5‰），各水体氢氧稳定同位素值排序为：湖水>河水>地下水。比较河水 $\delta^{18}O$ 值发现其与 1～5 月降水 $\delta^{18}O$ 值（–4.25‰）接近，而此时前期降水已经充分入渗到地下补给区域地下水。因此可以认为，河水的主要补给源是当期降水和流域地下径流。湖水 δD 与河水的 δD 值几乎相等（小于分析精度 2‰），表明湖水主要接受河水的补给，4～6 月正值鄱阳湖的雨季，湖水位受流域入湖河流的补给而抬升。此外，湖水 $\delta^{18}O$ 值还与 3～5 月降水 $\delta^{18}O$ 值（–3.62‰）大致接近，考虑到强降水时期土壤含水率较高，湖区周边降水易转换成地表径流，说明湖水可能还接受降水的补给。洲滩湿地地下水同位素最为贫化，甚至小于同期所有降水、河湖水的同位素值。比较地下水 $\delta^{18}O$ 值，发现其与 11 月～次年 2 月降水的 $\delta^{18}O$ 均值（−5.28‰）相近，考虑到此阶段湿地地下水埋深较深（4.1～6.6 m），说明降雨入渗补给地下水可能存在滞后性，这与前期研究相印证，水文观测显示鄱阳湖湿地地下水位峰值出现时间滞后年内降水峰值约 3～4 个月。此外，地下水 $\delta^{18}O$、δD 与 6～8 月河水的 $\delta^{18}O$ 值（−5.54‰）和 δD（−38.5‰）接近。综合推断，湿地地下水可能受到前期降水和河水补给的滞后影响，地下水中保留了更多早期贫化的"老水"[图 7-24（a）]。基于同位素质量平衡的三元混合模型计算显示，汛期河水、前期降水和湖水对此阶段洲滩湿地地下水的补给贡献率分别约为 75%、13% 和 12%（表 7-4）。这说明降水入渗直接补给地下水的比例有限，湿地地下水中保留了更早期的河水和降水。

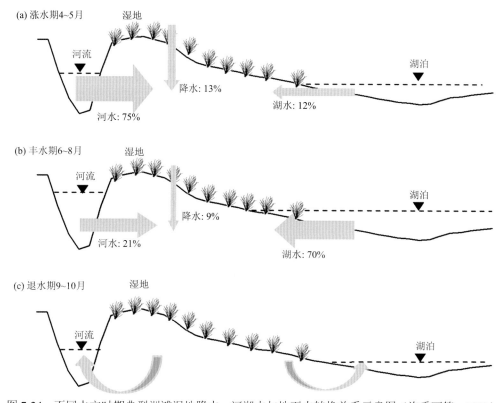

图 7-24　不同水文时期典型洲滩湿地降水、河湖水与地下水转换关系示意图（许秀丽等，2021）

表 7-4　湿地地下水补给水源贡献比计算结果表（均值±SD）

水源	涨水期（4～5 月）			丰水期（6～8 月）			平均贡献/%
	据 $\delta^{18}O$ 算/%	据 δD 算/%	平均贡献/%	据 $\delta^{18}O$ 算/%	据 δD 算/%	平均贡献/%	
降水 fp	11±7	14±9	13±4	14±8	4±2	9±3	11
河水 fr	83±5	69±2	75±3	33±19	9±6	21±5	48
湖水 fl	6±4	17±10	12±4	53±11	87±3	70±4	41

第二阶段，丰水期湖水、河水、湿地地下水的 $\delta^{18}O$ 和 δD 均值分别为（−3.97‰,−28.3‰）、（−5.54‰, −38.5‰）、（−5.00‰, −30.0‰），各水体同位素值排序为：湖水>地下水>河水。地下水同位素值介于湖水和河水之间，部分 $\delta^{18}O$、δD 散点与河水、湖水同位素几乎重合，说明洲滩湿地地下水在丰水期受鄱阳湖上涨的湖水和流域入湖河水的共同补给[图 7-24（b）]。虽然从流域-湖泊水文过程来看，湖水大部分来自河水补给，但两者同位素组成的差异说明河水与湖水的水源构成及影响因素不同。主要原因为 7、8 月是长江中上游的主汛期，长江对鄱阳湖的水量倒灌是湖泊与长江相互作用的重要特征，倒灌作用可影响至鄱阳湖最上游的康山站，北部主湖区河道受影响最为显著。本研究湿地位于湖区北部，湖水是流域五河和长江水量相互作用的混合水体，主要受五河径流、长江径流及江湖作用强度的影响；而河水主要受赣江流域降水条件的影响。经三元混合模型计算，河水、湖水和降水对湿地地下水的补给贡献率分别为 21%、70%和 9%（表 7-4），而河水同位素比同期降水同位素值（−7.68‰）显著偏大，这说明河水除了受当季降水补给的影响，可能还受到了前期降雨入渗形成的壤中流或河道两侧地下径流的补给，并经历强烈的蒸发分馏。

第三阶段，退水期鄱阳湖入湖河流的流量减少，湖泊水位降低，逐渐进入枯水期。湖水、河水、洲滩湿地地下水的 $\delta^{18}O$ 排序关系为：湖水（−3.11‰）>河水（−5.31‰）>地下水（−5.59‰），δD 值排序为：湖水（−26.2‰）>地下水（−30.6‰）>河水（−37.9‰）。此阶段湖水同位素较其他时段最为富集，主要是因为退水后湖水归槽，大湖面被高低起伏的湖底地形分割成许多个独立的子湖，湖水流动性变差，加之秋季高温少雨，蒸发分馏作用强烈。此外，河水 $\delta^{18}O$ 同位素值略高于湿地地下水 $\delta^{18}O$ 值，湖水 δD 与地下水 δD值较相近，考虑到退水初期湿地地下水位下降速率可达 10 cm/d，因此可认为退水期湿地地下水迅速向河道和湖泊排泄[图 7-24（c）]。河水和湖水接受湿地地下水的补给后，均受到二次蒸发的影响。

7.5.3 碟形湖水位-地下水位/水温关系分析

本节针对地下水位和水温变化，共设计 5 个野外监测点，主要分布在蚌湖、沙湖和修水之间的洪泛洲滩（图 7-25 和图 7-26）。监测点地面高程变化为 13～18 m，所在地下水井深度变化为 3～10 m（浅层地下水），数据自动采集频率为 1 h。修水水位监测于枯水期固定于岸边河床底部，数据自动采集频率为 1 h。监测时段为 2016 年 1 月 15 日至 2017 年 1 月 17 日，所有监测变量的数据采集频率保持同步，以此能够完整获取水位和水温的时序变化特征。同时，在洪泛区洲滩内，为了获取研究区的地质背景信息，采用自然电位和电阻率测井方法，研究中使用了 ABEM Terramater SAS 4000，电流电极间距设置为 3 m，结合现场实际情况，对 GW4 和 GW5 之间的东西向剖面开展了长度约 400 m 的地球物理探测（图 7-26），并通过人工曲线拟合获取了垂向剖面的视电阻率和厚度值。此外，为尽可能反映土壤质地的垂向结构与分层，土壤样品的采样间距约为 10～30 cm，最大采样深度为 4 m，主要根据土壤层厚度和地下水位埋深而定。所有土壤样品采用铝盒和环刀封装并取重复样，带回实验室进行前处理与测试分析，获取土壤水分特征曲线。

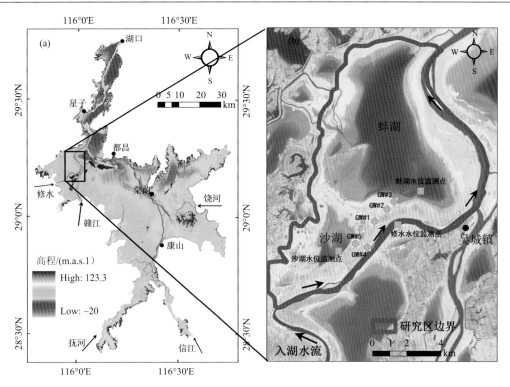

图 7-25　鄱阳湖区地形高程（a）和空间地表地下水文监测点位分布（b）

图 7-26　鄱阳湖洪泛区碟形湖沉积物水温监测和典型断面地球物理探测现场照片

电阻率分析表明，研究区的洪泛洲滩湿地在 15 m 的深度范围内可视为均质的（图 7-27）。野外试验和室内分析结果表明，该深度内主要有砂土、粉壤土和黏土 3 种土壤质地。从图 7-28 可以看出，van Genuchten 模型能够很好拟合不同土壤质地的水分特征曲线，观测值与拟合值的相关系数可达 0.99，可见拟合精度较高。从曲线形态特征而言，3 种土壤质地的水分特征曲线均存在明显的拐点，这也充分表明了 van Genuchten 模型可以成功应用于后续鄱阳湖湿地土壤水分运移研究。对比可见，砂土的饱和含水率约为 43%，残余含水率接近 15%；粉壤土的饱和含水率可达 50%，而残余含水率约 10%。实验发现，黏土的饱和含水率高达 48%，但黏土的室内土壤水分脱湿过程较为困难（水分难以排出），实验手段仍难以获取其残余含水率，需进一步通过参数的非线性拟合来获取。总的来说，鄱阳湖洪泛区洲滩湿地土壤的残余含水量变化范围约 9%~19%，饱和含水量变化范围约 42%~57%，土壤进气的值倒数变化幅度较小（平均值约 0.01 cm^{-1}），而水分特征曲线形状参数变化于 1.11~4.65 之间。

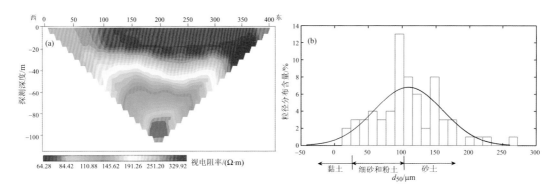

图 7-27　选择断面的视电阻率图（a）和基于 66 个采样点的粒径分布图（b）

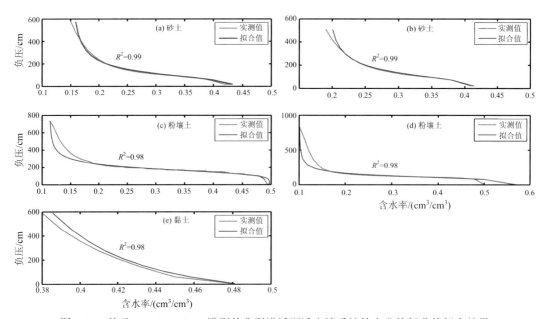

图 7-28　基于 van Genuchten 模型的典型洪泛洲滩土壤质地的水分特征曲线拟合结果

　　图 7-29 反映了鄱阳湖洪泛区两个典型碟形湖与其洪泛区地下水的年内水位变化特征。不难发现，碟形湖水位和地下水位呈相似的年内动态变化特征。春夏季节的水位变化基本介于 14~19 m，秋冬季节的水位波动范围约 9~13 m，春夏季节的碟形湖和地下水位要明显高于秋冬季节的水位。还可以发现，进入 4 月份，随着鄱阳湖水位（如修河水位）的持续上涨，洲滩湿地逐渐被湖水淹没（水位大于 14 m），碟形湖水位和湿地的地下水位趋于一致，即洲滩湿地与碟形湖基本融为一体，该过程一直持续到 9 月初左右。进入秋冬季节以后，随着鄱阳湖主湖区水位下降（见修河水位），碟形湖与湿地的地下水位也逐渐呈现出明显的差异性，碟形湖水位总体上要高于地下水位，水位差异为 1~6 m。受洪泛区地形变化影响，GW#3 监测点的地下水位要高于碟形湖水位。另外，蚌湖和沙湖的水位变化规律基本相同，碟形湖水位均呈较小幅度波动；各监测点的地下水位表现出相同的变化特征，地下水位动态均较为明显，波动起伏较大。总的来说，受主湖区与洲滩湿地的侧向水文连通性影响，碟形湖水位和地下水位在春夏季节保持同步变化，两者水位变化过程具有明显一致的动态性。受主湖区水位变化的进一步影响，秋冬季节洪泛区地下水位的变化幅度要明显大于受气象条件影响的碟形湖水位，表明主湖区水情变化很有可能对周边洪泛地下水的补排转化起着更为重要的影响作用。

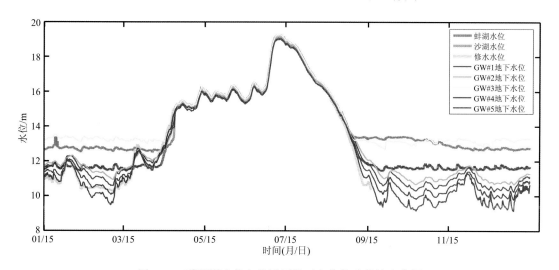

图 7-29　碟形湖水位与洪泛区地下水位的季节性变化图

　　为进一步探究地表-地下水之间的相互关系，图 7-30 基于统计分析来解析蚌湖、沙湖、河流等地表水体与洲滩地下水的水力联系。线性拟合结果表明，洲滩地下水位与蚌湖水位（R^2=0.74~0.89）的相关性要高于其与沙湖水位的相关性（R^2=0.40~0.72）。与碟形湖相比，洲滩地下水位（GW#1~GW#5）与修水水位的统计学关系更为密切，相关系数 R^2 为 0.66~0.98。由此表明，洪泛区的河流水文情势对洲滩地下水系统起着更为重要的影响作用。上述发现的主要原因可归结为两方面：一是，自身地形地貌特点造成了碟形湖、地下水、河水之间的水位差异，这也完全符合地形变化对地下水运动的主要影响这一普遍认知；二是，对于鄱阳湖洪泛湿地系统，因碟形湖底部的弱透水性阻滞了其与地下水之间的水力交互，河流作为研究区的一个重要驱动力和强渗透性在促进地下水的动态变化方面发挥了强大的脉冲作用。

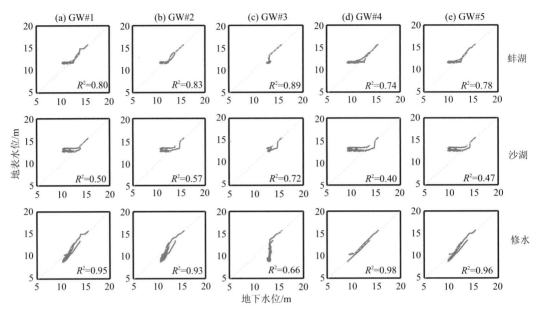

图 7-30 洪泛区地下水位（a～e）和不同水体的地表水位拟合关系

图 7-31 通过水温时间序列描述了碟形湖和地下水的热力学变化特征。可以发现，受外界气象条件影响，碟形湖水温的季节性变化特征尤为明显，水温变化值介于 3～30℃之间，最高水温值可达 33℃（如沙湖）。然而，周边湿地的地下水温度变化过程较为平缓(15～18℃)，其年内变化幅度基本小于 3℃。GW#3 监测点的地下水温度变化介于 15～18℃之间，GW#5 监测点的地下水温度变化基本趋于恒定，全年水温基本保持在 17～18℃，不同监测点的地下水温度差异可能与局部水文地质条件以及侧向补给等多种因素有关。可见，碟形湖水温呈现出"夏高冬低"的季节性分布格局，而地下水温度却呈现

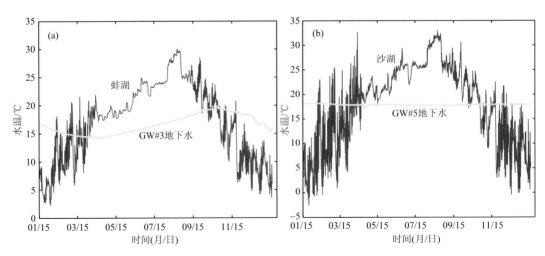

图 7-31 碟形湖与地下水的水温季节性变化图

出"冬高夏低"的分布特征。春夏季节,碟形湖与地下水的温度差可达 14℃,秋冬季节,两者之间的最大温度差异约 20℃。总的来说,碟形湖水温呈现高度的季节性动态变化特征,湿地地下水与碟形湖存在明显不同的水温变化,表明了温度可作为一种有效示踪剂来推断鄱阳湖洪泛湿地的地表-地下水相互转化。

7.5.4　碟形湖-地下水转化关系分析

本节采用一维垂向饱和水流交换通量计算模型 VFLUX 2,根据温度时间序列数据计算地表水-地下水之间的交换通量。图 7-32 为采用温度示踪 VFLUX 2 模型(振幅法)估算的碟形湖-地下水之间的垂向交换通量结果。通量正值表示监测点附近湖水补给周边地下水,而负值则表明地下水向上补给湖泊水体。从年内变化结果而言,蚌湖在秋冬低水位季节(9 月初~次年 3 月底)很大程度上接受地下水系统的补给,平均交换通量约为 4×10^{-4} m/s(约 0.3 m/d)。在春夏时期,蚌湖-地下水之间的垂向通量在零值附近呈现很大的波动性,很有可能是因为该季节碟形湖和洲滩湿地融为一体,蚌湖和地下水随水位动态呈现出频繁的相互转化特点。就沙湖而言,在全年的时间尺度上,沙湖很有可能持续补给地下水系统,除了春夏季节存在较大的交换通量外,其平均交换通量约 0.2×10^{-5} m/s(约 0.2 m/d)。

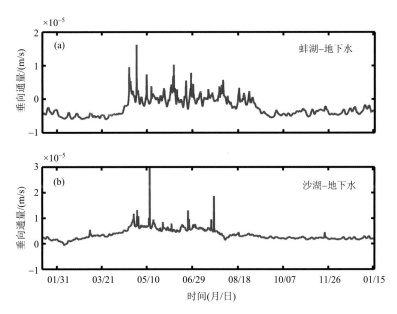

图 7-32　基于 VFLUX 2 模型的碟形湖-地下水交换通量计算结果

正值表示湖水补给地下水,负值表示地下水补给湖水

图 7-33 为基于达西定律估算的碟形湖湿地系统地表水与地下水之间的交换通量动态变化。一般来说,河流、碟形湖与洲滩地下水之间相互作用的交换通量主要取决于水力梯度变化和地质条件差异。从日尺度变化过程来看,修水河流-地下水之间的日交换通量呈高度动态的变化特征,然而碟形湖-地下水之间的日交换通量变化则相对平稳。总体

上，该系统的地表-地下水日交换通量在 1～4 月和 9～12 月的波动较为明显，尤其是每年的 9～10 月，修水河流明显受到洲滩地下水的补给（RW-GW；正值），且两者之间侧向交换通量较大，最大补给强度可达 0.4 m/d。在年内 5～8 月，本次估算结果得出地表-地下水之间的交换通量在 0 m/d 附近波动，这是由于碟形湖湿地被湖水淹没时间长达近 3 个月之久，碟形湖湿地的地下水系统近似呈饱和状态，加上长江高洪水位的顶托作用，该时期湖水和地下水流均受到严重阻滞作用而体现出流动性较差的特点，可推测该时期地表-地下水之间的总体交互作用比较微弱。在 3～4 月期间，观察到修水河流补给地下水的情况发生，但补给通量基本小于 0.2 m/d。此外，两个碟形湖与地下水之间（BW-GW和 SW-GW）交换通量呈现年内高度一致的变化态势，主要体现在碟形湖补给洲滩地下水系统，交换通量约小于 0.1 m/d。

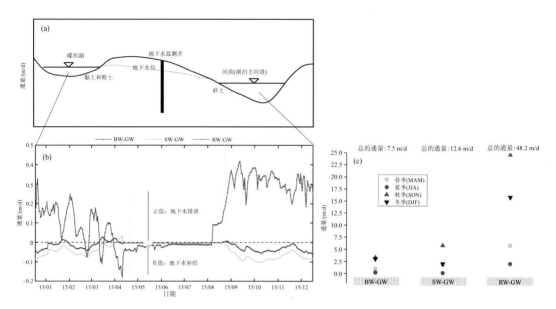

图 7-33　鄱阳湖洪泛区碟形湖湿地系统概念示意图（a）与地表-地下水交换通量的动态变化（b、c）

由图 7-33 还可以得出，蚌湖-地下水（BW-GW）、沙湖-地下水（SW-GW）、修河-地下水（RW-GW）之间的年累积交换通量呈现出明显的差异性，其中河流-地下水的累积交换通量分别约是蚌湖-地下水和沙湖-地下水的 7 倍和 4 倍，进一步证实了河流水文情势对洪泛区系统的重要影响。除了可见河流-地下水累积交换通量（SW-GW）明显大于碟形湖-地下水之外（BW-GW 和 SW-GW），还发现秋冬季节的累积交换通量明显大于春夏季节，取决于季节条件变化下地表和地下水文情势的动态与差异。

7.5.5　湖水-地下水转化通量计算

根据鄱阳湖湖区沉积物粒度和分选的不同，将沉积物主要分为 6 种类型（图 7-34）。尽管沉积物在整个湖泊空间上呈现出空间不均匀的分布格局，但可以发现北部湖区沉积物主要为高渗透性的砂质类型，而南部湖区主要分布着低渗透性的黏土。测试分析结果表明，北部和南部湖区沉积物的平均渗透系数分别为 0.2 m/d 和 0.04 m/d。因此，为了便于对湖泊的分区计算，下文将采用这两个平均的参数值进行地下水和湖水的交互通量计算。

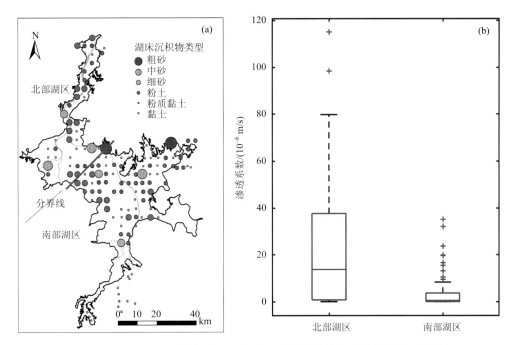

图 7-34 鄱阳湖湖区沉积物类型（a）和相应采样点的水力渗透系数测试结果（b）

表 7-5 为基于观测资料的鄱阳湖南北两个湖区平均湖泊水位和地下水位汇总结果。本研究时段内，地下水补给湖泊（负值）和湖泊补给地下水（正值）存在着明显的季节性变化特征（图 7-35）。总体而言，北部和南部湖区的地下水-湖泊交换通量表现出相似的时序变化格局，交换通量大致在–150 m³/s 和 310 m³/s 之间。值得注意的是，在春季末和夏季（5～8 月），南部两个湖区之间的交换通量存在较大差异。整个湖泊的计算结果可知，地下水在春季、秋季和冬季（9 月至次年 4 月）补给湖泊，月补给流量为–130～ –40 m³/s，平均值为–90 m³/s。然而，地下水主要在夏季接收湖泊的补给，流量为 130～ 170 m³/s，平均值为 110 m³/s。整个地下水对湖泊的年总补给量 Q_v 约为–9.5×10⁸ m³/a，该量级与上文计算的未控区地下水侧向入湖量较为接近。

表 7-5 鄱阳湖南北湖区的平均湖泊水位和地下水位

	北部湖区			南部湖区		
	h_l /m	h_g /m	水面积/km²	h_l /m	h_g /m	水面积/km²
Jan	8.7	11.9	171.8	12.9	15.0	585.9
Feb	9.0	11.7	171.8	12.7	14.9	585.9
Mar	10.0	12.1	343.7	13.8	14.9	1171.7
Apr	10.7	12.4	515.5	14.9	14.9	1757.6
May	18.9	13.2	687.3	14.1	14.9	2343.4

续表

	北部湖区			南部湖区		
	h_l/m	h_g/m	水面积/km²	h_l/m	h_g/m	水面积/km²
Jun	14.3	14.2	687.3	15.0	15.1	2343.4
Jul	16.1	15.5	859.2	16.3	15.6	2929.3
Aug	15.4	15.1	601.4	15.5	14.4	2050.5
Sep	12.4	13.0	601.4	13.4	13.9	2050.5
Oct	11.4	12.1	429.6	12.7	13.6	1464.6
Nov	10.8	11.9	257.8	13.4	13.9	878.8
Dec	9.9	12.0	257.8	13.9	13.9	878.8

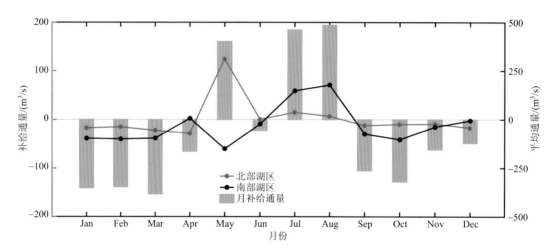

图7-35 鄱阳湖南北湖区月平均地下水补给湖泊通量（负值）和湖泊补给地下水通量（正值）的动态变化

7.5.6 不同地下水组分的贡献与意义

基于上文相关章节地下水转化通量的估算结果，汇总至图7-36进行示意分析。山区地下水向下游的补给总量约为每年300亿 m³，其中290亿 m³通过基流的形式贡献于河流水体，而河流主要以汇流的形式通过地表路径进入鄱阳湖主湖区，成为湖泊蓄水量的一个重要组成部分（①到②）。而其余10亿 m³的水量则主要补给到未控区地下水系统。根据本书的假设，这部分未控区地下水主要以侧向补给的方式进入湖泊洪泛区含水层，最终通过地下水和湖水垂向交换的方式进行相互作用，交换量约为每年9.5亿 m³，总体上与未控区补给量保持平衡，因此形成了以地下为路径的贡献形式（③到④）。

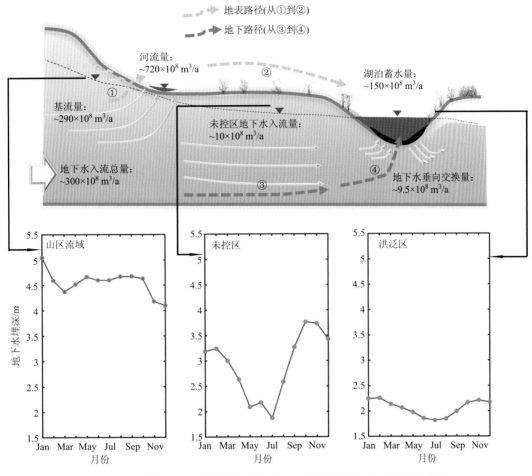

图 7-36　鄱阳湖全流域不同地下水组分对河湖地表水体的贡献示意图

图中水量信息由上文相关章节计算

对于鄱阳湖地区而言，城市用水主要为地表水供水，地下水占的比例较低，一般为 2.15%～3.89%。但在市区工业、生活供水中，地下水占有相当的比例，如景德镇市 23.27%，南昌市 15.84%以及抚州市 7.6%（资料来源于江西省地质环境监测总站）。城市地下水开采方式多以厂矿企业自备水井为主。而在瑞昌市等城区，地下水在城市供水中起主导作用。地下水是广大农村生活用水的主要供水水源，用水方式主要是民井、压水井等。在一些未控区，村村有民井，甚至户户有压水井，开采孔隙水作为生活用水及牲畜饮用水；在丘岗、山地区域，或在地势低洼处挖井集水，或扩泉引泉，甚至将水管埋入土中，以汲取生活用水。

根据江西省鄱阳湖平原区的地下水污染评价结果显示（图 7-37），区内浅层地下水无 I 类水。II 类水、III 类水、IV 类水、V 类水样品数分别占总样品数的 23.96%、25.81%、34.79%、15.44%，其水质主要受地质环境影响，但污染源的增多、废水等不规范排放也将导致水质变差。地下水–地表水交换对水量、水质和生态系统健康的影响是众所周知的。虽然地下水文已被发现是地表水文过程的一个特别重要的环节，但水质管理主要关注地表水环境，往往忽视地下水。水文和养分在地下水-地表水系统中的去向和输移（例如，基流带来的营养盐负荷）已被认为是河湖生态环境发展的一个重要方向。此外，从点源到扩散源，地下含水层可能在输送各种污染物方面发挥关键作用。

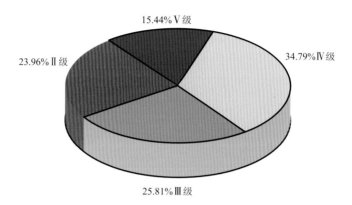

图 7-37　鄱阳湖湖区周边浅层地下水质量评价
资料来源于江西省地质环境监测总站的鄱阳湖平原地下水污染调查报告

7.6　小　　结

在水循环过程中，地表水和地下水一直是最为重要的两个组成部分，且地表水和地下水通常存在颇为密切的水力联系和转化关系。鄱阳湖流域具有明显的地势差异，流域来水呈现出季节性强、水文变化复杂等诸多特征，周边地下水系统无疑会发生快速而敏感的响应，甚至改变地下水与河湖地表水体之间的转化关系，进而影响生态与环境的诸多方面。

本章围绕鄱阳湖地下水、河流、湖泊等典型水体单元，以地下水-地表水转化为主线，主要依托原位观测资料、稳定同位素数据等，采用统计学方法和解析解模型等不同技术手段，揭示了鄱阳湖流域地下水动力场的变化特征，发现了地下水由周边山区向下游湖区运动的总体变化格局，以及湖区周边的地下水位高变异性。统计发现，大多数站点的地表水位和地下水位之间具有很高的相关性，结合水体稳定同位素的进一步佐证，表明了地表水和地下水之间的密切联系。进一步得出，山区流域地下水以基流的形式补给流域河流水体，所占比重约为 40%，随后以地表汇流的形式贡献于鄱阳湖水量平衡。未控区地下水的侧向入湖流量约为每年 10 亿 m³，这部分地下水进入湖区含水层后将与湖泊水体进行交换，主要以地下为路径贡献于湖泊水体。鄱阳湖洪泛区地下水在湿地生态水文研究中具有重要意义，在控制洪泛湿地的地下水动态方面，周边河流水文情势对地下水的影响要强于碟形湖水文变化。从河流-地下水转化关系而言，洪泛系统的地下水与周边河流水体之间存在动态转化关系，地下水对河流的补给通量以及河流对地下水的补给通量分别约为 0.4 m/d 和 0.2 m/d。从湖泊-地下水转化关系而言，碟形湖一般来说补给周边洪泛滩地的地下水，但两者之间的交换通量基本小于 0.1 m/d。实际上，鄱阳湖地下水的开发利用状况以及污染问题也是江西水文研究的一个重要方面，但地表-地下水文与水环境的联合研究工作亟须加强。

第 8 章 鄱阳湖洪泛区地表-地下水动力数值模拟及地下水环境分析

8.1 引　言

近年来，由于人类活动和气候变化的复合影响，全球洪泛区和湿地面积急剧减小，洪旱灾害增加，洪泛区地表和地下等诸多水文功能明显下降。洪泛湿地系统具有水文和生态环境研究的多重特色和意义，地表和地下水文过程的季节性变化对水流界面交互、营养物质交换以及沉积作用有重要影响，很大程度上促进了洪泛区系统的物质流、能量流和信息流的转化和传递。因此，开展地表-地下水交互转化的动力学过程与作用机制研究对深入理解洪泛湿地系统的生态水文和环境响应等具有切实意义。

近年来已有学者针对鄱阳湖洪泛湿地系统的地表和地下水方面开展了一些探索性研究工作，取得了一些重要进展和认识。前人研究发现，鄱阳湖水位变化对洪泛湿地系统的地下水动力场和湖水-地下水转化关系具有不可忽视的影响，同时也对洪泛地表生态植被等方面具有重要影响，虽然强调了地下水文的动态性及对湿地生态的贡献，但研究方法主要以原位观测和示踪技术为主。开展洪泛区地下水动力场及其响应过程的数值模拟研究，对深入理解和完整诠释湿地生态环境效应内涵具有重要意义。鉴于此，本章在前期大量数据资料积累的基础上，以鄱阳湖洪泛区湿地为研究对象，依托饱和流地下水数值模型，重点开展洪泛区地下水与周边河湖水体的相互转化过程研究，进一步结合鄱阳湖的气候和水文要素变化等，定量评估不同方案下地下水动力过程响应与转化通量，旨在从地下水系统角度来深刻认识鄱阳湖洪泛系统的水循环过程，以及阐明地下水环境的动态响应和基本输移规律，弥补当前对该洪泛系统地下水方面认识的不足。

8.2 水文和地质条件

8.2.1 水文地质背景

鄱阳湖地处亚热带暖湿季风气候区，年内降水量分布不均，加上流域五河来水变化，导致其具有高度变异的湖泊水位变化特征[图 8-1（a）]。洪水期间湖区整体被淹没，平均水深约 6 m，最大水深可达 30 m，湖水面积可达 3000 km²；而枯水期水域面积则萎缩至不足 1000 km²，大部分水体萎缩在主河道附近。在洪水期，碟形湖被洪水淹没，与主湖区融为一体，而在枯水期，湖水位快速下降，这些碟形湖逐渐形成相互独立的水体。根据地下水的赋存条件、水理性质与水力特征，鄱阳湖地区地下水类型主要有松散岩类孔隙水、红色碎屑岩岩溶裂隙水、碳酸盐岩类岩溶裂隙水、岩浆岩类裂隙水和变质岩类裂隙水等 5 类（兰盈盈，2016）。第四纪松散层作为河岸漫滩和形成鄱阳湖的湖相平原

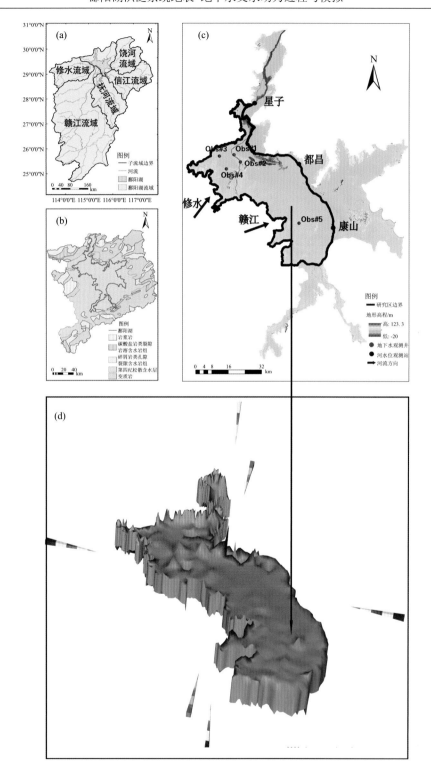

图 8-1　鄱阳湖水文与地质背景

（a）鄱阳湖流域水系分布；（b）湖区周边流域地层岩性；（c）典型洪泛区观测站点分布图；（d）研究区三维地貌放大图

分布最广的一层，是研究区内产水量最高的浅层含水层。在全新世和更新世期间，沉积物在河流和冲积环境中，形成了一个统一的水力联系紧密的含水层，主要由中粗砂、砂砾石组成，一般厚度为 7～16 m，局部可达 50～60 m。根据现场含水层测试，含水层的水力渗透系数范围为 10～258 m/d。其中，在修水和赣江的下游未控区，主要岩性为第四纪松散岩类沉积物，周围以变质岩为主，零星分布岩浆岩，碳酸岩及少量碎屑岩 [图 8-1（b）]。

8.2.2　典型洪泛区概述

根据鄱阳湖洪枯季节的水面积变化范围，本书典型洪泛区主要位于鄱阳湖主河道(星子-都昌-康山）和西侧湖区边界之间的广大洲滩湿地，面积约为 1646 km^2[图 8-1（c）和图 8-1（d）]。对于本书选取的鄱阳湖典型洪泛区，通过野外试验和室内分析，鄱阳湖洪泛区土壤类型主要为砂土、粉壤土和黏土 3 种（图 8-2）。研究区地下水的水化学组成分析见表 8-1。已有观测资料表明，洪泛区的地下水位总体上呈现季节性变化，地下水位年内变化呈单峰型，1 月地下水最大埋深达到 9 m 多，丰水期地下水位最高时可出露至地表（陈静等，2021）。一般而言，从远离湖区的高位洪泛洲滩至近湖区低洼地带，地表植被垂直分带明显，主要包括中生性草甸、挺水植被、湿生植被、沉水植被等主要植被类型，典型植被大致包括芦苇、薹草、灰化薹草、泥滩和水域等。

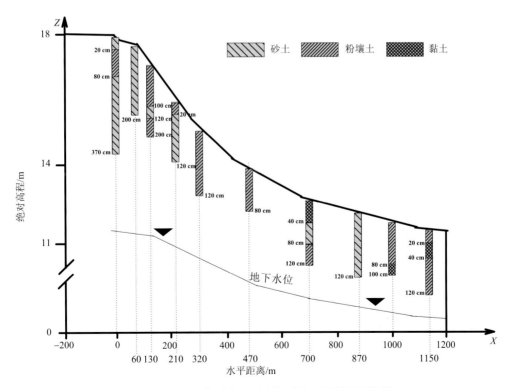

图 8-2　鄱阳湖典型洪泛区土壤质地二维剖面结构图

表 8-1　洪泛区地下水的水化学组成测试结果

时间	采样井	EC /（mS/cm）	pH	Na^+ /（mg/L）	K^+ /（mg/L）	Ca^{2+} /（mg/L）	Mg^{2+} /（mg/L）	Cl^- /（mg/L）	NO_3^- /（mg/L）	F^- /（mg/L）	SO_4^{2-} /（mg/L）
2 月	Obs#1	0.03	6.87	712	0.29	0.89	0.69	3.68	5.06	0.35	5.87
	Obs#3	0.03	6.92	502.5	0.17	0.007	0.51	2.78	5.45	0.41	8.53
4 月	Obs#1	0.236	6.48	39.9	6.45	26.52	5.90	3.53	0.99	0.24	2.65
	Obs#3	0.098	6.38	42.1	6.85	27.89	6.04	0.73	5.31	0.23	3.33
6 月	Obs#1	0.030	6.82	1.02	0.62	3.67	3.33	2.19	0.55	0.18	3.07

8.3　地下水模型概述

8.3.1　模型基本原理

FEFLOW（Finite Element subsurface FLOW system）最初是由德国水资源规划与系统研究所 WASY 公司开发的地下水有限元数值模型，目前已成为丹麦水利研究所 DHI 模型系统的重要组成部分。FEFLOW 模型具有先进的数值求解方法来控制和优化求解过程，如快速直接求解法、灵活多变的 up-wind 技术以减少数值弥散、皮卡和牛顿迭代法求解非线性流场问题等（Diersch，2014）。

该模型模拟的污染物迁移过程包括对流、水动力弥散、线性及非线性吸附、一阶化学非平衡反应，该模型还为非饱和带模拟提供了多种参数模型，如指数式、Van Genuchten 式和多种形式的 Richard 方程等。模型采用有限单元离散技术，应用适应性更好的非结构性网络，以此实现局部网格加密及其重点区域的精细刻画，进而来灵活应对各种地下水流场模拟与溶质运移模拟中可能出现的复杂的物理过程。FEFLOW 可以实现多孔介质达西流、非饱和流、潜水水流模拟和迁移、变密度流和裂隙等诸多实际问题。

8.3.2　数学方程描述

FEFLOW 模型已被广泛应用于地下水动态预测、地下水资源利用分配、水热耦合运移、地下水污染运移、由抽水引发的地面沉降以及海水入侵方面的研究，并取得了许多重要成果。本书将开展研究区的地下水二维模拟，故地下水流运动数学模型如下所示：

$$\begin{cases} \mu\dfrac{\partial H}{\partial t} = \dfrac{\partial}{\partial x}\left(K(H-B)\dfrac{\partial H}{\partial x}\right) + \dfrac{\partial}{\partial y}\left(K(H-B)\dfrac{\partial H}{\partial y}\right) + W \quad (x,y)\in\boldsymbol{\Omega}, t\geqslant 0 \\ H(x,y,t) = H_0(x,y) \quad (x,y)\in\boldsymbol{\Omega}, t=0 \\ H(x,y,t)\,|\,\Gamma_1 = H_0(x,y,t) \quad (x,y)\in\Gamma_1, t>0 \\ K(H-B)\dfrac{\partial H}{\partial \vec{n}}\,|\,\Gamma_2 = q(x,y,t) \quad (x,y)\in\Gamma_2, t>0 \end{cases} \tag{8-1}$$

式中，$\boldsymbol{\Omega}$ 为模型模拟区域；Γ_1、Γ_2 为一类边界和二类边界；q 为二类边界上的已知流量函数；$\vec{n}$ 为二类边界的外法线方向；K 为渗透系数（m/d）；μ 为给水度；H 为地下水位标高（m）；B 为含水层底板标高（m）；W 为源汇项（m/d）。

地下水中溶质运移的数学方程表示为如下的偏微分方程形式：

$$\begin{cases} \dfrac{\partial c}{\partial t} = \dfrac{\partial}{\partial x}\left(D_{xx}\dfrac{\partial c}{\partial x}\right) + \dfrac{\partial}{\partial y}\left(D_{yy}\dfrac{\partial c}{\partial y}\right) - V_x\dfrac{\partial c}{\partial x} - V_y\dfrac{\partial c}{\partial y} + I \quad (x,y)\in\Omega, t\geqslant 0 \\[2mm] c(x,y,t)|_{t=0} = c_0(x,y) \quad (x,y)\in\Omega, t=0 \\[2mm] c(x,y,t)|_{\Gamma_1} = c_1(x,y,t) \quad (x,y)\in\Gamma_1, t\geqslant 0 \\[2mm] \dfrac{\partial c}{\partial \vec{n}}\Big|_{\Gamma_2} = 0 \quad (x,y)\in\Gamma_2, t\geqslant 0 \end{cases} \quad (8\text{-}2)$$

式中，c 表示地下水溶质浓度；V 表示地下水的水流速度矢量；D 为水动力弥散系数；I 表示源汇项；c_0 表示初始浓度；c_1 表示第一类边界浓度给定；其他参数意义同上。

8.4　地下水模型构建

8.4.1　基础数据获取与用途

本章研究涉及的一些水文资料的具体观测点位及分布可参考图 8-1（c）。考虑到鄱阳湖水情变化特征的普适性以及所需不同数据资料的完整性，故选取 2018 年作为研究期来开展正常年份条件下的地表–地下水文过程分析（曹思佳等，2023）。鄱阳湖湖盆地形高程数据原始分辨率为 5 m×5 m，主要用来刻画洪泛区地形特点及构建地表–地下水数值模型。星子、都昌和康山水文站的日水位观测数据来源于江西省水文监测中心，主要用来描述湖泊水位的季节性变化及作为数值模型的边界输入条件。地下水观测井的日水位数据（Obs#1～5）来源于加拿大 Solinst 传感器的野外自动观测，观测点主要分布在吴城国家级保护区（图 8-3）以及南矶湿地保护区，该数据主要用来反映地下水位的波动状况及用来验证地下水模型。

地下水位监测井

图 8-3　鄱阳湖洪泛区吴城地下水位观测井及 2021 年不同水位时期的现场照片

8.4.2　水文地质概念模型

根据鄱阳湖洪泛区 DEM 地形高程特征，本次研究共计提取出 41124 个高程点，采用克里金插值方法，将插值结果作为数值模型的实际地表高程。结合湖区地形地貌分布格局，研究区共计剖分 6329 个三角形有限单元网格和 8680 个节点，三角形边长变化范围介于 20～2000 m 之间，很好刻画了洪泛区的复杂地形特点[图 8-4（a）]。考虑到本研究典型洪泛区实属鄱阳湖区的一部分，相对大尺度流域而言，其地质类型和成因相对一致，加上洪泛区野外资料极其有限，其中一些水文地质参数未考虑分区特征（比如降雨入渗系数、渗透系数和给水度等）。根据野外钻孔资料[图 8-4（b）]，研究区的潜水含水层厚度约为 20.9 m，岩性主要为细砂和粉质黏土，由岩芯照片可以看出，粉质黏土中的黏粒含量较少，细砂和粉质黏土层的岩性组分相差不大，且根据该点抽水试验，细砂和粉质黏土层的渗透系数较为接近，因此本研究将地下含水层概化成一层，将地表高程以下 20 m 作为饱和潜水含水层系统。未控区与湖区西侧的交换通量根据未控区的地下水位资料和达西定律计算获取，未控区地下水位数据来源于江西省水文监测中心，通量数据用于作为模型的边界输入条件。降水和蒸发的日观测数据来源于中国科学院南京地理与湖泊研究所鄱阳湖湖泊湿地综合研究站（星子水文站附近），用于作为数值模型的大气输入条件。典型洪泛区碟形湖与地下水之间的日通量变化数据采用先前的估算结果，作为数值模型的地表源汇条件。具体模型设置方式为[图 8-4（a）]：研究区的东侧边界是鄱阳湖主河道，从北部星子延伸至南部康山，主要受湖泊水位变化控制，因此模型东侧设置为给定水头边界条件，根据星子、都昌和康山水位观测资料进行插值并分为三段边界来分别给定，以体现东部边界水位的空间差异。洪泛区湿地的西侧主要接受修水和赣江两大未控区的地下水侧向入流补给作用（详见 7.4.3 小节），因此西侧边界根据修水和赣江的影响范围，共计划分为两段并分别设置为给定流量边界条件。

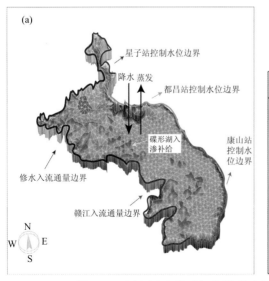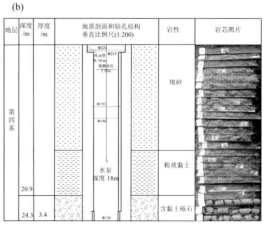

图 8-4　研究区水文地质概念模型示意图（a）和都昌湖岸钻孔柱状图（b）

钻孔数据来源于江西省地质局

考虑到鄱阳湖洪泛区实际情况，涨水期湖水主要通过地表漫滩以及渗漏补给的途径来影响地下水系统。因此，模型选取丰水期和枯水期两幅遥感影像，通过地表水体淹没面积分布来概化不同时期湿地湖水淹没对模型的影响（图 8-5），将其作为地表漫滩的水位边界输入模型，以此体现湖泊地表洪泛动态过程对地下水的影响。

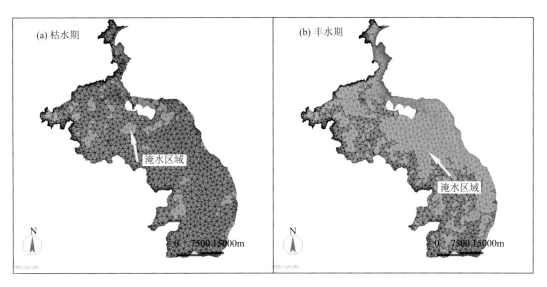

图 8-5　基于模型的鄱阳湖枯水期和丰水期地表淹没面积分布图

8.4.3　源汇项和参数设置

研究区主要的源汇项为大气降水、地表蒸发及碟形湖入渗补给或排泄。根据文献资料，研究区的入渗系数取值范围为 0.06～0.1。考虑到入渗系数空间变化总体上较小，故将研究区的降雨入渗补给系数给定为 0.1，即认为 10% 的有效降雨入渗补给潜水含水层。参照已有研究，鄱阳湖洪泛区湿地的土壤年蒸发量大概为 100～200 mm，约为 E601B 型蒸发皿年蒸发总量的 10%，考虑到植物蒸腾作用主要发生在每年 3～5 月且主要吸收土壤水，地下水的贡献比重相对较小，可忽略不计。因此，本书以 E601B 型蒸发皿数据为基础，乘以折算系数 10% 作为地下水的蒸发量。相对于鄱阳湖周边的地层岩性分布情况而言，本研究所覆盖的洪泛区其岩性分布整体上较为均一，因此洪泛区的地下水数值模拟未做参数分区考虑。考虑到鄱阳湖洪泛区地形地貌空间格局总体差异较小，且难以实际开展空间监测，将整个洪泛区作为地下水溢出面考虑。根据 2018 年鄱阳湖枯水期 Landsat 遥感影像图，对数值模型计算域内的 52 个碟形湖进行定义和设置[图 8-4（a）]。根据先前研究结果，碟形湖主要以低枯水位季节渗漏补给地下水为主，其对地下水的最大补给通量约为 0.1 m/d，而高洪水位季节两者之间的交换通量较为微弱。因此，模型在洪水期给定地下水的补给通量为 0 m/d。关于地下水模型的具体设置与依据，可进一步参考曹思佳等（2023）。

对于研究区的水位地质参数设定，根据现场钻孔资料，尽量消除水文地质条件空间差异带来的影响，模型将含水层介质主要作为细砂来考虑。根据已有文献资料，水平渗透系数取值变化为 10～200 m/d，潜水含水层给水度取值变化为 0.005～0.05。本次地下水模型的时间步长设定为 1 d，渗透系数和给水度是本次地下水模型的主要调整参数。

8.5　地下水模型验证与敏感性分析

8.5.1　地下水位验证

为保证非稳定流模拟结果的合理性，模型将多年平均的水文数据作为输入条件，首先开展研究区的稳定流模拟，将模型计算所得的稳定流地下水位作为非稳定流模型的初始条件。本节采用纳什效率系数（E_{ns}）、确定性系数（R^2）以及均方根误差（RMSE）对数值模型结果进行定量评价。

本书中，结合地下水位观测资料，采用手动试错法对地下水模型的主要参数进行调整，调整后渗透系数取值为 150 m/d，给水度为 0.01。图 8-6 描述了基于野外 5 个地下水位观测井的模型验证效果及定量评价结果，其中 4 个观测井位于蚌湖和沙湖湿地周边滩地（Obs#1～4），一个观测井位于南矶洪泛湿地（Obs#5）。由图可以看出，整个模拟期内，地下水位模拟序列与观测水位序列的年内变化趋势基本一致，尤其体现在地下水位相对较高的时间范围内。然而，模拟序列和观测序列在冬季等一些低水位时期存在一定的偏差，水位偏差大约 0.3～0.4 m。这可能是因为野外地下水位观测井受到降水或周边其他水体汇入的影响，给观测结果带来一定的干扰，导致某些时刻地下水位急剧升高或者下降。从 5 个观测点的定量评价结果来看，水位拟合的纳什效率系数 E_{ns} 变化范围介于 0.71～0.92 之间，确定性系数 R^2 介于 0.74～0.94 之间，均方根误差 RMSE 基本小于 0.4 m，表明数值模拟结果较为理想，很好再现了地下水位的时序动态特征以及变化幅度。总的来说，本节所构建的地下水模型能够很好适应鄱阳湖洪泛区的水文变化特点，模拟结果的可靠性较高，可以用于洪泛区地下水位的季节性变化对外部环境的综合响应。

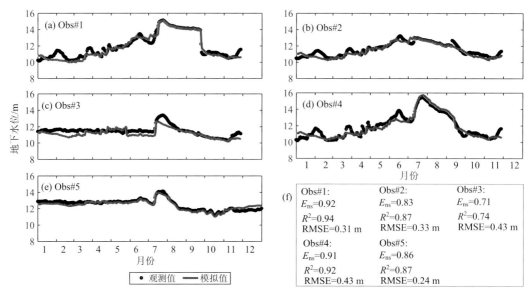

图 8-6　鄱阳湖洪泛区地下水位模拟效果验证及定量评价

8.5.2　模型敏感性和不确定性分析

这里通过地下水数值模型对鄱阳湖洪泛区的地下水进行模拟分析，为提高模型的模拟精度，减少因水文地质参数不确定性产生的误差，本节基于单因子分析并采用增加或减小 10% 偏移量的方法分别对渗透系数 K 和给水度 μ 开展了敏感性分析。在各参数增大或减小相同比例时，给水度和渗透系数的敏感性测试结果可见，虽然两者导致的水位变化趋势不太一致，即给水度似乎会导致不同时期的地下水位变化，渗透系数则主要影响后半年的水位变化，但两者所导致的最大水位变化的量级基本都小于 0.3 m（图 8-7 和图 8-8）。因此，仅从水位变化的量级上，上述结果表明给水度和渗透系数均对本研究区的地下水位有着很高的敏感性。

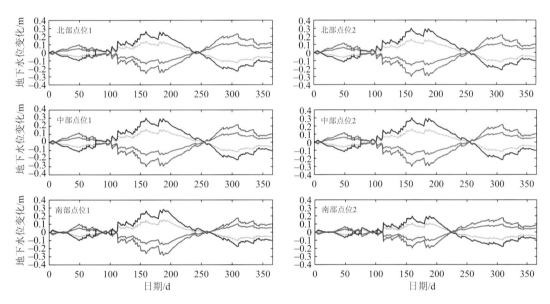

图 8-7　含水层给水度变化对地下水位的敏感性测试

不同颜色代表±10%和±20%参数变化的模拟结果

模型的边界条件是影响数值模拟精度的重要因素之一，因此本节对模型边界设置的合理性进行了分析。模型边界主要分为自然边界和人为边界两类。研究区东侧边界为鄱阳湖主河道，可作为自然边界考虑，因此将其水位作为边界进行概化，而研究区西侧很难找到一个完整的自然边界，且研究区西侧主要接受修水、赣江流域地下水补给影响，因此根据达西定律计算出月尺度下修水、赣江地下水对研究区地下水的补给量，将人为设定的西侧模型边界作为流量边界进行边界概化。但其地下水流量较小，边界位置对模型的模拟以及水均衡影响相对较小。此外，研究区西侧边界为鄱阳湖最大淹没边界，只有在丰水期 7~8 月湖水才可能淹没至此。因此考虑到湖水的淹没程度和淹没时间较为有限，一定程度上可忽略湖水位对该边界模拟的影响，故将流量边界位置定为研究区西侧，对模型模拟结果影响较小。综上所述，将研究区东侧边界作为水位边界，研究区的西侧边界作为模型的流量边界是合理的。

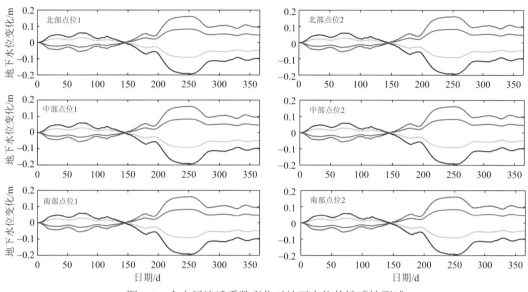

图 8-8　含水层渗透系数变化对地下水位的敏感性测试

不同颜色代表±10%和±20%参数变化的模拟结果

此外，本书使用的地下水模型在概化和设置过程中仍存在一定的不足，一是，碟形湖群是鄱阳湖湿地的特色水体，模型在考虑碟形湖群对地下水的影响时，将碟形湖的渗漏量作为源汇项进行处理，尽管一定程度上体现了碟形湖群对地下水的影响作用，但后续工作应充分耦合地下水-碟形湖群的交互作用。二是，地下水数值模型十分依赖于研究区参数给定，同大尺度流域相比，本研究区相对较小且参数分区未做考虑，尽管模型验证取得了理想的模拟效果，但最终调整的渗透系数和给水度与研究区实际参数值相比，存在偏大或偏小的情况。下一步研究应在大量原位观测和试验基础上，细化研究区的水文地质参数，以体现含水层结构的空间变异性。

8.6　洪泛区地下水动力场

8.6.1　地下水位

图 8-9 选取了鄱阳湖枯-涨-丰-退四个典型水文时期来分析湖泊洪泛区的地下水位的空间演变规律。考虑到地下水文过程受多因素影响，本书每个典型期选择两个模拟时段加以综合分析。在每年的枯水期，因鄱阳湖主湖区水位较低（8～9 m），加上研究区受到修水和赣江的地下水入流等补给，整个洪泛湿地通常保持着较高的地下水位（大于11 m），总体上地下水由洪泛湿地向东北部主湖区方向流动，即洪泛区地下水补给鄱阳湖主湖区。在涨水期，由于鄱阳湖主湖区水位快速提高，因湖水对周边地下水的补给强度发生明显变化，导致主湖区邻近的大多数区域地下水位也随之抬升（13～15 m），但同时可见洪泛区西北部的地下水位相对较低（约 12 m），可知湖水已逐渐向洪泛湿地进行水量传输和补给。对于鄱阳湖的高洪水位时期，湖水与整个洪泛湿地融为一体，洪泛区同样受到主湖区水位的强烈影响，除了邻近主湖区的大部分区域具有较高的地下水位，

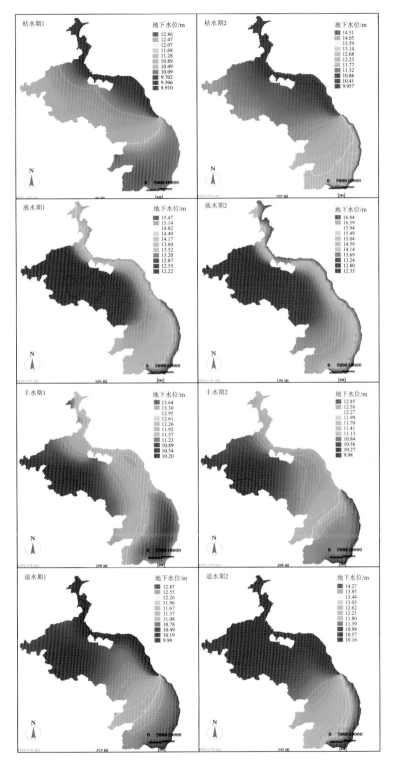

图 8-9　鄱阳湖洪泛区枯水期、涨水期、丰水期、退水期的地下水位等值线图

每个水文阶段选择 2 个代表日期的模拟结果

还可以发现主湖区周边的地下水位要明显高于其他区域，即丰水期仍表现为湖泊补给周边地下水系统。退水时期，鄱阳湖主湖区水位逐渐降低（小于 10 m），但大面积洪泛区仍保持一定的高地下水位（11～12 m），此时地下水由洪泛洲滩湿地迅速向主湖区排泄，即洪泛区地下水补给湖泊。上述分析可得，鄱阳湖洪泛区的湖水和地下水位具有明显的季节性转化特征，湖水位的波动变化很大程度上决定了主湖区与周边地下水之间的动态补排模式。总结可知，洪泛区地下水补给湖泊主要发生在鄱阳湖的低枯水位季节（例如枯水和退水阶段），而湖泊补给地下水主要发生在中高水位季节（涨水和洪水阶段）。

此外，通过图 8-10 可以清晰发现，南北方向上，洪泛区地下水位总体上呈现出空间"南高北低"的分布格局，南北区域的地下水水位差可以达到 2～4 m，这种空间格局主要与洪泛区地形地貌有关。而在东西方向上，地下水位受主湖区湖泊水位变化控制，涨水期和丰水期呈现"东高西低"的变化格局，区域地下水位差异可以达到 2～3 m，而退水期和枯水期则呈现出"西高东低"的分布格局，区域地下水位差异基本小于 2 m。通过洪泛区部分观测点的地下水位变化状况来看，整个洪泛区的地下水位年内波动状况几乎一致，且与湖水位变化规律较为相似。总的来说，鄱阳湖洪泛区的地下水位年内变幅基本介于 2～5 m 之间。另外，地下水位变幅较大的地方主要位于主湖区附近（例如 3 号和 4 号点位），而地下水位变化幅度相对较小的地方则出现在远离主湖区的西侧滩地（例如 1 号、2 号和 5 号点位）。上述分析表明，就鄱阳湖洪泛区湿地而言，地形地貌对整个洪泛区地下水位分布具有主导作用，但湖泊水位动态变化却是一个关键的外部驱动要素，形成了地下水位时空响应的差异性。

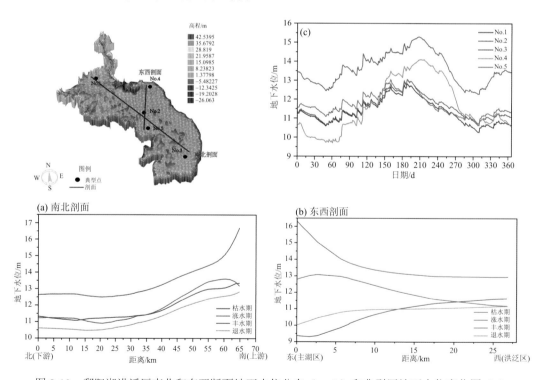

图 8-10　鄱阳湖洪泛区南北和东西断面地下水位分布（a、b）和典型区地下水位变化图（c）

8.6.2　地下水流速

为揭示研究区的地下水流速场变化情况，这里选取了不同时期的地下水流速（达西流速）分布结果进行比较分析（图 8-11）。总的来说，整个研究区的地下水流速一般小于 1 m/d，部分区域的流速可达 2 m/d，但局部地区因地形起伏变化较大，部分时段可达 8～9 m/d。空间上，研究区北部的地下水流速要明显大于南部地区的地下水流速，东部主湖区附近的地下水流速要明显大于洪泛区。上述地下水流速的空间分布特征主要与地形地貌及其所导致的区域地下水力梯度有关，例如研究区北部的狭窄地形条件以及东部主湖水位对洪泛区地下含水层的激励作用。对于鄱阳湖不同水文时期，地下水流速和运动方向仍存在着明显差异。枯水期，地下水主要向东北侧的主湖区流动，主湖区附近的地下水流速较大，洪泛区湿地的地下水流速较小（小于 1 m/d），在靠近西北侧边界附近地下水流速则十分微弱。涨水期，地下水流向发生明显转变，由主湖区向洪泛洲滩湿地流动，且由于洪泛区中部地形高程较低，在涨水初期，主湖区和修水、赣江的地下水均向洪泛区中部方向流动，整个空间的地下水最大流速可达 1 m/d 左右（涨水期 1 时段）。但随着主湖区水位的不断上涨以及湖水-地下水的频繁交换，此时主要表现为地下水整体上由主湖区向洪泛区西部流动（涨水期 2 时段）。在丰水时期，地下水空间流速较涨水期有减小趋势，整体上小于 1 m/d，但地下水流动方向仍由主湖区流向洪泛区，体现了主湖区水位波动的影响。因丰水期湖水淹没导致整个研究区相对饱和，大部分区域的地下水流速低于 0.1 m/d。退水时期，由于东侧湖水位迅速下降，地下水流速的主要方向转变为由洪泛区流向主湖区，地下水流速的空间分布较为明显。

通过典型断面的地下水流线可清晰发现（图 8-12），在鄱阳湖枯水期和退水期，由于主湖区水位总体上低于洪泛区地下水位，地下水主要由洪泛区流向主湖区，而涨水期和丰水期，地下水由主湖区流向洪泛区。尽管如此，在研究区南部的部分区域，因地下水位常年低于周边主湖区水位（康山站附近），地下水基本以流向洪泛区为主。上述结果表明，鄱阳湖洪泛区地下水流速场在地形地貌和湖泊水位波动的叠加作用下，流速和流向均呈现明显的季节性差异，这种差异主要体现在地下水在主湖区和洪泛区之间交互作用方式的动态转变。

8.6.3　地下水均衡与转化通量

以整个洪泛区地下水系统为对象，本研究的收入项包括：东侧一类边界水量补给、降水输入、碟形湖补给地下水量以及西侧二类通量边界补给。主要支出项包括：东侧一类边界的排泄水量、蒸发量以及西侧二类边界的排泄水量。因此，根据地下水入流量和地下水出流量来计算该地区地下水的储量变化，构建基于月尺度的地下水均衡方程为

$$\Delta S = \mathrm{DB_{in}} - \mathrm{DB_{out}} + \mathrm{NB_{in}} - \mathrm{NB_{out}} + Q_p + Q_l - Q_e \tag{8-3}$$

式中，ΔS 为地下水储量的变化量（$\mathrm{m^3/}$月）；$\mathrm{DB_{in}}$ 和 $\mathrm{DB_{out}}$ 分别为一类边界的流入量和流出量（$\mathrm{m^3/}$月）；$\mathrm{NB_{in}}$ 和 $\mathrm{NB_{out}}$ 分别为二类边界的流入量和流出量（$\mathrm{m^3/}$月）；Q_p 为降水入渗补给量（$\mathrm{m^3/}$月）；Q_l 为碟形湖补给地下水量（$\mathrm{m^3/}$月）；Q_e 为潜水蒸发量（$\mathrm{m^3/}$月）。

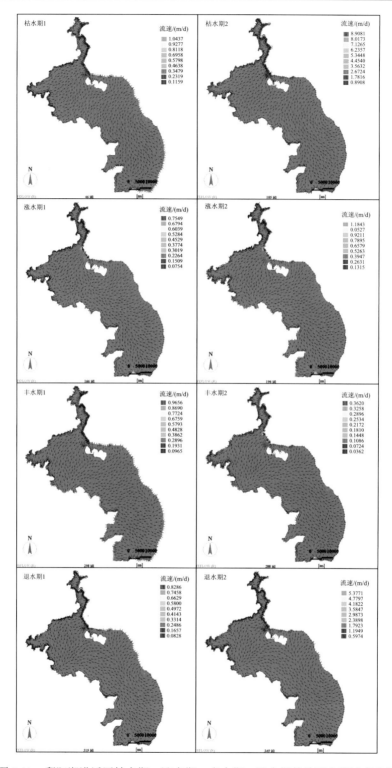

图 8-11　鄱阳湖洪泛区枯水期、涨水期、丰水期、退水期的地下水流速变化图

每个水文阶段选择 2 个代表日期的模拟结果

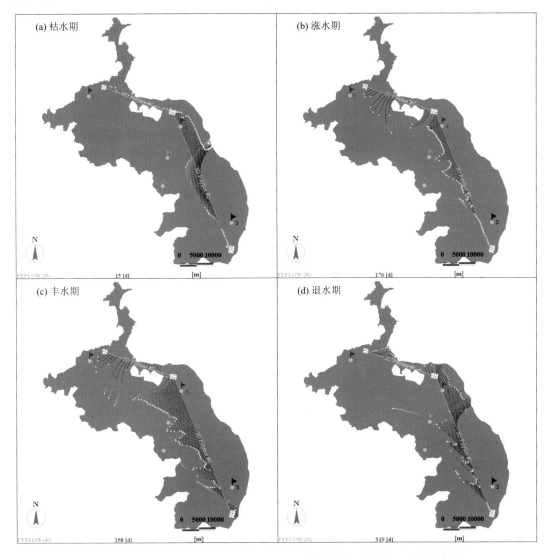

图 8-12 鄱阳湖洪泛区枯、涨、丰、退时期典型断面的地下水流线变化

根据地下水数值模拟结果，鄱阳湖洪泛区地下水均衡信息汇总如表 8-2 所示。由表可得，2018 年研究区的地下水总输入水量约为 1.91×10^{8} m^{3}，地下水的总输出水量约为 1.95×10^{8} m^{3}，水均衡计算误差约 2%，水量基本保持平衡。根据表 8-2 结果分析，降水和蒸发是研究区重要的水量平衡组分，年降水补给量为 99.5×10^{6} m^{3}，占总补给量的 50% 以上，地下水的年蒸发排泄量为 140.5×10^{6} m^{3}，约占总排泄量 70% 以上。碟形湖是洪泛区地下水系统的一个稳定补给水源组分，但碟形湖对地下水的年补给量为 5.4×10^{6} m^{3}，约占总补给量的 3%，表明碟形湖对下伏地下水的贡献比重相对较小。另外，第一类边界和第二类边界的年地下水补给量分别为 74.8×10^{6} m^{3} 和 11.4×10^{6} m^{3}，占总补给的比重分别为 39% 和 6% 左右，可见第一类边界的年地下水排泄量（24%）也要大于第二类边界的地下水流出量（4%），表明东侧主湖区对地下水系统（主湖-洪泛区）的贡献要明显强于

西侧的地下水交换（未控区-洪泛区）。总的来说，鄱阳湖主湖区对研究区地下水平衡的影响要强于修水、赣江等平原地下水等输入作用。

表 8-2 鄱阳湖洪泛区地下水均衡分析表 （单位：10^6 m³/月）

月份	输入项				输出项			
	Q_p	Q_l	NB$_{in}$	DB$_{in}$	Q_e	NB$_{out}$	DB$_{out}$	均衡差
1	2.7	0.6	1.0	4.4	4.0	0.6	8.5	−4.4
2	3.9	0.5	0.9	3.0	8.2	0.5	5.1	−5.5
3	15.3	0.6	1.0	8.1	8.7	0.7	2.8	12.8
4	19.1	0.6	1.1	7.0	13.1	0.7	5.3	8.7
5	17.5	0.6	1.1	6.7	11.1	0.7	1.9	12.2
6	8.6	0.6	1.0	6.2	13.6	0.7	1.6	0.5
7	10.9	0.0	1.0	16.4	19.0	1.0	1.3	7
8	1.7	0.0	0.8	6.6	20.4	0.9	0.6	−12.8
9	1.1	0.0	0.8	1.0	15.1	0.8	7.1	−20.1
10	2.9	0.6	0.8	4.1	13.6	0.6	1.5	−7.3
11	8.1	0.6	0.9	7.5	7.2	0.6	3.9	5.4
12	7.7	0.6	1.0	3.8	6.5	0.7	6.5	−0.6
累计	99.5	5.3	11.4	74.8	140.5	8.5	46.1	−4.1

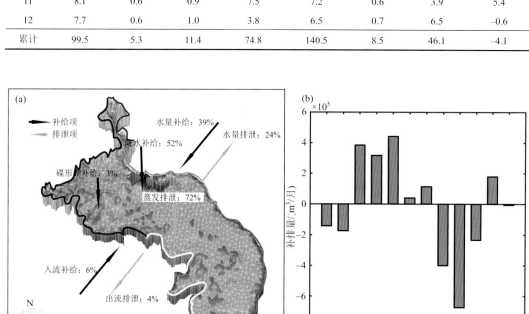

图 8-13 鄱阳湖洪泛区地下水均衡组分相对贡献示意图（a）和月平均补（正值）排（负值）量变化图（b）

从表 8-2 月尺度水均衡变化结果可见，本研究区主要在春夏季节（3~7 月）接受外部输入和补给，例如 3~5 月明显的降水输入（$15.3×10^6$ ~$19.1×10^6$ m³/月）以及 7 月的主湖区水量贡献作用（$16.4×10^6$ m³/月），而其他月份不同输入组分的贡献相对较小。地下水的蒸发排泄主要发生在夏秋季节（6~10 月），月蒸发量变化幅度约为 $13.6 \times 10^6 \sim$ 20.4×10^6 m³/月之间。地下水向主湖区的排泄则以秋冬时期为主（特别是 12 月~次年 1 月），排泄量总体上大于 6.5×10^6 m³/月。图 8-13 清晰呈现了洪泛区地下水系统的主要输入–输出条件和月平均水量动态变化。总体而言，降雨、蒸发和主湖区水量交换是影响研究区地下水均衡的主要组分，研究区地下水系统在春夏季以补给状态为主，秋冬季地下水主要以排泄状态为主（图 8-13）。

8.7　地下水情景模拟预测

8.7.1　不同水文年的地下水位变化

为分析鄱阳湖洲滩湿地内部地下水对湖泊水情变化的响应，选取 2006 年（枯水年）、2018 年（平水年）、2020 年（丰水年）3 个典型年份，将星子、都昌和康山水文站的日水位观测数据作为模型水位控制边界，通过不同典型年份的模拟，比较分析其对洲滩湿地地下水的影响。为使研究结果具有代表性，同时也便于分析，本节在碟形湖的北部（1 号点）、中部（2 号点）、南部（3 号点）、靠近主湖区部分（4 号点）、靠近赣江地下水补给区域（5 号点）、靠近修水地下水补给区域（6 号点），共选取 6 个典型点位对洲滩湿地的地下水进行分析，如图 8-14 所示。

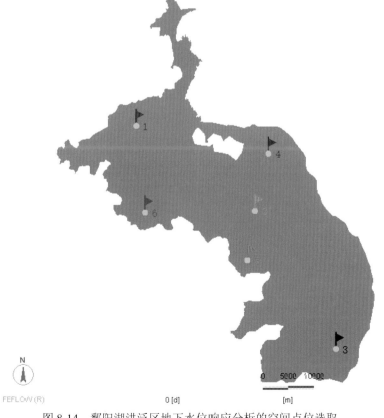

图 8-14　鄱阳湖洪泛区地下水位响应分析的空间点位选取

　　不同水文年的地下水位动态响应分析结果如图 8-15 所示。就 2006 年而言（枯水年），地下水位变幅在 2～6 m 之间，水位变幅较大，由于秋冬季节鄱阳湖水位偏枯，地下水位也呈明显下降趋势，退水期的水位下降速率明显大于涨水期水位的上升速率。其中，由于 3 号点、4 号点靠近主湖区位置，受湖水变化影响较大，故其水位变幅较大。此外，洲滩湿地地下水还呈现出南高北低的特征，南北水位差异最大可达 4 m（如 1 号点和 3 号点）。年内地下水的变化趋势同湖水位变化基本一致，呈现春夏季节水位升高，秋冬季节水位下降的趋势，在涨水期和丰水期地下水主要是主湖区向洲滩湿地补给，在退水期和枯水期时，地下水主要由洲滩湿地补给主湖区。2018 年（平水年），地下水位变幅在 2.5～5.5 m 之间，水位变幅相对较小。涨水期的水位上升速率和退水期的水位下降速率基本持平，年内其他时期的水位变化特征与枯水年差别不大。2020 年（丰水年）时，主湖区附近和洲滩湿地的地下水位变幅差别较大。受湖水变化影响，主湖区附近地下水位变幅在 6～9 m 之间，年内变化大。受鄱阳湖丰水影响，洲滩湿地附近地下水变幅在 2～3.5 m 左右，退水期地下水保持较高水位，地下水向外排泄缓慢。总的来说，丰、平、枯水文年的地下水位响应具有明显的差异性，空间不同区域的响应程度也明显不同。尤其是丰水年，地下水位要明显偏高于平水年和枯水年。上述分析可得一般性规律，鄱阳湖洪泛区地下水位受湖水位变化影响较大，不同水文年的地下水文情势存在明显差异。

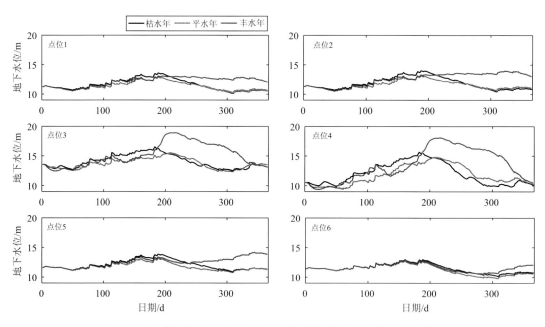

图 8-15　鄱阳湖丰、平、枯水文年的洪泛区地下水位响应分析

8.7.2　气象要素变化对地下水的影响

　　为进一步分析鄱阳湖洪泛区地下水文对外界环境变化的响应，本书改变降水和蒸发强度，进而分析关键气象要素变化对研究区地下水文过程的影响。

　　从研究区不同观察点位对不同降水强度的响应变化（图 8-16）可以看出，随着降水强度的增大，研究区地下水位的峰值也在增大，但峰值出现的时间基本保持不变，随着降水的减小，研究区地下水位也在逐步下降，这种下降情况在枯水期不太明显，但在涨水期和丰水期则极为明显，降水强度减小 50%时，洪泛洲滩湿地的地下水不再保持季节性的水位变化，而是呈现出地下水位持续减小的趋势。而 3 号点靠近湖泊上游，可能受湖水位和其他河流的补给影响，相对于其他区域持续保持较高的地下水位，受降水变化的影响较小。4 号点靠近主湖区，其地下水位变化主要受主湖区的水位变化影响。总体可知，靠近主湖的洪泛区，受湖水位变化影响较大，而远离主湖的洪泛区地下水可能受降雨变化影响较大。

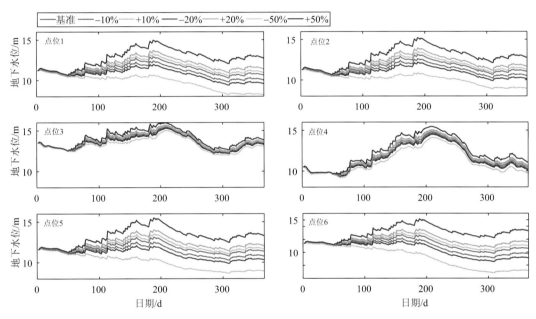

图 8-16 鄱阳湖洪泛区不同区域地下水位对降水变化的响应

由于蒸发是研究区主要的水量排泄方式，故进一步分析不同蒸发强度下研究区的地下水变化情况（图 8-17）。总体上看，蒸发强度的变化对洲滩湿地附近影响较大。蒸发强度越大，地下水位越低。反之蒸发强度越小，地下水位越高。在退水期，当蒸发减小50%时，洲滩湿地的地下水很难通过蒸发排泄出去，导致退水期和枯水期仍然保持较高的地下水位。当蒸发强度增加 50%时，地下水主要通过蒸发排泄出去，导致全年都呈现地下水位持续降低的趋势。可以看出，蒸发强度的变化直接影响着研究区退水期的退水速率，蒸发强度越大，退水速率则越快，反之亦然。同上述降雨变化影响，靠近主湖的洪泛区地下水，受湖水位变化影响较大（如点位 2、点位 3 和点位 4），远离主湖的洪泛区，其地下水位受蒸发变化影响较大（如点位 1、点位 5 和点位 6）。

通过上述气象要素的变化分析，总的结论是降水变化主要在涨水期、丰水期给地下水位带来较大影响，蒸发主要在退水期、枯水期对地下水位影响较大，由此表明降水和蒸发对洪泛区地下水系统的影响较为明显，也是地下水文变化的重要影响因素。

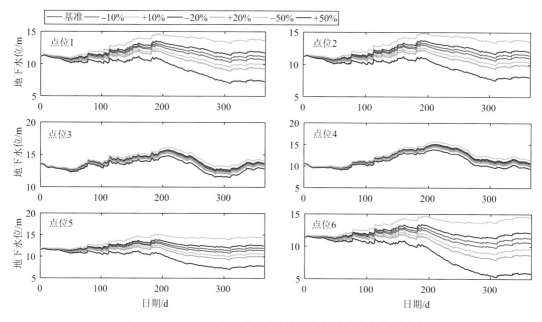

图 8-17 鄱阳湖洪泛区不同区域地下水位对蒸发变化的响应

8.7.3 潜在地下水污染分析

本节根据地下水动力过程的模拟分析,进一步耦合地下水溶质运移方程,以此探究鄱阳湖主湖区或地下水系统的潜在污染及其影响要素。考虑到鄱阳湖存在局部湖区的污染物浓度偏高及蓝藻水华事件的偶尔发生,其对地下水系统的影响目前难以评估。因此,对于主湖区的污染分析,分别选取模型东侧边界的南部(表征湖泊上游水域污染发生)和中部(表征湖泊中部水域污染发生)进行浓度设置,即模型给定边界处的初始浓度均为 1 mg/L(通常假定为单位 1 浓度),模拟时期为 1 年,以此分析鄱阳湖主湖区的污染过程及其对洪泛区地下水系统的影响。为分析洪泛区地下水污染过程,在湖泊上游、中游和下游选择 3 个典型区域,分别给定 1 mg/L 的初始浓度分布,模拟时期为 1 年。根据研究经验和文献资料,模型中孔隙度设置为 0.01,分子扩散系数设定为 5×10^{-9} m^2/s,纵向弥散度和横向弥散度分别取值为 500 m 和 50 m,横向弥散度约为纵向的 1/10。

模拟结果表明,对于选取的 3 个地下水污染区,其污染范围较为有限,并没有导致地下水系统发生大面积的污染,主要与洪泛区地下水缓慢流动有关(图 8-18～图 8-23)。经过 1 年的模拟后,尽管地下水污染物的浓度有所降低,但周边区域仍保持较高的浓度,地下水污染区的浓度变化从初始的 1 mg/L 降至 0.3～0.4 mg/L,污染状况并没有完全消除。上述结果表明,如果洪泛区地下水系统发生污染,其对周边区域的污染范围是相对有限的,污染程度也会逐渐减弱,但污染状况会持续较长时间,可能在短时间内无法完全恢复。

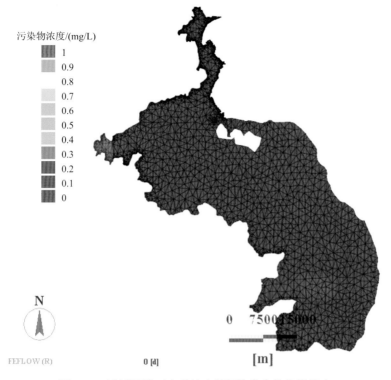

图 8-18　洪泛区地下水系统上游污染发生的位置设定

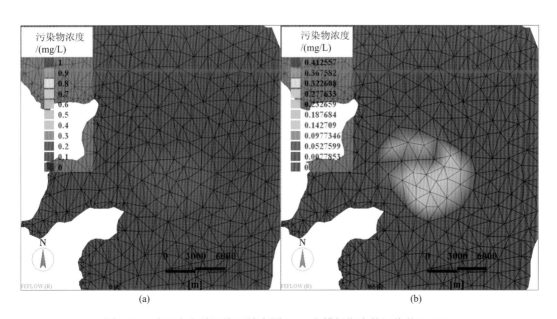

图 8-19　地下水上游污染区放大图（a）和模拟期末的污染状况（b）

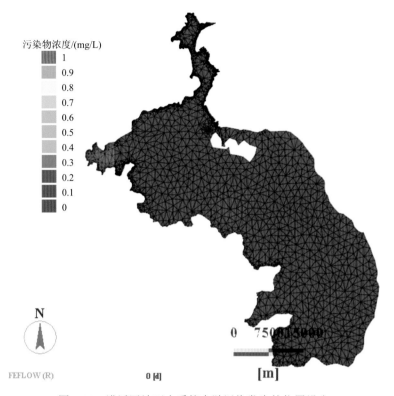

图 8-20　洪泛区地下水系统中游污染发生的位置设定

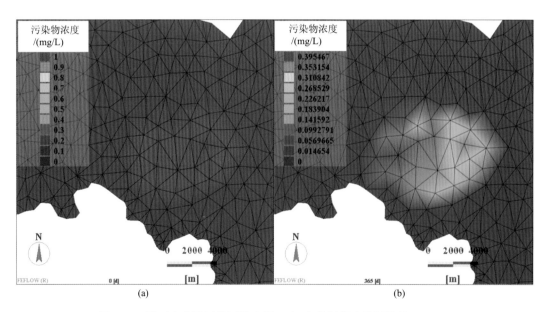

图 8-21　地下水中游污染区放大图（a）和模拟期末的污染状况（b）

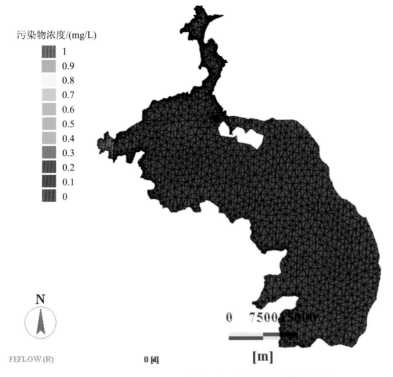

图 8-22　洪泛区地下水系统下游污染发生的位置设定

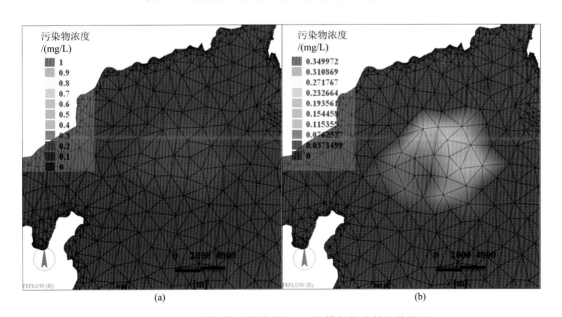

图 8-23　地下水下游污染区放大图（a）和模拟期末的污染状况（b）

　　如果鄱阳湖主湖区存在污染情况发生，对于选取的两个污染水域，地下水溶质运移的模拟结果表明（图 8-24～图 8-27），湖区污染物很大程度上会随着湖水-地下水交换作用而影响周边地下含水层，但总体上影响范围有限，可能会导致主湖区附近约 1～2 km 的地下水受到明显污染，且经过 1 年的时间，污染物浓度基本可从 1 mg/L 降低至 0.3 mg/L 以下。上述分析可知，尽管地下水遭受污染的范围有限，但污染状况通常会持续较长时间。

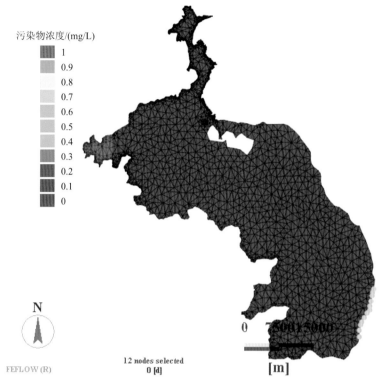

图 8-24　鄱阳湖主湖区上游污染发生位置设定

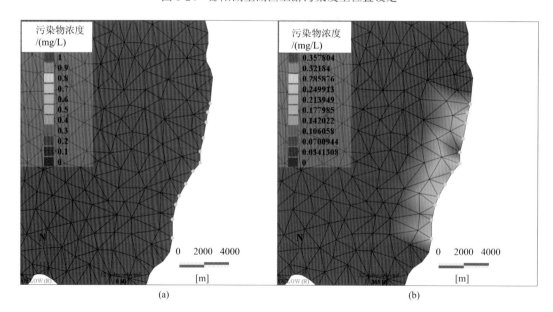

图 8-25　上游区域地下水污染状况放大图（a）和模拟期末的浓度分布（b）

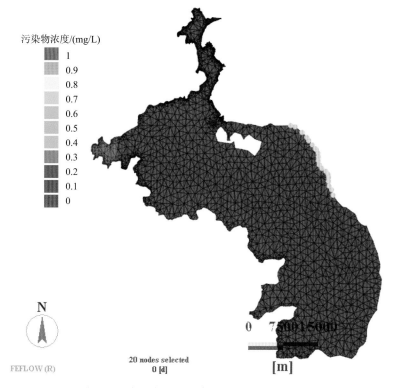

图 8-26 鄱阳湖主湖区中游污染发生位置设定

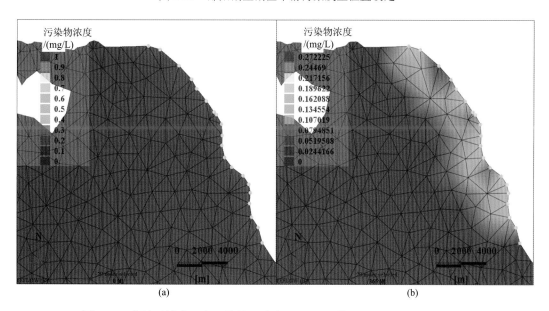

图 8-27 中游区域地下水污染状况放大图（a）和模拟期末的浓度分布（b）

8.7.4 地下水龄模拟分析

地下水龄（mean age）定义为地下水从补给边界进入到系统每个单元所需经历的时

间，可作为地下水流传输时间的一种指示。本书中，结合溶质运移方程的模拟计算，对孔隙度、分子扩散系数、纵向弥散度和横向弥散度进行设定。同时采用基于 Henry 方程的非线性方法刻画地下水溶质弥散的动态过程。模型中给定边界位置处的水龄时间为 0，以此模拟分析鄱阳湖洪泛区平均地下水龄的时空变化。

通过图 8-28 可见，研究区地下水龄呈现明显的季节性变化特征，主要表现为夏季和秋季的地下水龄较长，月均值大约为 15～30 d，而其他季节的地下水龄较短，基本上小于 10 d，而涨水期的地下水月平均水龄则少于 5 d，很大程度上取决于地下水与湖水之间的交换强度变化。由图 8-29 的空间分布结果可以发现，靠近东侧的洪泛区其地下水龄较长，而远离主湖的洪泛区其地下水龄相对较短，且每个月的水龄空间分布格局基本一致。湖区的地下水龄虽然具有空间异质性，但差异主要出现在低枯水位季节，高洪水位时期的地下水龄空间差异性较小。从水龄的最大值也可以得出，8～9 月的地下水龄较长，最大值可达 80 d 左右。上述分析总体表明，洪泛区地下水的传输能力实际上存在着时间尺度和空间尺度上的差异性。

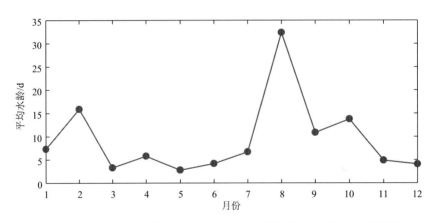

图 8-28　鄱阳湖洪泛区地下水平均水龄（点位均值）的逐月动态变化图

8.8　小　　结

鄱阳湖因其高变幅的水位变化，洪泛区显然已成为目前该系统研究的一个重要对象。洪泛区因其具有诸多水文功能及生态环境意义，地下水作为水循环的一个重要组分，无疑将扮演重要角色。洪泛区地下水与地表水之间转化的动力学过程与机制，实属该地区目前研究的薄弱环节。开展洪泛区地下水文过程相关的研究，除了可加深对鄱阳湖复杂洪泛系统的深入认识和理解，还可为后续湿地生物地球化学研究提供数据支撑和科学依据。

本章基于洪泛区饱和地下水数值模型的构建与验证，揭示地下水-地表水转化过程与交互机制。研究发现，鄱阳湖季节性水位变化很大程度上决定了主湖区与周边地下水之间的动态补排模式，即洪泛区地下水补给湖泊主要发生在枯水和退水时期，而湖泊补给地下水主要发生在涨水和高洪水位时期。一般情况下，整个洪泛区地下水位与湖水位的

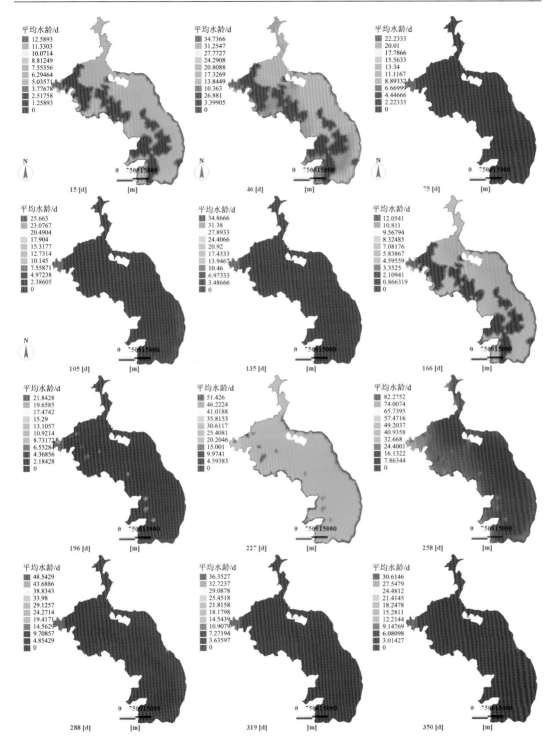

图 8-29　鄱阳湖洪泛区地下水平均水龄的逐月空间分布图

年内变化态势基本一致，主湖区附近的地下水位年内变幅较大，而大部分洪泛区的地下水位变幅相对较小。北部地下水流速明显大于南部，主湖区附近地下水流速明显大于洪泛区，洪泛区地下水流速基本小于 1～2 m/d。水均衡分析发现，洪泛区地下水系统主要以接受降水输入（52%）和主湖区补给（39%）为主，以地下水蒸发输出（72%）和向湖排泄（24%）为主，但补给主要发生在春夏季节，而排泄则发生在秋冬季节。地形地貌对洪泛区地下水位以及流速场演化具有主控作用，湖水位动态变化是关键的外部驱动力，二者共同作用导致地下水-湖水交互过程的季节转变。就不同水文年来说，地下水位响应具有明显的差异性，不同区域的响应程度也明显不同。尤其是丰水年，地下水位要明显高于平水年和枯水年，证实了湖泊水位变化对地下水系统的影响。然而，研究区气象条件对地下水系统的影响主要分布在远离主湖区的西侧洪泛滩地。尽管湖水-地下水存在动态转化，洪泛区地下水的污染风险和范围相对有限，但如果污染发生，其持续时间较长。研究区地下水龄呈明显的年内季节性变化特征，主要表现为夏季和秋季的地下水龄较长，大约为 40～50 d，而其他季节的地下水龄较短，基本上小于 10 d。

第9章 未来气候变化和水利工程对鄱阳湖地表-地下水文的影响与评估

9.1 引　　言

气候环境是人类生存的重要环境，已成为近年来人们最关注的环境问题之一。气候变化驱动降水、蒸发等要素的时空变化，导致流域水文循环过程的改变，增强水文极端事件发生的概率，加剧流域洪涝灾害发生，改变区域水量平衡，将严重影响流域水资源的时空分布。此外，人类活动给气候变化同样带来影响，不仅直接影响到气候冷暖与干湿，而且对生态环境、经济贸易乃至国际政治关系等产生广泛的影响，同时环境与经济的改变又会反作用于气候变化。

鄱阳湖流域是气候变化和人类活动干预影响下的敏感区域，也是长江中游水旱灾害最为频发的地区之一。20世纪后40年中，尤其是90年代流域经历了快速的温度升高和降水量的大幅度增加，引起了流域频繁的洪水事件。进入21世纪，在温度持续升高、降水不断减少的新形势下，该地区不同程度的枯水与干旱问题又受到了高度关注。近年来，社会上围绕鄱阳湖水利枢纽工程的建设存在一些讨论，地方也曾多次组织专家进行多方论证，坚持发挥"生态工程"的积极作用，把鄱阳湖水利枢纽工程的建设放在整个长江水系大格局中考虑，但工程建设后对江豚洄游、候鸟栖息地、生物多样性等生态方面可能产生的影响一直有诸多争议。就鄱阳湖洪泛系统的特点而言，在未来气候变化条件下，流域降雨-径流过程的改变势必将会导致径流量的时空重新分配，叠加长江上游一些大型水库群的运行，湖泊洪泛水文情势及其生态变化等将会面临诸多不确定性和发展方向。鉴于此，本章以鄱阳湖地区未来气候变化和湖区拟建水利枢纽工程的影响为重点研究内容，从湖泊流域地表-地下水文的角度，模拟和预估未来几十年鄱阳湖水文情势的变化趋势。

9.2 气候变化预测的基本思路

9.2.1 气候模式与研究方案

目前研究基于 GCMs 全球气候模式获取研究区的时间序列降水量和温度。CMIP5 使用了新的典型浓度路径（RCP），每个气候模型有3种排放情景，即低排放情景 RCP2.6、中等排放情景 RCP4.5 和高排放情景 RCP8.5。基于流域水文模型预测鄱阳湖流域未来入湖水量，结合长江流域未来气候驱动因素（降水量和温度）下的径流变化，均作为鄱阳湖水位预测模型的输入条件（Li et al., 2021b）。根据 IPCC 评估报告，将 1986~2005 年选择为基准期，将 2020~2035 年作为预测期。采用气候模式的气象变量预测资料、流域水文的未来入湖径流模拟，通过神经网络模型进行鄱阳湖水位的未来预测与评估，基本思路如图 9-1 所示。为实现长时期的连续快速预测，本研究采用基于自主研发的神经网络模型开展鄱阳湖水位预测研究（https://www.researchgate.net/publication/334588037_BPNN_exe）。神经网络的预测模型基于 Python 和 Fortran 90 语言编写，主要包含模拟模块和预测模块。模拟模块是第一运行模块，其目的是通过前期基础变量数据来构建系统的非线性响应关系，并获取参数文件和参数值，而预测模块则是第二运行模块，通过先前输入变量的新数据资料来开展预测，需要调用模拟模块的参数，最终获取预测变量的结果变化（图 9-2）。

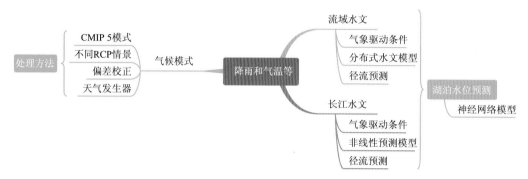

图 9-1　鄱阳湖水文预测的基本思路

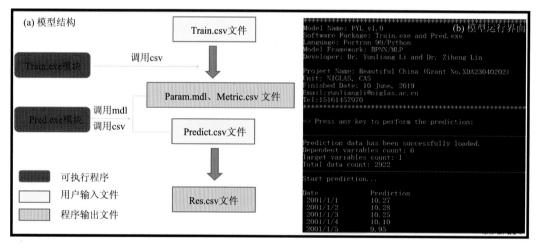

图 9-2　基于神经网络的非线性预测模型介绍

9.2.2　气候数据的偏差校正

考虑到不同气候模式之间的差异以及预测结果的不确定性，本研究共计采用了 8 种气候模式，主要来自中国、法国、美国、日本和德国（表 9-1）。

表 9-1　本研究所采用的气候模式数据

模式名称	国家	格网精度
BCC	中国	128×64
BNU	中国	128×64
CNRM	法国	256×128
FGOALS	中国	128×60
GISS	美国	144×90
MIROC	日本	128×64
MPI	德国	192×96
MRI	日本	320×160

　　GCMs 的月降水量和温度输出通常存在一些系统偏差，这是由于气候模型没有在流域尺度上进行校准和验证，如图 9-3 所示。就鄱阳湖地区而言，GCM 的输出和观测结果在时间分布和量级上都有很大差异（皮尔逊 r=0.76）。当具体应用于水文模型时，这些气候模拟数据可能会导致相当大的偏差。在本书中，采用了 CDF 方法进行偏差校正，校正结果与观测数据相比，月降水量和平均温度往往拟合程度较好（皮尔逊 r=0.99），也表明了偏差校正的必要性。

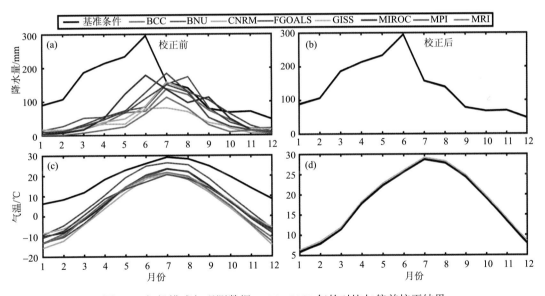

图 9-3　气候模式与观测数据 1986～2005 年的对比与偏差校正结果

9.3　未来气候变化的水文影响

9.3.1　气候变化对湖泊水位的影响

　　鄱阳湖流域河流入湖流量的变化与湖泊水位的动态变化密不可分（图 9-4）。平均而言，水文预测结果显示，气候变化导致流域河流流量在旱季明显减少，如 11 月减少幅度达–26%，在汛期却呈现增加趋势，如 6 月增幅可 29%。对于所有 3 种排放情景（RCP2.6、RCP4.5 和 RCP8.5），均发现鄱阳湖月平均水位呈显著下降趋势，尤其是在秋季和冬季（即 9 月至次年 2 月）。相应的，湖泊水位的变化百分比在–5%到–30%之间，但 GISS 模式影响除外，GISS 的湖泊水位增幅小于 15%。在春季和夏季（即 3～8 月），发现湖泊水位明显增加，从 5%增加到 25%，尤其是 RCP2.6 情景（BCC 除外，其下降约小于 10%）。尽管结果显示不同 GCM 之间存在显著差异，但季节性湖泊水位分布的模式基本是一致的。还可以发现，未来的 BNU 预测显示，春季末和夏季的峰值水位出现了急剧上升和非常显著的时间变化。从极端洪水和干旱的角度来看，鄱阳湖最高水位在 6 月或 7 月可能会达到 19.5 m 左右，而在冬季可能会下降到 7 m 左右的最低值。也就是说，8 种气候模式估计的水位变化可能呈现雨季增加、旱季降低的总体态势。此外，未来气候变化对鄱阳湖水位动态的影响可能会延长湖泊洪水位的持续时间（例如 6～8 月的高水位预测结果；图 9-5），进而增加湖泊防洪压力，威胁周边洪泛湿地生态安全。

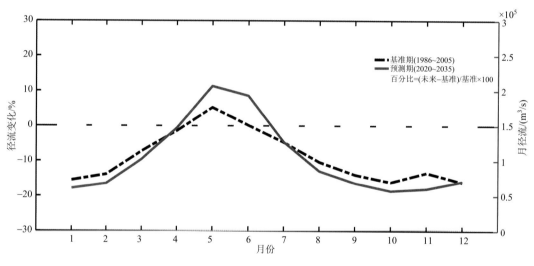

图 9-4　鄱阳湖流域五河未来入湖径流预测结果
三种气候排放情景的平均

　　为了进一步评估未来气候变化对鄱阳湖洪水和干旱的影响，这里采用 Q_{10} 和 Q_{90} 来指示鄱阳湖的洪水和干旱特征（图 9-6）。除 BCC 和 MRI 气候模式外，所有其他 GCM 模拟都表明未来鄱阳湖洪水事件增加的可能性，比如根据 RCP8.5 情景，BNU 模拟水位涨幅将高达 2 m 左右。同时，GCM 预测结果表明未来的湖泊水位在旱季将显著降低，降低幅度大约为 0.1～1.3 m（GISS 除外），这表明鄱阳湖未来可能干旱状况加剧。

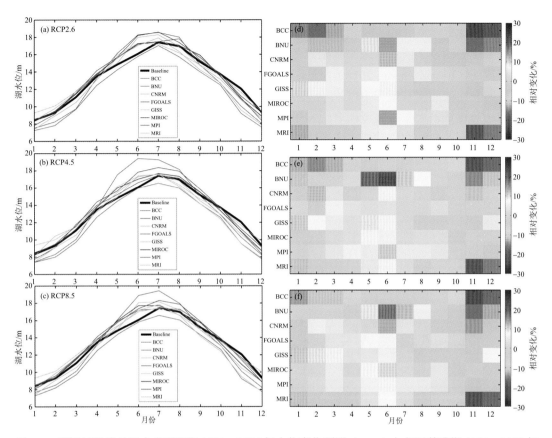

图 9-5 不同气候情景下未来鄱阳湖 2020～2035 年水位变化预测（a～c）与相对基准期 1986～2005 年
的百分比变化（d～f）

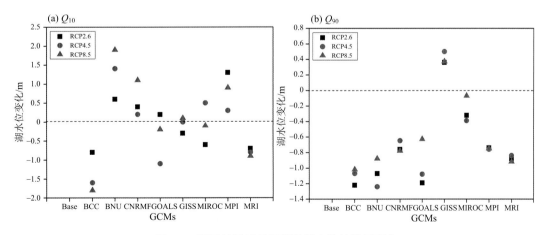

图 9-6 不同气候情景下鄱阳湖水位的洪旱变化

9.3.2　气候变化对地下水基流的影响

基于上述气候模式的流量预测结果，鄱阳湖流域五河的年基流量及其基流指数 BFI 的未来变化如图 9-7 所示。未来鄱阳湖流域五河的基流时间序列是使用当前的数字滤波方法获得的（Li and Zhang, 2018）。结果得出，与 1953～2014 年期间相比，未来几十年的流域所有河流的年基流和 BFI 将会呈现增加趋势（图 9-7）。然而，由于未来 20 年的预测值相对较低，大型河流可能表现出更加明显的基流作用，例如赣江的年尺度 BFI 似乎呈现出明显的波动变化趋势。这些结果表明，与过去 60 年的记录相比，未来气候变化将会使得鄱阳湖流域地下水系统很有可能对五河流量发挥重要贡献作用。

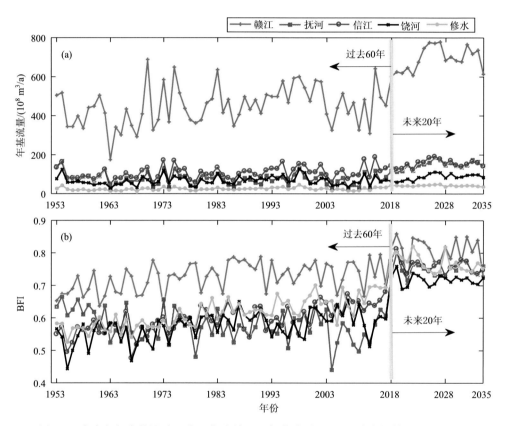

图 9-7　未来气候变化影响下鄱阳湖流域五河年基流量（a）和基流指数（b）的变化

表 9-2 总结了未来气候变化下流域五河的年平均基流量和 BFI 值变化。在气候方案情景下，与过去 60 年的基准值相比，未来年基流变化范围在+1.5%和+31.3%之间。对于整个流域而言，预计未来年平均基流量将增加 13%左右，表明了流域五河的平均变化状况。此外，地下水基流指数 BFI 增加幅度为 7.6%～13.4%，这可能是由于鄱阳湖流域内降水和温度变化的综合影响。

表 9-2　未来流域五河年基流和基流指数的平均值变化

基流和 BFI	赣江	抚河	信江	饶河	修水
基流/%	18.2	31.3	12.4	1.5	2.6
BFI/%	12.6	13.4	9.4	7.6	9.3

9.4　水利枢纽工程的建设与调度

9.4.1　枢纽工程的建设背景

鄱阳湖枯水常态化和趋势性的新变化，导致了湖区枯水期的水资源、水生态和水环境承载力不足，对生活生产等诸多方面带来重大影响，难以满足当前的区域生态环境保护、经济发展等要求。关于鄱阳湖水利枢纽工程问题的提出由来已久，但各时期提出的建设目标不尽相同。2003 年水利部长江水利委员会编制完成的《长江流域防洪规划报告》中，从长江中下游防洪布局的角度对工程做了专题研究。2008 年，江西省委、省政府提出了"鄱阳湖生态经济区"的战略部署。2009 年 12 月国务院批准了"鄱阳湖生态经济区建设规划"，鄱阳湖水利枢纽工程是该规划建设的重要内容之一。在此后的多年期间，江西省鄱阳湖水利枢纽工程经过多次研讨和论证，工程方案也在不断优化和完善之中。2022 年 5 月，不少院士和专家通过线上推介会的方式发表了对水利枢纽工程建设及其意义的态度和观点。同时，江西省水利厅公布了《江西省鄱阳湖水利枢纽工程环境影响报告书》并征求意见。

9.4.2　枢纽工程水位调度方案

拟建的鄱阳湖水利枢纽工程坝址选定于鄱阳湖入江水道（29°32'N，116°07'E），介于庐山区长岭与湖口县屏峰山之间，两山之间湖面宽约 2.8 km，为鄱阳湖入长江通道最窄之处（图 9-8）。该处上距星子县城约 12 km，下至长江汇合口约 27 km。规划中的鄱阳湖水利枢纽工程以"一湖清水"为建设目标，坚持"江湖两利"的原则，按"调枯不控洪"方式运行，按生态保护和综合利用要求控制相对稳定的鄱阳湖枯水位，提高鄱阳湖枯水期水环境容量，以保护水生态环境，以及根本解决湖区干旱与生态缺水问题等。水位调度的基本方案是（图 9-8），4 月初至 8 月底，泄水闸门全部敞开，江湖保持连通。9 月 1 日至 9 月 15 日，当闸上水位高于 15.5 m 时，泄水闸门全部敞开；当闸上水位降到 15.5 m 时，按五河和区间来水下泄，水位维持在 15.5 m；若闸上水位低于 15.5 m 时，在泄放满足航运、水生态与水环境用水流量的前提下，最高蓄水至 15.5 m。9 月 16 日至 9 月 30 日，是湖泊的蓄水期，水位维持在 15.5 m。10 月 1 日至 10 月 10 日，是湖泊的退水期，同样也是长江的补水期，以补充下游因三峡水库蓄水造成的外江水量减少，闸上水位消落至 14 m；至 10 月 20 日，闸上水位消落至 13 m；至 10 月 31 日，闸上水位消落至 11.5 m 左右；在消落过程中若外江水位达到闸上水位，则闸门全开；至 11 月底，闸上水位消落至 11 m。根据最小通航流量、水生态与水环境用水等需求，保证至少有 1

孔闸门全开，控制枢纽下泄流量，使闸上水位基本维持在 11 m 左右；当湖区生态需要时，水位可在 10～11 m 之间波动，在此期间，若外江水位达到 11 m，则闸门全开（赖格英等，2017）。

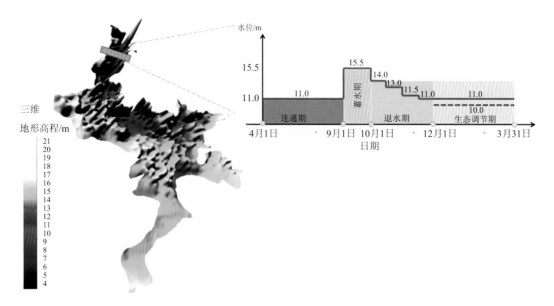

图 9-8　拟建水利枢纽工程位置及其调度方案

本书应用三维水动力模型开展拟建水利枢纽工程对湖泊水文水动力的影响模拟分析。设计两种方案，一种是现状的模拟，另一种是建闸的影响模拟（Zhao and Li, 2021）。本书采用了控制点水位的思路来概化水位调度方案，即在闸坝附近选择一个控制点（即在主河道内常年有水），通过其水位变化来判断闸门的开启或关闭状态（闸门设置为从水面到湖底）。由于三峡水库运行和湖泊采砂等综合影响，鄱阳湖水位在一年中的特定时间（即 9～10 月）出现了最为显著的下降态势。因此，本次模拟重点关注 9～10 月蓄水期的水动力影响。考虑到水利枢纽工程的调度运行，将会很大程度上影响鄱阳湖洪泛湿地的淹水面积变化及湿地生态响应，本书同时选取了丰、平、枯典型年，以模拟评估不同调度时期下的湖泊洪泛淹水状况（Yao et al., 2022）。

9.5　水利枢纽的影响模拟与评估

9.5.1　水利枢纽对湖泊水文水动力的影响

模拟结果表明（图 9-9），枢纽工程的实施，对湖泊水位的抬升作用明显，能够在蓄水期间达到调度的目标水位（即从 13.2 m 到 15.5 m）。枢纽工程对鄱阳湖水位和流速变化空间格局的影响，如图 9-10 所示。结果表明，在自然条件下（无枢纽工程），主湖和洪泛区之间（即东西方向）存在湖泊水位的空间变异性，而枢纽工程上游和下游之间（即南北方向）存在空间变异性，表明枢纽工程的重要作用。总的来说，在蓄水期，枢纽工程对空间水位的影响呈现出明显的差异性。模拟表明，平均而言，大多数湖区的水位变化（即可达 1.1 m）比洪泛区（约小于 0.5 m）更为显著。还可以发现，枢纽工程上游（约为 1.0 m）的水位增加幅度明显高于枢纽工程下游（约为 0.1 m）。这是因为枢纽工程可能会大幅增加上游地区的湖泊水位，并促使长江频繁回流至枢纽工程下游（见下文分析），从而导致下游入江通道附近的水位升高。对于流速的响应，尽管这两种条件下的水流速度分布似乎显示出相似的空间模式，但在自然条件下，湖泊主河道中的流速高于枢纽工程条件下的流速。基于水流对枢纽工程的正响应和负响应关系，枢纽工程对湖泊流速的分布表现出相对复杂的格局。也就是说，枢纽工程可能会降低湖泊主流道中的水流速度（即可达 0.2 m/s），而周围洪泛区的水流速度可能会增加（即可至 0.1 m/s）。然而，洪泛区可能会产生较小的速度变化。

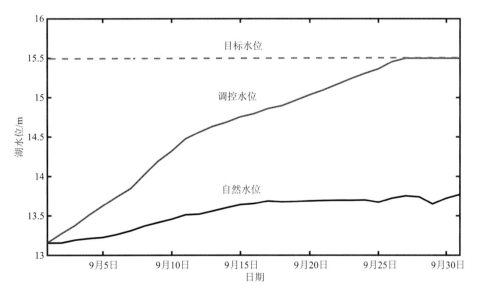

图 9-9　自然和调度方案下枢纽工程周边控制点的水位变化过程

　　为了更加清晰反映枢纽工程对湖泊水动力学的影响，图 9-11 描绘了自然条件和枢纽工程条件下鄱阳湖水动力场和水流运动轨迹变化。在自然条件下，湖区水流整体上向北部湖口运动。建闸模拟情景表明，水利枢纽工程会影响正常水流运动，并在洪泛区产生反向（向南）的水流运动。在漩涡（或环流）大小和数量方面，可以发现更多不同的漩涡（或环流），尤其是在枢纽工程附近发生的漩涡（或环流），例如 9 月 15 日和 9 月 25 日。这反映了枢纽工程在改变水流动力和输移方面的重要影响，导致湖泊内水流方向和路径发生显著变化。可以得出，水利枢纽工程很有可能干扰了原本的天然水动力场及其水流运动格局。进一步通过图 9-12 可以看出，湖口向长江的出流过程可能会改变为频繁的长江倒灌（即负值），但这部分倒灌量相对较小。此外，水利枢纽工程导致的倒灌事件可能会影响到整个北部入江通道，例如从湖口到枢纽处。

(a) 水位

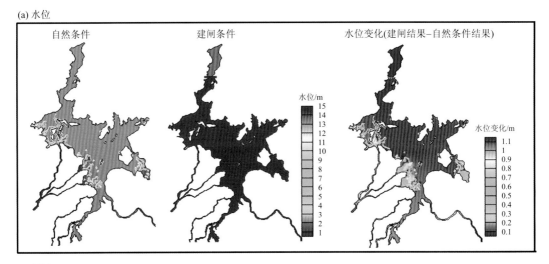

(b) 流速

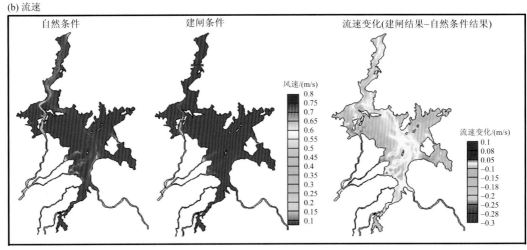

图 9-10 拟建水利枢纽工程对湖泊水位和流速的空间影响

　　图 9-13 呈现了拟建水利枢纽对鄱阳湖水面温度和垂直温度的空间影响。模型模拟表明，枢纽工程将会导致湖泊水面温度升高 0.5～1.5℃。一般来说，整个湖泊的水面温度可能会出现微小的温度响应变化。虽然四个水文站的垂直水温响应变化相对复杂，但枢纽工程在初始运行阶段倾向于降低垂直温度，例如 9 月 5 日温度降低约小于 1.0℃，而在其他时间可能提高水温，例如 9 月 15 日和 9 月 25 日的水温增加值可达 1.0℃。这是因为枢纽工程对湖泊水动力结构的影响可能会在初始阶段对水温产生重大影响。然而，由于湖泊水位逐渐升高，气象因素（如气温、太阳辐射和风速）可能在影响垂直水温方面发挥一定作用。

　　对于拟建水利枢纽工程对鄱阳湖淹水面积的影响，模拟评估结果可得，水位上涨使得淹水范围增大，淹水范围增大区主要集中在入江通道河道深槽两侧的滩地，其次为湖区中部和东部。各典型水文年、典型阶段的淹水面积增量详见表 9-3。由表 9-3 可知，水利枢纽运行后，普遍可增加淹水面积约 100～300 km²，最大可增加 800 km² 以上。淹水面

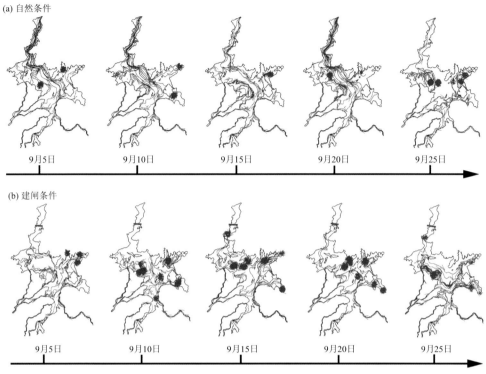

图 9-11　拟建水利枢工程对湖泊空间水流流线的影响

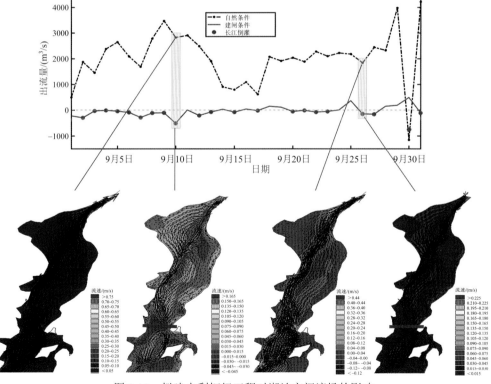

图 9-12　拟建水利枢纽工程对湖泊空间流场的影响

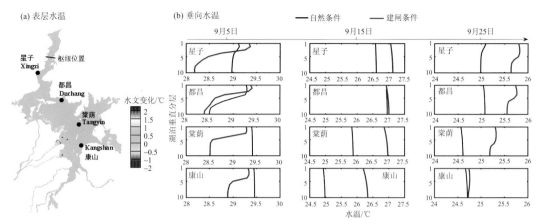

图 9-13　拟建水利枢纽工程对湖泊表层水温（a）和垂向水温（b）的影响
纵坐标表示从水体表面到底部的分层编号

积增加最大的时段为 9～10 月退水期，其次为蓄水期、11 月至次年 2 月退水期，生态调节期淹水面积变化最小。从不同水文年整体来看，2006 年（枯水年）增加的淹水面积最大，其次为 2016 年（丰水年），2015 年（平水年）最小。

表 9-3　鄱阳湖拟建水利枢纽运行后增加的淹水面积　　（单位：km²）

年份	退水期		生态调节期	蓄水期	退水期			
	1/15	2/15	3/15	9/8	9/22	10/15	11/15	12/15
2006	271	255	114	417	802	803	331	277
2015	344	338	158	283	513	347	182	62
2016	153	126	117	259	689	715	273	289

进一步统计不同典型年增加的淹水面积对应的累积时间，具体结果如表 9-4 所示。2006 年，淹水面积增幅超过 600 km² 累积持续了 35 天。2015 年，淹水面积增幅大多不超过 300 km²，超过 400 km² 有 27 天。2016 年，淹水面积增加超过 600 km² 有 33 天。从大范围淹水增幅来看，2006 年持续时间最长，其次是 2016 年，2015 年持续时间最短。但从 200 km² 以内的淹水增幅来看，2015 年累积时间明显大于其余两年。

表 9-4　鄱阳湖拟建水利枢纽运行后增加的淹水面积及其累积天数

淹水面积增加/km²	累积增加天数/d		
	2006 年	2015 年	2016 年
≥100	181	199	128
≥200	75	100	67
≥300	64	61	58
≥400	51	27	50
≥500	43	8	42
≥600	35	4	33
≥700	28	3	10
≥800	14	2	6

9.5.2　水利枢纽对湖泊洪泛地下水文水动力的影响

为了分析鄱阳湖拟建水利枢纽工程对洪泛区地下水系统的影响,本节主要选取典型枯水的 2006 年,以此能够很好体现枢纽工程对湖泊低枯水位的明显抬高作用(图 9-14),进而应用地下水数值模型进一步揭示水利枢纽工程对地下水位的时空影响。因此,本研究相关结果主要用来表征枢纽工程背景下湖水位变化对地下水系统的最大可能影响。

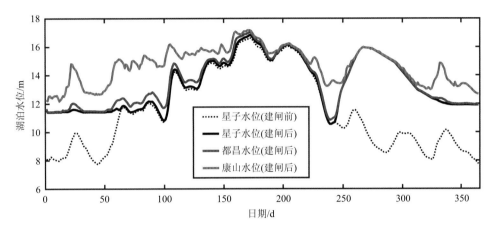

图 9-14　基于 2006 年枯水条件的鄱阳湖拟建水利枢纽对湖区水位的调控方案
建闸后星子、都昌和康山吴淞高程水位通过水动力模型计算获取,具体参考 Yao et al., 2022

基于空间选择点位(点位分布见图 8-14)的年内变化动态比较而言(图 9-15),水利枢纽工程进行湖泊水位调度后(建闸后),可见洪泛区地下水位会整体上增加,尤其是退水和枯水等低水位时期,地下水位涨幅基本小于约 1 m,但部分时期可以达到约 1.5 m。洪水期,本着"调枯不调洪"的调度原则,虽然水利枢纽对湖泊水位影响不大,但地下水位却仍然呈现一定的增加趋势。原因可归结为洪水时期地下水向湖区的排泄路径受到阻滞,地下水流速明显减缓,进而对地下水位的抬升起到了很大的作用(图 9-16)。退水期,可以发现水利枢纽的水位调度将会使地下水位的下降速率呈现加快态势。总的来说,水利枢纽工程对洪泛区地下水位的影响很大程度上取决于湖泊水位的变化。从图中还可看出,越是靠近主湖的区域,因受调度后湖泊水位的影响作用,其地下水变化幅度越大(如点位 2、点位 3 和点位 4);然而远离主湖的洪泛区,其地下水位变化幅度相对较小(如点位 1、点位 5 和点位 6),进而表明了湖泊水位边界对地下水系统的影响程度。如果枢纽调度的湖泊水位没有恢复到天然湖泊水位,则地下水位也难以下降和恢复,即始终保持较高水位,主要是因为湖水-地下水之间的密切联系。

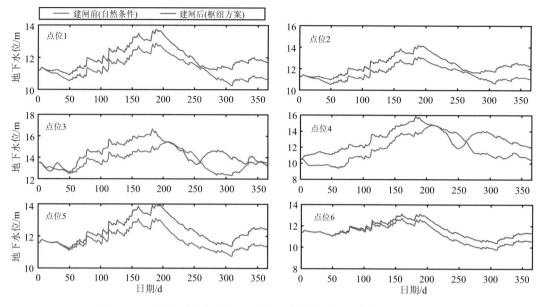

图 9-15　鄱阳湖拟建水利枢纽工程对洪泛区不同区域的地下水位影响

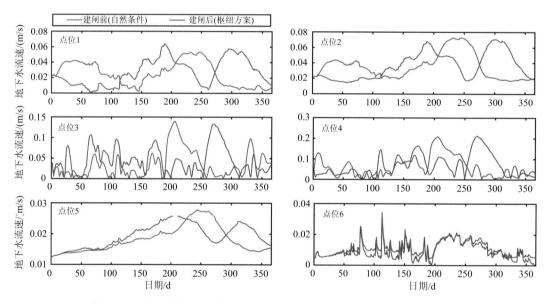

图 9-16　鄱阳湖拟建水利枢纽工程对洪泛区不同区域的地下水流速影响

根据上文结果，这里选取了枢纽影响较为明显的涨水、退水和枯水时期加以空间分析。从空间水位的均值变化上来看（图 9-17），对于选取的几个典型水位时期，水利枢纽将会导致洪泛区绝大多数区域的地下水位增加或抬升。同时，可以观察到研究区内个别地方存在地下水位下降情况发生，虽然难以确切评估，但很可能受到局部地形和水力梯度变化的影响。基于涨水、退水和枯水时期的水位平均意义上，拟建水利枢纽对涨水期空间地下水位抬升幅度整体上小于 0.3 m，且洪泛区中部最为明显；水利枢纽对退水期空间地下水位的整体抬升幅度可达 2～3 m，且主要分布在洪泛区的中下游，但在靠近枢纽位置附近（即在洪泛区的最北部）可观察到地下水位增加可达 5 m，可能是因为原本地下水的排泄区遭到了调度湖泊水位的强烈顶托作用；水利枢纽对枯水期空间地下水位的整体抬升幅度可达 1～2 m，但局部地区水位抬升幅度更大。总的来说，拟建水利枢纽对枯水期和退水期的地下水位影响要明显大于年内其他时期。

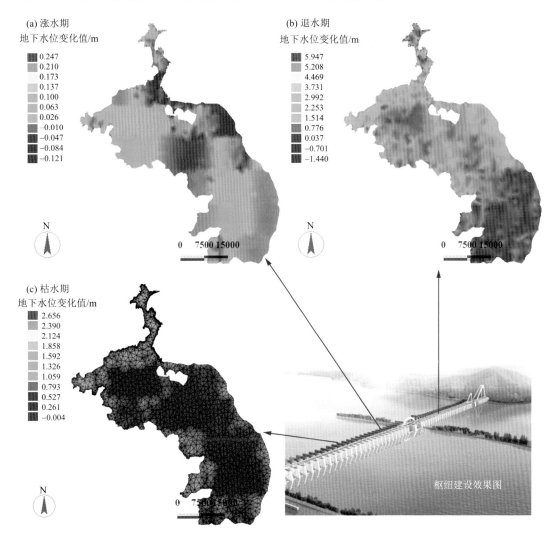

图 9-17　拟建水利枢纽工程对涨水（a）、退水（b）和枯水（c）阶段洪泛区地下水位的空间影响
地下水位变化表示建闸后和建闸前的结果对比，枢纽建设效果图来源于江西省水利厅（http://slt.jiangxi.gov.cn/col/col69026/index.html）

9.5.3　洪泛区地下水位变化的生态意义

鄱阳湖洪泛湿地受水位急剧变化的影响，植被分布梯度变化显著，季节性洲滩出露直接影响植被空间分布特征。根据上文结果，鄱阳湖水利枢纽将明显提高洪泛区地下水位，减小地下水的埋深，进而影响土壤水分的动态变化，这些变化均会直接影响湿地植

被的生长和分布，进而可能影响湿地生态系统功能（许秀丽等，2020；宋炎炎等，2021）。洪泛区地下水的评估结果，可为鄱阳湖湿地生态系统的保护和管理提供理论依据，对理解季节性洪泛湿地植被在水位波动环境下的种群竞争具有重要的科学价值和现实意义。

基于此，本书采用高斯模型来分析湿地植被与地下水之间的关系，高斯模型可表示如下：

$$y = y_0 + A \cdot \exp\left[-(x-u)^2 / 2t^2\right] \tag{9-1}$$

式中，y 为能够代表物种生态特征的一个指标，例如密度、盖度或生物量等，本书中 y 为植被丰富度，由不同地下水埋深下各群落的丰富度（相对覆盖率）得出；y_0 和 A 为模型回归系数；x 为环境因子指标，本书中指地下水埋深；u 为物种对某种环境因子的最适值，即植被群落丰富度最大时对应的地下水埋深；t 为该物种的耐受度。植被群落可生长的地下水位生态阈值区间为[$u-2t$, $u+2t$]，最适生态阈值区间为[$u-t$, $u+t$]，当地下水位处于阈值区间之外时，植被的生长受到明显抑制甚至被其他物种取代。利用高斯回归模型分析典型植被群落面积沿地下水埋深梯度的分布特征，首先统计了每种植被群落在不同地下水埋深梯度内的分布面积，采用植被分布指数来描述该群落的相对多度。植被分布指数为某一群落在不同环境梯度下的分布面积占总面积的比例，可用如下公式表示：

$$\omega = S1 / S2 \tag{9-2}$$

式中，ω 为植被分布指数，即面积比（%）；$S1$ 为某一群落在不同环境梯度下的分布面积（m²）；$S2$ 为不同环境梯度的总面积（m²）。

高斯回归分析结果显示，洪泛区薹草、芦苇和茵陈蒿群落的分布格局均符合经典的生态学模型高斯模型（图9-18）。其中，薹草群落的植被分布指数与地下水埋深的拟合

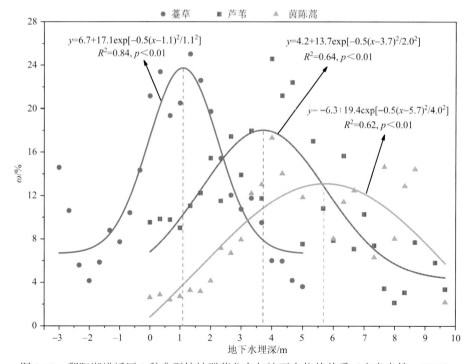

图9-18 鄱阳湖洪泛区3种典型植被群落分布与地下水位的关系（宋炎炎等，2021）

精度最高，而茵陈蒿群落的植被分布指数与地下水埋深的拟合精度最低。典型植被群落的生态幅度依次为：茵陈蒿>芦苇>薹草。3 种植被群落在地下水埋深 1.1～5.7 m 范围内出现生态位重叠现象，表现为地下水埋深 1.1～3.7 m 范围内，薹草植被分布指数迅速减小，芦苇植被分布指数增至最大。3.7～5.7 m 范围内，芦苇植被分布指数减小，茵陈蒿植被分布指数达到最大。

典型植被的分布对不同地下水埋深的响应差异显著。其中，薹草群落分布的地下水埋深最小（1.1 m），芦苇群落居中（3.7 m），茵陈蒿群落最大（5.7 m）。薹草群落生长的最适地下水埋深为 1.1 m，高程为 10.0～16.0 m。野外调查发现，随着地下水埋深的不断增大，即距离湖区较远的区域，薹草群落分布密度稀疏、覆盖度低、长势明显变差。芦苇群落生长的最适地下水埋深为 3.7 m，耐受度为 2.1，当湿地被淹或地下水埋深高于 7.7 m 时，芦苇群落植被分布指数降至最低。茵陈蒿群落生长的最适地下水埋深为 5.7 m，高程为 15.6～17.1 m。有研究表明，地下水埋深变化与地表水位和高程一致，反映了植被枯水期对水分的需求或丰水期对淹水胁迫的适应，植被分布区的地下水埋深越小，表明植被在枯水期对水分的需求越大，在丰水期所经受的淹没期越长。茵陈蒿群落最适地下水埋深阈值为 1.7～11.4 m，生态幅宽大于薹草群落（地下水埋深 0～2.2 m）和芦苇群落（地下水埋深 1.7～6.6 m）。表明芦苇比茵陈蒿和薹草群落更耐旱，而薹草比芦苇和茵陈蒿群落更耐淹。此外，薹草的根系相对较浅，而芦苇的根系可达 10 m 以上，从生物学结构特性上说明芦苇耐旱性较其他两种强，表明不同植被群落可能受地下水位影响而形成带状分布格局，同时这也是季节性湿地植被在长期进化过程中平衡淹水胁迫和水分需求的适应性响应。

通过上一小节分析结果可知，鄱阳湖拟建水利枢纽工程将会使得洪泛区地下水增加幅度约为几米的数量级，即意味着地下水的埋深将会变的更浅（图 9-19）。通过图 9-18

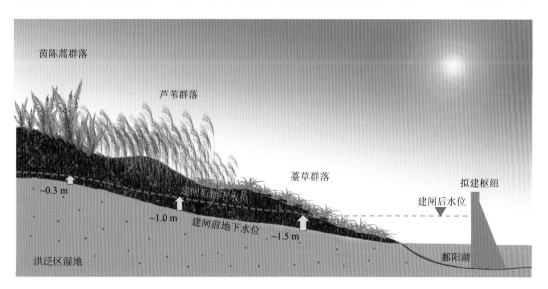

图 9-19　鄱阳湖拟建水利枢纽对洪泛区地下水-植被系统的影响示意图

高斯回归模型可见，地下水埋深不同程度的变化及不同植被最适地下水位埋深的改变，很有可能会导致湿地典型植被的分布和状态发生不同方向的演化，由此给鄱阳湖洪泛湿地的植被动态带来很大的不确定性。由此表明，拟建水利枢纽工程可能会对洪泛区植被的演替和发展等带来一定的威胁和风险，应引起足够的重视。

9.6　小　　结

本章以未来气候变化和人类活动下的水资源问题为研究核心，基于鄱阳湖气候-水文-水动力联合模拟的总体思路，预测未来气候变化环境下湖泊洪泛水文情势的潜在变化，评估水利枢纽工程建设对湖泊洪泛地表-地下水文情势的可能影响，为鄱阳湖洪旱灾害的防治与管理、湿地生态系统演变与对策制定等提供依据。

未来气候变化影响下，鄱阳湖可能面临洪季偏洪、枯季偏枯的变化趋势，即洪旱灾害发生的风险可能呈加剧态势。由此表明，未来洪水和干旱的发生及影响程度主要体现在夏季和秋冬季节。鄱阳湖拟建水利枢纽工程，是解决湖区枯水的一个重要举措。水动力评估结果发现，该工程会整体抬高湖泊水位，且水位提升效果较为明显，但同时会降低大部分湖区的流速，改变原本的正常水流路径及空间格局，会导致一些环流或者漩涡的产生，将会对湖区的水体温度带来一定的干扰，但其干扰和影响程度相对有限。拟建枢纽工程对湿地水位的抬升和淹水面积的增加，将会影响洪泛区内部一些沟汊、沟壑等支流水系的空间连通状况，这种连通条件会在未来很长时期内，导致鱼类、植被、候鸟栖息地等空间转化或者再分布。拟建水利枢纽工程提高了湖区水位，由于湖水-地下水动态转化，同时也将会导致洪泛区地下水位的明显增加，对枯水期和退水期的地下水位影响（可达 2～3 m）要明显大于年内其他时期（约小于 0.3 m），地下水流速也会表现出相应的动态复杂响应。在拟建枢纽工程的作用下，洪泛区地下水埋深的整体变化，会导致湿地不同植被最适地下水位埋深的改变，由此会影响湿地典型植被的分布和状态发生不同方向的演化，这种不确定性和风险因素应引起足够的重视。通过上述多种方案的情景模拟以及相关研究结论，提升了对鄱阳湖水文水动力预测预警、湖区水旱灾害防御、湿地生态环境保护等方面的系统认识。

参 考 文 献

曹思佳, 李云良, 李宁宁, 等. 2023. 鄱阳湖典型洪泛区地下水数值模拟研究. 湖泊科学, 35(1).

陈静, 李云良, 周俊锋, 等. 2021. 鄱阳湖洪泛区碟形湖湿地系统地表—地下水交互作用. 湖泊科学, 33(3): 842-853.

陈孝兵, 陈力, 赵坚. 2015. 美国迈卡伦湿地河流主槽-洪泛区水力连通特征. 水力发电学报, 34: 100-106.

陈月庆, 武黎黎, 章光新, 等. 2019. 湿地水文连通性研究综述. 南水北调与水利科技, 17(1): 26-38.

翟金良, 邓伟, 何岩. 2003. 洪泛区湿地生态环境功能及管理对策. 水科学进展, 14(2): 203-208.

翟金良, 何岩, 邓伟, 等. 2006. 河流-洪泛区环境系统特征的初步研究. 水土保持学报, 26(3): 34-40.

范伟, 章光新, 李然然. 2012. 湿地地表水-地下水交互作用的研究综述. 地球科学进展, 27(4): 413-423.

高常军, 高晓翠, 贾朋. 2017. 水文连通性研究进展. 应用环境生物学报, 23(3): 586-594.

葛刚, 赵安娜, 钟义勇, 等. 2011. 鄱阳湖洲滩优势植物种群的分布格局. 湿地科学, 9(1): 19-25.

官少飞, 郎青, 张本. 1987. 鄱阳湖水生植被. 水生生物学报, 11(1): 9-21.

郭华, 苏布达, 王艳君, 等. 2007. 鄱阳湖流域 1955-2002 年径流系数变化趋势及其与气候因子的关系. 湖泊科学, 2: 163-169.

韩洪斌, 徐龙军. 2011. 洪泛区及其综合管理. 黑龙江水利科技, 3: 163.

胡振鹏. 2020. 鄱阳湖水文生态特征及其演变. 北京: 科学出版社.

胡振鹏, 葛刚, 刘成林, 等. 2010. 鄱阳湖湿地植物生态系统结构及湖水位对其影响研究. 长江流域资源与环境, 19(6): 597-605.

胡振鹏, 王仕刚. 2022. 鄱阳湖冲淤演变及水文生态效应. 水利水电技术, 53(6): 49-61.

胡振鹏, 张祖芳, 刘以珍, 等. 2015. 碟形湖在鄱阳湖湿地生态系统的作用和意义. 江西水利科技, (5): 7.

赖格英, 张志勇, 王鹏, 等. 2017. 拟建鄱阳湖水利枢纽工程对长江干流流量影响的模拟. 湖泊科学, 29(3): 521-533.

赖锡军, 姜加虎, 黄群. 2012. 三峡工程蓄水对鄱阳湖水情的影响格局及作用机制分析. 水力发电学报, 31(6): 132-136.

兰盈盈. 2016. 赣江三角洲地下水与地表水交互关系及其生态效应. 武汉: 中国地质大学.

李梦凡. 2017. 2000 年以来鄱阳湖水文情势变化特征及影响因素研究. 南京: 中国科学院大学.

李云良. 2013. 鄱阳湖湖泊流域系统水文水动力联合模拟研究. 南京: 中国科学院大学.

李云良, 许秀丽, 李梦凡, 等. 2016. 鄱阳湖水流运动与污染物迁移路径的粒子示踪研究. 长江流域资源与环境, 25(11): 229-237.

李云良, 姚静, 李梦凡, 等. 2017a. 鄱阳湖换水周期与示踪剂传输时间特征的数值模拟. 湖泊科学, 29(1): 32-42.

李云良, 姚静, 谭志强, 等. 2019. 洪泛湿地系统地表水与地下水转化研究进展综述. 水文, 39(2): 14-21.

李云良, 姚静, 张奇. 2017c. 长江倒灌对鄱阳湖水文水动力影响的数值模拟. 湖泊科学, 29: 1227-1237.

李云良, 姚静, 张小琳, 等. 2017b. 鄱阳湖水体垂向分层状况调查研究. 长江流域资源与环境, 26:

915-924.

李云良, 张奇, 姚静, 等. 2015. 湖泊流域系统水文水动力联合模拟研究进展综述. 长江流域资源与环境, 24: 263-270.

李云良, 赵贵章, 姚静, 等. 2017d. 湖岸带地下水与湖水作用关系分析与探讨——以鄱阳湖为例. 热带地理, 37(4): 522-529.

李宗礼, 李原圆, 王中根, 等. 2011. 河湖水系连通研究: 概念框架. 自然资源学报, 26(3): 513-522.

刘丹, 王烜, 李春晖, 等. 2019. 水文连通性对湖泊生态环境影响的研究进展. 长江流域资源与环境, 28(7): 1702-1715.

刘贺, 张奇, 牛媛媛, 等. 2020. 2013-2018 年鄱阳湖水环境监测数据集. 中国科学数据: 中英文网络版, 5(2): 7.

刘肖利, 丁明军, 李贵才, 等. 2013. 鄱阳湖湿地植物群落沿高程梯度变化特征研究. 人民长江, 44(5): 82-86.

刘星根. 2020. 鄱阳湖洪泛湿地地表水文连通性时空变化特征及生态环境意义研究. 南京: 中国科学院大学.

刘星根, 李云良, 张奇. 2019. 河口三角洲地表水文连通性研究进展. 长江流域资源与环境, 28(9): 2154-2164.

吕军, 汪雪格, 王彦梅, 等. 2017. 松花江流域河湖连通性及其生态环境影响. 东北水利水电, 11: 45-48.

吕宪国. 2008. 中国湿地与湿地研究. 石家庄: 河北科学技术出版社.

闵骞. 1995. 鄱阳湖水位变化规律的研究. 湖泊科学, 7(3): 281-288.

闵骞, 占腊生. 2012. 1952~2011 年鄱阳湖枯水变化分析. 湖泊科学, 24(5): 675-678.

宋炎炎, 张奇, 姜三元, 等. 2021. 鄱阳湖湿地地下水埋深及其与典型植被群落分布的关系. 应用生态学报, 32: 123-133.

孙晓山. 2009. 加强流域综合管理 确保鄱阳湖一湖清水. 江西水利科技, 35(2): 7.

谭志强, 李云良, 张奇, 等. 2022. 湖泊湿地水文过程研究进展. 湖泊科学, 34(1): 18-37.

谭志强, 许秀丽, 李云良, 等. 2017. 长江中游大型通江湖泊湿地景观格局演变特征. 长江流域资源与环境, 26(10): 1619-1629.

谭志强, 张奇, 李云良, 等. 2016. 鄱阳湖湿地典型植物群落沿高程分布特征. 湿地科学, (4): 506-515.

王浩, 严登华, 秦大庸, 等. 2009. 水文生态学与生态水文学: 过去、现在和未来. 北京: 中国水利水电出版社.

王圣瑞. 2014. 鄱阳湖水环境. 北京: 科学出版社.

王苏民, 窦鸿身. 1998. 中国湖泊志. 北京: 科学出版社.

吴建东, 刘观华, 金杰峰, 等. 2010. 鄱阳湖秋季洲滩植物种类结构分析. 江西科学, 28(4): 549-554.

吴英豪, 纪伟涛. 2002. 江西鄱阳湖国家级自然保护区研究. 北京: 中国林业出版社.

夏军, 高扬, 左其亭, 等. 2012. 河湖水系连通特征及其利弊. 地理科学进展, 31(1): 26-31.

许秀丽, 李云良, 谭志强, 等. 2020. 鄱阳湖湿地典型中生植物水分利用来源的同位素示踪. 湖泊科学, 32, 1749-1760.

许秀丽, 李云良, 谭志强, 等. 2021. 鄱阳湖典型湿地地下水-河湖水转化关系. 中国环境科学, 41(4): 1824-1833.

鄢帮有, 谭晦如, 邢久生. 2004. 鄱阳湖水环境承载力分析. 江西农业大学学报, 26(6): 931-935.

杨桂山, 陈剑池, 张奇, 等. 2021. 长江中游通江湖泊江湖关系演变及其效应与调控. 北京: 科学出版社.

姚静, 李云良, 李梦凡, 等. 2017. 地形变化对鄱阳湖枯水的影响. 湖泊科学, 29(4): 955-964.

张丽丽, 殷峻暹, 蒋云钟, 等. 2012. 鄱阳湖自然保护区湿地植物群落与水文情势关系. 水科学进展, 23(6): 768-775.

张萌, 倪乐意, 徐军, 等. 2013. 鄱阳湖草滩湿地植物群落响应水位变化的周年动态特征分析. 环境科学研究, 26(10): 1057-1063.

张奇, 等. 2018. 鄱阳湖水文情势变化研究. 北京: 科学出版社.

张全军, 于秀波, 胡斌华. 2013. 鄱阳湖南矶湿地植物群落分布特征研究. 资源科学, 35(1): 42-49.

章光新. 2014. 湿地生态水文与水资源管理. 北京: 科学出版社.

赵进勇, 张晶, 董延军, 等. 2021. 河湖水系连通生态模型、规划方法和工程实践. 北京: 中国水利水电出版社.

《中国河湖大典》编纂委员会. 2010. 中国河湖大典. 北京: 中国水利水电出版社.

中国科学院南京地理与湖泊研究所. 2022. 中国湖泊生态环境研究报告. 北京: 科学出版社.

中国气象局气候变化中心. 2021. 中国气候变化蓝皮书(2021). 北京: 科学出版社.

周文斌. 2011. 鄱阳湖江湖水位变化对其生态系统影响. 北京: 科学出版社.

周文斌, 万金保, 姜加虎. 2011. 鄱阳湖江湖水位变化对其生态系统影响. 北京: 科学出版社.

周仰效. 2010. 地下水-陆生植被系统研究评述. 地学前缘, 17(6): 21-30.

朱海虹, 张本. 1997. 鄱阳湖. 合肥: 中国科学技术大学出版社.

Ala-aho P, Rossi P M, Kløve B. 2015. Estimation of temporal and spatial variations in groundwater recharge in unconfined sand aquifers using Scots pine inventories. Hydrology & Earth System Sciences, 19(7): 1961-1976.

Bai J H, Guan Y N, Liu P P, et al. 2020. Assessing the safe operating space of aquatic macrophyte biomass to control the terrestrialization of a grass-type shallow lake in China. Journal of Environmental Management, 266: 110479.

Baker D B, Richards R P, Loftus T T, et al. 2004. A new flashiness index: characteristics and applications to midwestern rivers and streams. Journal of the American Water Resources Association, 40(3): 503-522.

Bayley P B. 1995. Understanding large river floodplain ecosystems. BioScience, 45: 153-158.

Beck W J, Moore P L, Schilling K E, et al. 2019. Changes in lateral floodplain connectivity accompanying stream channel evolution: Implications for sediment and nutrient budgets. Science of the Total Environment, 660: 1015-1028.

Beighley R E, eggert K G, dunne T, et al. 2009. Simulating hydrologic and hydraulic processes throughout the Amazon River Basin. Hydrological Processes, 23: 1221-1235.

Bell A K, Higginson N, Dawson S, et al. 2005. Understanding and managing hydrological extremes in the Lough Neagh Basin. National Hydrology Seminar, 77-84.

Bennion D H, Manny B A. 2014. A model to locate potential areas for lake sturgeon spawning habitat construction in the St. Clair-Detroit River System. Journal of Great Lakes Research, 40(2): 43-51.

Booth E G, Loheide S P. 2012. Comparing surface effective saturation and depth-to-water-level as predictors of plant composition in a restored riparian wetland. Ecohydrology, 5(5): 637-647.

Bowden K F. 1978. Mixing Processes in Estuaries//Belle B K, Baruch W. Estuarine Transport Processes. Columbia: University of South Carolina Press, 11-36.

Bracken L J, Croke J. 2007. The concept of hydrological connectivity and its contribution to understanding runoff-dominated geomorphic systems. Hydrological Processes, 21: 1749-1763.

Brunner P, Cook P G, Simmons C T. 2009. Hydrogeologic controls on disconnection between surface water and groundwater. Water Resources Research, 45: W01422.

Burnett W C, Wattayakorn G, Supcharoen R, et al. 2017. Groundwater discharge and phosphorus dynamics in a flood-pulse system: Tonle Sap Lake, Cambodia. Journal of Hydrology, 549: 79-91.

Burt T P, Matchett L S, Goulding K W T, et al. 1999. Denitrification in riparian buffer zones: the role of floodplain hydrology. Hydrological Processes, 13: 1451-1463.

Carter S, denton D, sievers M, et al. 2005. Hydrologic model development of the Sacramento River Watershed to support TMDL development. Proceedings of the Water Environment Federation, 29: 1542-1570.

Castillo M M. 2020. Suspended sediment, nutrients, and chlorophyll in tropical floodplain lakes with different patterns of hydrological connectivity. Limnologica - Ecology and Management of Inland Waters, 82: 125767.

Chauvelon P, toumoud M G, Sandoz A. 2003. Integrated hydrological modelling of a managed coastal Mediterranean wetland(Rhone delta, France): initial calibration. Hydrology and Earth System, 7(1): 123-131.

Chow V T. 1959. Open Channel Hydraulics. New York: McGraw-Hill.

Christensen S, Rasmussen K R, Moller K. 1998. Prediction of regional ground water flow to streams. Ground Water, 3(2): 351-360.

Conant B, Robinson C E, Hinton M J, et al. 2019. A framework for conceptualizing groundwater-surface water interactions and identifying potential impacts on water quality, water quantity, and ecosystems. Journal of Hydrology, 574: 609-627.

Danish Hydraulic Institute(DHI). 2012. MIKE 3 Flow Model: FM. Danish Hydraulic Institute Water and Environment, Hørsholm, Denmark, 130.

Dargahi B, Setegn S G. 2011. Combined 3D hydrodynamic and watershed modeling of Lake Tana, Ethiopia. Journal of Hydrology, 398: 44-64.

Davidson N C. 2014. How much wetland has the world lost? Long-term and recent trends in global wetland area. Marine and Freshwater Research, 65(10). 934.

Diersch H G. 2014. Feflow Finite Element Modeling of Flow, Mass and Transport in Porous and Fractured Media. Berlin: Springer.

Dunne. 2022. Large River Floodplains//Treatise on Geomorphology. Second Edition. San Diego: Academic Press, 609-638.

Dyer K R, New A L. 1986. Intermittency in Estuarine Mixing//Dougals A W. Estuarine Variability. New York: Academic Press, 321-329.

Edwards B L, Keim R F, Johnson E L, et al. 2016. Geomorphic adjustment to hydrologic modifications along a meandering river: implications for surface flooding on a floodplain. Geomorphology, 269: 149-159.

Entwistle N S, Heritage G L, Schofield L A, et al. 2019. Recent changes to floodplain character and functionality in England. Catena, 174: 490-498.

FEMA. 2005. Floodplain Management Requirements. 1-583.

Ferencz B, Dawidek J, Toporowska M, et al. 2020. Environmental implications of potamophases duration and concentration period in the floodplain lakes of the bug river valley. Science of The Total Environment,

746: 141108.

Golden H E, Lane C R, Amatya D M, et al. 2014. Hydrologic connectivity between geographically isolated wetlands and surface water systems: A review of select modeling methods. Environmental Modelling & Software, 53: 190-206.

Guida R J, Swanson T L, Remo J W F, et al. 2015. Strategic floodplain reconnection for the lower Tisza River, Hungary: Opportunities for flood-height reduction and floodplain-wetland reconnection. Journal of Hydrology, 521: 274-285.

Idso S B. 1973. On the concept of lake stability. Limnology and Oceanography, 18: 681-683.

Inoue M, Park D, Justic D, et al. 2008. A high-resolution integrated hydrology-hydrodynamic model of the Barataria Basin system. Environmental Modelling and Software, 23(9): 1122-1132.

Johnson B H, Padmanabhan G. 2010. Regression estimates of design flows for ungauged sites using bankfll geometry and flashiness. Catena, 31: 117-125.

Jolly I D, Mcewan K L, Holland K L. 2010. A review of groundwater–surface water interactions in arid/semi-arid wetlands and the consequences of salinity for wetland ecology. Ecohydrology, 1(1): 43-58.

Junk W J. 1997. Structure and Function of the Large Central Amazonian River Floodplain: Synthesis and Discussion//Junk W J. The Central Amazon Floodplain. Berlin Heidelberg: Springer, 126: 455-472.

Junk W J, Bayley P B, Sparks R E. 1989. The flood pulse concept in river floodplain systems. Canadian Special Publication Fisheries and Aquatic Sciences, 106: 110-127.

Käser D, Brunner P, Renard P, et al. 2012. Effects of a flood pulse on exchange flows along a sinuous stream. European Geophysical Union, 14: 12414.

Kennedy J, Rodríguez-burgueñoe, Ramírez-hernández J. 2016. Groundwater response to the 2014 pulse flow in the Colorado River Delta. Ecological Engineering, 106: 715-724.

Kiss T, Nagy J, Fehérváry I, et al. 2019. (Mis) management of floodplain vegetation: The effect of invasive species on vegetation roughness and flood levels. Science of The Total Environment, 686: 931-945.

Klemt W H, Kay M L, Wiklund J A, et al. 2020. Assessment of vanadium and nickel enrichment in lower athabasca river floodplain lake sediment within the athabasca oil sands region(Canada). Environmental Pollution, 265(Pt A): 114920.

Krause S, Hannah D M, Fleckenstein J H, et al. 2011. Inter-disciplinary perspectives on processes in the hyporheic zone. Ecohydrology, 4: 481-499.

Lallias-Tacon S, Liébault F, Piégay H. 2017. Use of airborne LiDAR and historical aerial photos for characterising the history of braided river floodplain morphology and vegetation responses. Catena, 149: 742-759.

Lawler J J. 2009. Climate change adaptation strategies for resource management and conservation planning. Annals of the New York Academy of Sciences, 1162: 79-98.

Lehner B, Döll P. 2004. Development and validation of a global database of lakes, reservoirs and wetlands. Journal of Hydrology, 296(1/2/3/4): 1-22.

Lesack L F, Marsh P. 2010. River-to-lake connectivities, water renewal, and aquatic habitat diversity in the Mackenzie River Delta. Water Resources Research, 46: w12504.

Li Y L, Tan Z Q, Zhang Q, et al. 2021a. Refining the concept of hydrological connectivity for large floodplain systems: Framework and implications for eco-environmental assessments. Water Research, 195: 117005.

Li Y L, Zhang Q. 2018. Historical and predicted variations of baseflow in China's Poyang Lake catchment. River Research and Applications, 34: 1286-1297.

Li Y L, Zhang Q, Cai Y, et al. 2019a. Hydrodynamic investigation of surface hydrological connectivity and its effects on the water quality of seasonal lakes: insights from a complex floodplain setting(Poyang Lake, China). Science of the Total Environment, 660: 245-259.

Li Y L, Zhang Q, Liu X G, et al. 2019b. The role of a seasonal lake groups in the complex Poyang Lake-floodplain system(China): Insights into hydrological behaviors. Journal of Hydrology, 578: 124055.

Li Y L, Zhang Q, Liu X, et al. 2020a. Water balance and flashiness for a large floodplain system: a case study of Poyang Lake, China. Science of The Total Environment, 710: 135499.

Li Y L, Zhang Q, Tan Z Q, et al. 2020b. On the hydrodynamic behavior of floodplain vegetation in a flood-pulse-influenced river-lake system(Poyang Lake, China). Journal of Hydrology, 585: 124852.

Li Y L, Zhang Q, Tao H, et al. , 2021b. Integrated model projections of climate change impacts on water level dynamics in the large Poyang Lake(China). Hydrology Research, 52: 43-60.

Li Y L, Zhang Q, Werner A D, et al. 2017b. The influence of river-to-lake backflow on the hydrodynamics of a large floodplain lake system(Poyang Lake, China). Hydrological Processes, 31: 117-132.

Li Y L, Zhang Q, Yao J, et al. 2014. Hydrodynamic and hydrological modeling of Poyang Lake-catchment system in China. Journal of Hydrologic Engineering, 19(3): 607-616.

Li Y L, Zhang Q, Yao J. 2015. Investigation of residence and travel times in a large floodplain lake with complex lake-river interactions: Poyang Lake(China). Water, 115(5): 1991-2012.

Li Y L, Zhang Q, Yao J, et al. 2019c. Assessment of water storage response to surface hydrological connectivity in a large floodplain system(Poyang Lake, China) using hydrodynamic and geostatistical analysis. Stochastic Environmental Research and Risk Assessment, 33: 2071-2088.

Li Y L, Zhang Q, Ye R, et al. 2018. 3D hydrodynamic investigation of thermal regime in a large river-lake-floodplain system(Poyang Lake, China). Journal of Hydrology, 567: 86-101.

Li Y L, Zhang Q, Zhang L, et al. 2017a. Investigation of water temperature variations and sensitivities in a large floodplain lake system(Poyang Lake, China) using a hydrodynamic model. Remote Sensing, 9(12).

Lian Y Q, Chan I C, Singh J, et al. 2007. Coupling of hydrologic and hydraulic models for the Illinois River Basin. Journal of Hydrology, 344: 210-222.

Liu X G, Zhang Q, Li Y L, et al. 2020. Satellite image-based investigation of the seasonal variations in the hydrological connectivity of a large floodplain(Poyang Lake, China). Journal of Hydrology, 585: 124810.

Ludwig A L, Hession W C. 2015. Groundwater influence on water budget of a small constructed floodplain wetland in the ridge and valley of Virginia, USA. Journal of Hydrology: Regional Studies, 4: 699-712.

Martin J L, McCutcheon S C. 1999. Hydrodynamics and Transport for Water Quality Modeling. Boca Raton: Lewis Publications.

Nanda A, Sen S, McNamara J P. 2019. How spatiotemporal variation of soil moisture can explain hydrological connectivity of infiltration-excess dominated hillslope: Observation from lesser Himalayan landscape. Journal of Hydrology, 579: 124146.

Ostrowski P, Falkowski T, Utratna-Ukowska M. 2021. The effect of geological channel structures on floodplain morphodynamics of lowland rivers: a case study from the bug river, Poland. Catena, 202(1): 105209.

Ovando A, Martinez J M, Tomasella J, et al. 2018. Multi-temporal flood mapping and satellite altimetry used to evaluate the flood dynamics of the Bolivian Amazon wetlands. International Journal of Applied Earth Observation and Geoinformation, 69: 27-40.

Paiva P C D, Collischonn W, Tucci C E M. 2011. Large scale hydrologic and hydrodynamic modeling using limited data and a GIS based approach. Journal of Hydrology, 406: 170-181.

Park E, Latrubesse E M. 2017. The hydro-geomorphologic complexity of the lower Amazon River floodplain and hydrological connectivity assessed by remote sensing and field control. Remote Sensing of Environment, 198: 321-332.

Pascual-Horal L, Saura S. 2006. Comparison and development of new graph-based landscape connectivity indices: towards the priorization pf habitat patches and corridors for conservation. Landscape Ecology, 21: 959-967.

Phillips R W, Spence C, Pomeroy J W. 2011. Connectivity and runoff dynamics in heterogeneous basins. Hydrological Processes, 25: 3061-3075.

Pringle C. 2003. What is hydrologic connectivity and why is it ecologically important? Hydrological Processes, 17: 2685-2689.

Rahman M M, Thompson J R, Flower R J. 2016. An enhanced swat wetland module to quantify hydraulic interactions between riparian depressional wetlands, rivers and aquifers. Environmental Modelling & Software, 84: 263-289.

Read J S, Hamilton D P, Jones I D, et al. 2011. Derivation of lake mixing and stratification indices from high-resolution lake buoy data. Environmental Modelling & Software. 26: 1325-1336.

Reckendorfer W, Baranyi C, Funk A, et al. 2006. Floodplain restoration by reinforcing hydrological connectivity: expected effects on aquatic mollusk communities. Journal of Applied Ecology, 43: 474-484.

Reis V, Hermoso V, Hamilton S K, et al. 2019. Conservation planning for river-wetland mosaics: A flexible spatial approach to integrate floodplain and upstream catchment connectivity. Biological Conservation, 236: 356-365.

Renard P, Allard D. 2013. Connectivity metrics for subsurface flow and transport. Advances in Water Resources, 51: 168-196.

Schiemer F, Hein T, Reckendorfer W. 2007. Ecohydrology, key-concept for large river restoration. Ecohydrology & Hydrobiology, 7: 101-111.

Schmalz B, Kuemmerlen M, Kiesel J, et al. 2015. Impacts of land use changes on hydrological components and macroinvertebrate distributions in the Poyang lake area. Ecohydrology, 8(6): 1119-1136.

Shaheen S M, Abdelrazek M A S, Elthoth M, et al. 2019. Potentially toxic elements in saltmarsh sediments and common reed(Phragmites australis) of Burullus coastal lagoon at North Nile Delta, Egypt: A survey and risk assessment. Science of the Total Environment, 649: 1237-1249.

Shaw J B, Mohrig D. 2014. The importance of erosion in distributary channel network growth, Wax Lake Delta, Louisiana, USA. Geology, 42(1): 31-34.

Singh M, Sinha R. 2019. Evaluating dynamic hydrological connectivity of a floodplain wetland in North Bihar, India using geostatistical methods. Science of Total Environment, 651: 2473-2488.

Tan Z, Li Y, Xu X, et al. 2019a. Mapping inundation dynamics in a heterogeneous floodplain: Insights from integrating observations and modeling approach. Journal of Hydrology, 572: 148-159.

Tan Z, Li Y, Zhang Q, et al. 2021. Assessing effective hydrological connectivity for floodplains with a framework integrating habitat suitability and sediment suspension behavior. Water Research, 201(9): 117253.

Tan Z, Melack J, Li Y, et al. 2020. Estimation of water volume in ungauged, dynamic floodplain lakes. Environmental Research Letters, 15(5).

Tan Z, Wang X, Chen B, et al. 2019b. Surface water connectivity of seasonal isolated lakes in a dynamic lake-floodplain system. Journal of Hydrology, 579: 124154.

Tan Z, Zhang Q, Li M, et al. 2016. A study of the relationship between wetland vegetation communities and water regimes using a combined remote sensing and hydraulic modeling approach. Hydrology Research, 47(S1).

Tang X G, Li H P, Xu X B, et al. 2016. Changing land use and its impact on the habitat suitability for wintering Anseriformes in China's Poyang Lake region. Science of the Total Environment, 557/558: 296-306.

Tejedor A, Longjas A, Zaliapin I, et al. 2015. Delta channel networks: A graph-theoretic approach for studying connectivity and steady state transport on deltaic surfaces. Water Resources Research, 51: 3998-4018.

Thompson J R, Sorenson H R, Gavin H, et al. 2004. Application of the coupled MIKE SHE/MIKE 11 modelling system to a lowland wet grassland in southeast England. Journal of Hydrology, 293: 151-179.

Trigg M A, Michaelides K, Neal J C, et al. 2013. Surface water connectivity dynamics of a large scale extreme flood. Journal of Hydrology, 505: 138-149.

Urban D L, Keitt T H. 2001. Landscape connectivity: a graph-theoretic perspective. Ecology, 82: 1205-1218.

USEPA. 2015. Connectivity of streams & wetlands to downstream waters: A review & synthesis of the scientific evidence. EPA/600/R-14/475F.

Valdez J W, Hartig F, Fennel S, et al. 2019. The recruitment niche predicts plant community assembly across a hydrological gradient along plowed and undisturbed transects in a former agricultural wetland. Frontiers in Plant Science, 10: 88.

van der Most M, Hudson P F. 2018. The influence of floodplain geomorphology and hydrologic connectivity on alligator gar(Atractosteus spatula) habitat along the embanked floodplain of the Lower Mississippi River. Geomorphology, 302: 62-75.

Wang W, Li J, Feng X, et al. 2011. Evolution of stream-aquifer hydrologic connectedness during pumping-experiment. Journal of Hydrology, 402: 401-414.

Wei K, Ouyang C J, Duan H T, et al. 2020. Reflections on the catastrophic 2020 Yangtze River basin flooding in southern China. The Innovation, 1: 100038.

Whittecar G R, Dobbs K M, Stone S A, et al. 2017. Use of the effective monthly recharge model to assess long-term water-level fluctuations in and around groundwater-dominated wetlands. Ecological Engineering, 99: 462-472.

Wilcox B P, Dean D D, Jacob J S, et al. 2011. Evidence of surface connectivity for Texas Gulf Coast Depressional Wetlands. Wetlands, 31: 451-458.

Wood S H, Ziegler A D, Bundarnsin T. 2008. Floodplain deposits, channel changes and riverbank stratigraphy of the Mekong River area at the 14th-Century city of Chiang Saen, Northern Thailand. Geomorphology, 101(3): 510-523.

Woolway R I, Jennings E, Shatwell T et al. 2021. Lake heatwaves under climate change. Nature, 589(7842): 402-407.

Xia S, Liu Y, Wang Y, et al. 2016. Wintering waterbirds in a large river floodplain: Hydrological connectivity is the key for reconciling development and conservation. Science of the Total Environment, 573: 645-660.

Yao J, Gao J, Yu X, et al. 2022. Impacts of a proposed water control project on the inundation regime in China's largest freshwater lake(Poyang Lake): Quantification and ecological implications. Journal of Hydrology: Regional Studies, 40(12): 101024.

Ye X, Zhang Q, Liu J. et al. 2013. Distinguishing the relative impacts of climate change and human activities on variation of streamflow in the Poyang Lake catchment, China. Journal of Hydrology, 494: 83-95.

Yu F, Harbor J M. 2019. CSTAT+: A GPU-accelerated spatial pattern analysis algorithm for high resolution 2D/3D hydrologic connectivity using array vectorization and convolutional neural network operators. Environmental Modelling & Software, 120: 104496.

Zhang L, Yao X, Tang C, et al. 2016. Influence of long-term inundation and nutrient addition on denitrification in sandy wetland sediments from Poyang Lake, a large shallow subtropical lake in China. Environmental Pollution, 219: 440-449.

Zhang Q, Li L, Wang Y G, et al. 2012. Has the Three-Gorges Dam made the Poyang Lake wetlands wetter and drier? Geophysical Research Letters, 39: 20402.

Zhang Q, Werner A D. 2015. Hysteretic relationships in inundation dynamics for a large lake–floodplain system. Journal of Hydrology, 527: 160-171.

Zhao G, Li Y. 2021. Effects of a proposed hydraulic project on the hydrodynamics in the Poyang Lake floodplain system, China. International Journal of Environmental Research and Public Health, 18(15): 8072.

后 记

　　鄱阳湖是我国最大的淡水湖泊，也是目前长江中游最为典型的通江湖泊，其高变幅的水位波动情势，造就了独特的洪泛水文过程。鄱阳湖洪泛系统的分布面积仅次于亚马孙河与湄公河洪泛区，但其高变异的水文节律与两大河流洪泛不相上下。相比于国内外的大江大河洪泛区，鄱阳湖的大湖水位变化所形成的洪泛区类型位居全球首位，其相对完整的湿地景观和生态系统，在全球生态水文研究中具有重要地位和代表性。鄱阳湖洪泛系统的水文水动力过程，可导致水资源、水生态、水质、生物生境以及社会经济发展等诸多问题，相互联系且联动关系显著。近些年来，随着长江经济带绿色发展和长江大保护等国家战略的逐步实施，鄱阳湖的水与生态环境安全备受关注和重视。但由于气候变化和大型人类活动的干扰，鄱阳湖偏天然的水文节律发生改变，整个湖泊洪泛系统面临着结构与功能方面的一系列问题。

　　本书通过对国内外一些典型的大江大河大湖洪泛区进行文献分析和总结，进而对鄱阳湖洪泛系统在全球的影响和地位有了清晰的定位。围绕鄱阳湖洪泛系统水文联系复杂性、空间结构异质性以及水体转化的动态性等多重特点，开展该洪泛系统地表和地下水动力数学模型的构建，以此深入揭示鄱阳湖及其洪泛区地表水动力过程与响应机制，主要包括水动力场、湖泊换水能力、湖泊水流格局、洪泛区水文变异以及水文连通变化等，进而定量模拟地表河湖水文过程对地下水动力的影响，最终结合气候变化影响、典型人类活动作用以及情景方案来分析整个湖泊洪泛系统的水文水动力响应，并耦联其与湖泊湿地关键生态环境因子的作用关系。

　　气候变化和人类活动的影响，是一个全球性的问题，也是鄱阳湖地区所必须面临的现实问题。气候变化问题，比如2022年夏秋季出现"汛期反枯"的罕见现象，人类活动影响，比如长江干流和鄱阳湖周边的重大水利工程建设等，均让鄱阳湖的相关研究与其重视程度进入一个新阶段。众所周知，随着2003年长江三峡水库的运行，其对长江中下游湖泊和湿地所带来的一些生态和环境等问题，一直备受广大学者和社会民众的争议。值得一提的是，受三峡水库的争议和影响，关于鄱阳湖水利枢纽工程建设的利弊问题，围绕生态和环境变化问题，该工程也同样受到学者和民众的质疑或争论。作者认为，不可否认，在这些强人类活动干预作用下，鄱阳湖自身的水文条件、生态和环境状况等势必将会发生不同程度的改变或响应，可能还会面临一些未知的风险。因此，相对于未来很长一段时间而言，本书针对鄱阳湖洪泛系统的详尽研究和所得结果，实则也为该湖泊的现状分析或背景研究。附图1-1为基于本书相关章节研究的鄱阳湖关键水文水动力要素的定量计算结果汇总与示意。

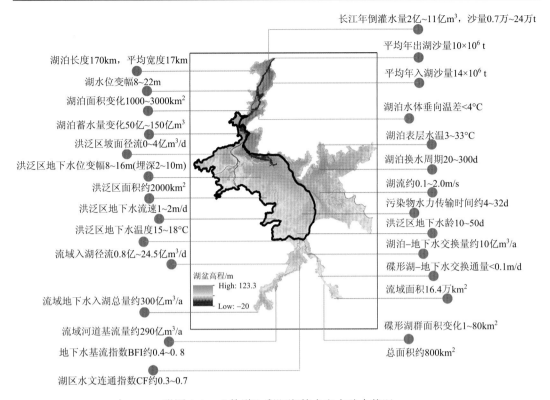

长江年倒灌水量2亿~11亿m³, 沙量0.7万~24万t

平均年出湖沙量10×10⁶ t

平均年入湖沙量14×10⁶ t

湖泊水体垂向温差<4℃

湖泊表层水温3~33℃

湖泊换水周期20~300d

湖流约0.1~2.0m/s

污染物水力传输时间约4~32d

洪泛区地下水龄10~50d

湖泊-地下水交换量约10亿m³/a

碟形湖-地下水交换通量<0.1m/d

流域面积16.4万km²

碟形湖群面积变化1~80km²

总面积约800km²

湖泊长度170km，平均宽度17km

湖水位变幅8~22m

湖泊面积变化1000~3000km²

湖泊蓄水量变化50亿~150亿m³

洪泛区坡面径流0~4亿m³/d

洪泛区地下水位变幅8~16m(埋深2~10m)

洪泛区面积约2000km²

洪泛区地下水流速1~2m/d

洪泛区地下水温度15~18℃

流域入湖径流0.8亿~24.5亿m³/d

流域地下水入湖总量约300亿m³/a

流域河道基流量约290亿m³/a

地下水基流指数BFI约0.4~0.8

湖区水文连通指数CF约0.3~0.7

湖盆高程/m
High: 123.3
Low: −20

附图1-1 "数说"鄱阳湖的水文水动力状况

　　作者虽然较为全面地阐述鄱阳湖地表-地下水文过程,力求详细且涵盖该领域的主要研究,但却有意识地强调了河湖洪泛区水文学的价值。鄱阳湖水与生态环境问题正面临着新政策、新理念、新形势和新环境下的新特征,所涉及的热点问题和区域重大科学问题也非常之多,现阶段很多研究都具有一定的新要求和新挑战。尽管本书系统总结了鄱阳湖水文学方面的研究成果,但仍存在很多科学问题有待于进一步深化和探索。作者结合长期在鄱阳湖洪泛系统水文水动力和湿地生态水文方面的研究工作积累,从研究层面上,归纳了今后的研究发展方向及可能需要继续深入的研究工作。

　　(1)开展碟形湖湿地联合调查,建立多尺度-多过程-多要素的长期监测网络体系,诊断碟形湖新的水文和生态环境问题。考虑到碟形湖湿地总体面积大、分布零散且对人为干扰快速敏感,受野外实际条件限制,目前对碟形湖水文节律、生态系统结构与功能现状等缺乏系统调查与认识,已有监测与研究相对集中,以偏概全。亟须从空间上建立跨区域的立体化原位监测网络,开展碟形湖湿地空间分布格局、珍稀物种分布以及生态类型的代表性与完整性调查,建立湿地关键生态指标与水文水动力要素的作用关系,诊断当前碟形湖湿地新的水文和突出生态环境问题,切实提出生态环境改善方案,为长江大保护国家战略需求提供基础数据支撑与科学决策支持。

　　(2)深入开展鄱阳湖洪泛湿地水文-生态的互馈作用关系,创新研发适用于大型河湖洪泛过程的水文生态耦合模型。长期以来,大部分学者的工作主要是基于水文变化背景下的湿地植被、土壤养分和一些生物地球化学元素的监测与分析,所得结论虽然被普遍接受，但仍以定性分析为主，并没有真正意义上实现水文条件和这些湿地要素的耦合以及过程机理揭示，这就导致了对鄱阳湖变化水情影响下的湿地综合预测和管理能力尚显不足。对于湿地生态系统而言，诸如植被、鱼类大多数要素通常要经历长期的演化与恢复过程，但目前已有模型或一些统计模型，还无法满足应对外部复杂变化环境的切实评估。湿地生态水文相互作用的重点是反馈机制，不是建立缺少因果关系的统计关联模型，而是要充分了解生态水文的基本过程，因此具有物理意义的机理模型的重要性和科学价值不言而喻，可研究长期水文条件变化影响下的生态响应过程，也是当前气候变化和极端水文事件频发背景下湿地保护和重建的迫切需求。

（3）考虑外部水文连通和内部水文连通，跟踪评估鄱阳湖拟建水利枢纽工程影响下的洪泛湿地水文连通及其生态效应。除了三峡工程运行对长江干流水文情势的影响，鄱阳湖拟建水利枢纽工程，实际上也是对江湖作用关系以及湖泊外部连通的直接改变。该枢纽工程能显著提升秋冬季水位，提高湖泊蓄水量，但会导致湖泊河道区域流速明显降低，局部湖区有水环境恶化风险。洪泛区由于水量的增加和复杂地形作用，局部区域可能出现环流，且流速增减不一，水动力格局发生了调整。尽管该工程可能对碟形湖群的水量影响不大，但将会导致鄱阳湖洪泛湿地的淹没深度、流速和水温等关键水动力参数改变，进而对水循环进程、泥沙输运以及水鸟、鱼类、浮游植物等产生重大影响。研究发现，鄱阳湖大部分越冬候鸟的适宜水深约 $20\sim30$ cm，而适宜的水温与鱼类和藻类等分布密切相关。然而，如果这些水文要素的受影响程度超过一定阈值，会造成湖泊湿地关键物种栖息地的空间转换与迁移。因此，追踪评估鄱阳湖水利枢纽工程影响下洪泛湿地内部水文连通的时空变化过程，遴选湿地关键指示物种，摸清湖区控制水位与水文连通性及生态环境指标的阈值关系，定量评估水文连通的贡献与生态环境意义，夯实长江大保护与可持续发展条件下的湖泊湿地生态保障。

（4）加强鄱阳湖洪泛区水与物质交互及湿地生态系统的正负效应研究，尤其是拓展洪水脉冲过程对湿地水文生态的正面影响研究。长期以来，人们都是关注洪水过程对湿地系统所带来的负面效应，比如植被死亡、水质下降、地形侵蚀或淤积等诸多问题，更多关心的是这种负面影响如何应对和解决，但洪水同时给周边湿地带来了大量的水、沙和营养物质补给，即洪水的正面影响及其贡献作用往往被忽视。结合长江下游水系统的重要性及生态环境保护的迫切性，应加强鄱阳湖与其洪泛区的水文、泥沙、营养盐等物质传输与交互的动力学过程与作用机制研究，揭示变化环境下洪泛区多过程对湿地生态系统的正面影响和负面冲击，以提出洪泛区湿地生态环境保护的对策与方法。

（5）亟须开展洪泛水文条件下鄱阳湖湿地的碳吸收与碳排放，湖泊湿地的碳源汇格局及其影响机制尚不清晰。湖泊水位规律性的周期波动影响湖泊湿地土壤状况、植物群落分布与生态系统的功能结构，从而影响着湖泊湿地的碳收支状况，即碳收支为土壤非饱和环境、植被状况以及大气环境综合作用的结果。尽管如此，针对湖泊洪泛湿地这一典型的下垫面类型，其脉冲式水位过程对碳通量变化及碳源汇格局的影响仍不明确。在碳中和的背景下，针对大型湖泊洪泛湿地开展全面碳通量连续观测有助于完善国家温室气体清单、降低全国碳汇估算的不确定性。开展湖泊湿地的碳源汇及影响机制研究，为准确评估陆地生态系统碳汇和实现我国"双碳"目标提供科学依据。

　（6）强化基于系统研究的思路，开展更大尺度上江河湖及其流域一体化研究，发展湖泊流域经济社会发展-水文水动力-物质输移综合模拟模型，定量评估鄱阳湖洪泛系统的响应方式与程度。长期以来，鄱阳湖洪泛系统面临的水文和生态环境等问题确实存在。广大学者围绕流域五河来水、江湖关系作用、湖盆地形以及气候变化等开展了大量研究工作，分辨其对鄱阳湖水文情势改变的影响，但相关结论在学术界仍存在一定的争议，不同专家学者持有不同的见解。尽管当前各种研究方法和技术手段相对成熟，但因为时间尺度和空间尺度选取的差异，仍需要强化系统研究的思路，在同一基准条件上来深入评估不同影响要素对湖泊及其湿地的贡献比重，也可为鄱阳湖流域综合管理和水生态环境保护提供科学依据。